安川工业机器人应用工程师精通系列

工业机器人工程应用虚拟仿真教程：MotoSimEG-VRC

付少雄　编著

机 械 工 业 出 版 社

本书以安川（YASKAWA）工业机器人作为对象，介绍使用安川公司的机器人仿真软件 MotoSimEG-VRC 进行工业机器人的基本操作、功能设置、方案设计和验证的学习。中心内容包括：认识、安装工业机器人仿真软件；各个菜单中工具的使用；如何使用 MotoSimEG-VRC 在工业机器人焊接、喷涂、码垛、打磨等项目中构建系统；宏程序、高速传送等功能在仿真中的使用。

通过本书学习可使读者熟练使用安川工业机器人仿真软件 MotoSimEG-VRC，掌握工业机器人虚拟示教、工业机器人工作站布局、工业机器人工作姿态优化，确认系统方案、工业机器人型号、工业机器人 / 工件安装位置、工业机器人动作范围和可达到性等，进而对夹具提出修改意见等全面、系统的仿真应用技能；使读者了解工业机器人离线编程仿真方法，掌握利用相关建模操作来组建常见工业机器人工作站的方法和步骤。

为帮助读者学习，随书附赠实例源文件；通过手机扫一扫二维码即可观看演示视频；赠送 PPT 课件（联系 QQ296447532 获取）；建有学习交流 QQ 群 428167524。

本书可供想从事工业机器人应用开发、调试与现场维护的工程师，以及高等院校机械、电气控制、自动化及机电一体化等专业师生学习。

图书在版编目（CIP）数据

工业机器人工程应用虚拟仿真教程：MotoSimEG-VRC / 付少雄编著.
—北京：机械工业出版社，2018.3（2022.9重印）
（安川工业机器人应用工程师精通系列）
ISBN 978-7-111-59083-5

Ⅰ. ①工… Ⅱ. ①付… Ⅲ. ①工业机器人—系统仿真—教材
Ⅳ. ①TP242.2

中国版本图书馆CIP数据核字（2018）第021912号

机械工业出版社（北京市百万庄大街22号 邮政编码100037）
策划编辑：周国萍　　责任编辑：周国萍
责任校对：朱继文　　封面设计：路恩中
责任印制：刘　媛
涿州市般润文化传播有限公司印刷
2022年9月第1版第4次印刷
184mm×260mm · 10.5印张 · 230千字
标准书号：ISBN 978-7-111-59083-5
　　　　　ISBN 978-7-88709-972-3（光盘）
定价：69.00元（含1DVD）

电话服务
客服电话：010-88361066
　　　　　010-88379833
　　　　　010-68326294

网络服务
机 工 官 网：www.cmpbook.com
机 工 官 博：weibo.com/cmp1952
金 书 网：www.golden-book.com
机工教育服务网：www.cmpedu.com

前 言

FOREWORD

随着工业机器人在我国企业的大量应用，工业机器人的离线编程与仿真技术已成为技术人员关注的新技术之一。企业希望工业机器人既能保证工作时间，又能适应柔性化生产的需要，这种生产与编程的矛盾越来越大。目前工业机器人仿真软件分为两类：一类是通用型离线编程软件，另一类是专用型离线编程软件。

工业机器人常见的编程方式有示教编程和离线编程。从1959年第一台工业机器人诞生起，最初使用的是示教编程。示教编程是通过示教器直接控制机器人移动变换其姿态和位置，记录下移动轨迹，改变并调节速度和运动方式。利用示教器上的操作手柄或者操作按键，可以很直观地看到机器人每个轴或者每个关节的运动姿态和速度。目前示教编程仍然是主要的操作方法，但示教编程的精确度不高，对于复杂工件，编程工作量比较大，效率低。为了追求高效和高精度编程方法，离线编程应运而生。运用离线编程软件，可以远离操作现场和工作环境进行机器人仿真、轨迹编程和焊接轨迹程序的输出。离线编程的焊接轨迹运行精度更高，从而弥补示教编程的不足。采用何种编程方式应根据实际工作情况进行选择，使示教编程和离线编程在适应的环境中充分发挥其作用。

通用型离线编程软件是第三方公司开发的，适用于多个品牌机器人，能够实现仿真、轨迹编程和程序输出，但兼容性不够。常用的通用型离线编程软件有RobotMaster、RobotWorks、Robotmove、RobotCAD、DELMIA、RobotArt、SprutCAM、RobotSim、川思特、天皇、亚龙、旭上、汇博等。专用型离线编程软件是机器人原厂开发或委托第三方公司开发的，其特点是只能适用于其对应型号的机器人，即只支持同品牌的机器人，优点是软件功能更强大、实用性更强，与机器人本体的兼容性也更好。如RobotStudio（ABB的离线编程软件）、ROBOGUIDE（FANUC的离线编程软件）、KUKA Sim（KUKA的离线编程软件）、MotoSimEG-VRC（安川的离线编程软件）等。

本书以安川工业机器人作为对象，介绍使用安川公司的机器人仿真软件MotoSimEG-VRC进行工业机器人的基本操作、功能设置、方案设计和验证的学习。中心内容包括：认识、安装工业机器人仿真软件；各个菜单中工具的使用；如何使用MotoSimEG-VRC在工业机器人焊接、喷涂、码垛、打磨等项目中构建系统；宏程序、高速传送等功能在仿真中的使用。本书可供想从事工业机器人应用开发、调试与现场维护的工程师，以及高等院校机械、电气控制、自动化及机电一体化等专业师生学习。本书具有以下特色：

1. 内容全面，剪裁得当

本书介绍安川工业机器人仿真软件MotoSimEG-VRC在安川机器人仿真领域的应用功能。为了在有限的篇幅中提高知识集中度，对所讲述的知识点进行了精心剪裁。采取的具体方法有两点：①对软件中菜单及功能一一介绍，但不重复；②次要生僻知识点，只做简单说明，这样既节省了篇幅，也提高了读者的学习效率。

2. 实例丰富，步步为营

对于安川机器人仿真软件，力求避免空洞的介绍和描述，而是通过实例说明各个功能如何使用，实例的种类也很丰富，有讲解的小实例，有几个知识点或全章、几章知识点相结合的综合实例，更有完整的工程实例，各个实例交错讲解。每章后配合学习检测，并附有参考答案讲解，达到巩固读者理解的目的。

3. 例解与图解配合使用

本书最大的特点是“例解 + 图解”：“例解”是指抛弃传统知识点的铺陈方法，直接让读者自己动手去操作，使本书的操作性强，更容易上手，也避免枯燥；“图解”是指多图少字，图文结合，使本书的可读性大大提高。

4. 源文件具体形象，更多增值服务

为了增强学习效果，本书所有的实例源文件都随书以光盘形式赠送，同时为了进一步方便读者学习，购书读者可进入学习群（QQ：428167524），大家互相交流碰撞，把不懂的地方提出来，编著者会在发现问题的第一时间给予答复。另外将本书选作教材的老师，可联系 QQ296447532 获取课件。

由于编著者水平有限，书中难免存在疏漏和错误之处，恳请专家和广大读者批评指正。

编著者

目 录

CONTENTS

第1章 认识、安装工业机器人仿真软件

1.1 了解什么是工业机器人仿真应用技术

工业机器人在现代制造系统中起着极其重要的作用。随着机器人技术的不断发展，工业机器人的三维仿真技术也随之得到广泛关注。

工业机器人仿真主要应用在两个方面。一是工业机器人本身的设计和研究，这里工业机器人本身包括工业机器人的机械结构以及工业机器人的控制系统，它们主要包括工业机器人的运动学和动力学分析，各种规划和控制方法的研究等。工业机器人仿真系统可为这些研究提供灵活和方便的研究工具，它的用户主要是从事工业机器人设计和研究的部门和高等学校。二是那些以工业机器人为主体的自动化生产线，它包括工业机器人工作站设计、工业机器人的选型、离线编程和碰撞检测等。

MotoSimEG-VRC是一款专门用于安川工业机器人的仿真软件，主要用于上面介绍的第二个方面。

通过预先对工业机器人及其工作环境乃至生产过程进行模拟仿真，将工业机器人的运动方式以动画的方式显示出来，直观地显示工业机器人及整个生产线的运动情况，能够有效地辅助设计人员进行工业机器人虚拟示教、工业机器人工作站布局、工业机器人工作姿态优化等，如图1-1所示。

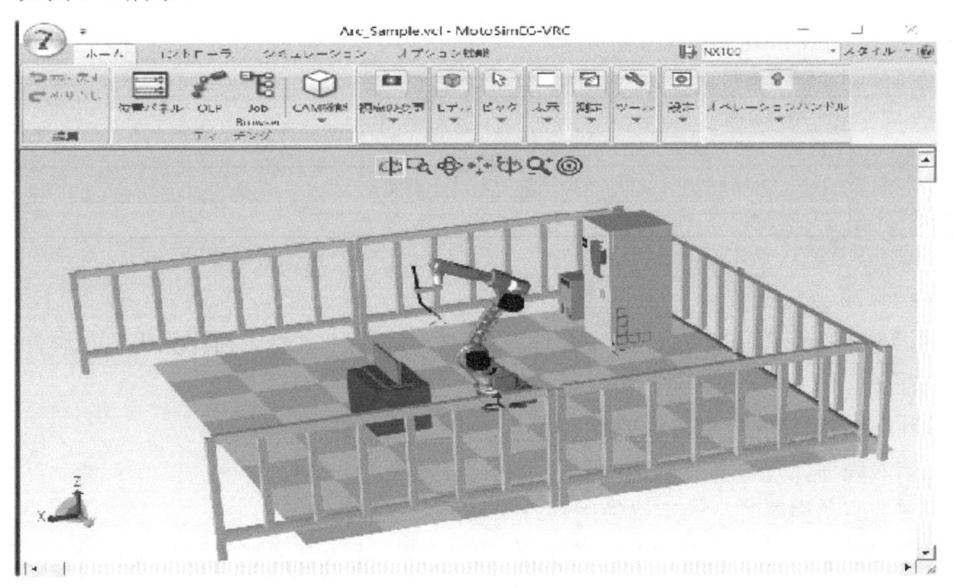

图 1-1

1.2 安装工业机器人仿真软件 MotoSimEG-VRC

安装 MotoSimEG-VRC 的步骤如下：

1）以安装 MotoSimEG-VRC2015 为例，双击 setup.exe 安装，如图 1-2 所示。

ISSetupPrerequisites	2015/5/25 17:44	文件夹	
0x0409.ini	2010/3/23 16:44	配置设置	22 KB
0x0411.ini	2012/3/16 12:55	配置设置	15 KB
1033.mst	2015/5/25 16:50	MST 文件	112 KB
1041.mst	2015/5/25 16:50	MST 文件	20 KB
Autorun.inf	2015/5/25 16:36	安装信息	1 KB
Data1.cab	2015/5/25 16:50	WinRAR 压缩文件	821,197 KB
MotoSim EG-VRC 2015.msi	2015/5/25 16:50	Windows Install...	5,283 KB
setup.exe	2015/5/25 16:36	应用程序	1,443 KB
Setup.ini	2015/5/25 16:50	配置设置	7 KB

图 1-2

2）安装加密狗（硬件锁）驱动程序，直接双击安装，如图 1-3 所示。

加密狗驱动程序.exe	2017/9/22 15:28	应用程序	2,778 KB

图 1-3

① 更新软件版本无须卸载以前版本（包括升级和降级）。

② 安装硬件锁驱动程序时请确认加密狗未插在计算机上。

③ MotoSimEG-VRC 可能不正确地执行，原因可能由计算机模型、图形板、其他连接外围设备等引起。

④ 软件安装时不要在计算机上同时使用其他 USB 设备。

1.3 MotoSimEG-VRC 的软件授权

1. MotoSimEG-VRC 对计算机硬件的要求

MotoSimEG-VRC 对计算机硬件的要求见表 1-1。

表 1-1

系统	Microsoft Windows 7（32 位 /64 位）以上
CPU	英特尔双核或多核处理器
运行内存	2 GB 或更多
磁盘	1 GB 或更多
显示器	由 MS 支持 Windows（256 色或更多）
硬件锁	单用户环境下使用。详情请参阅下面“硬件锁”部分
其他	3D 图形板

注：软件安装后会有一说明书，请务必阅读！

2. 硬件锁

使用 MotoSimEG-VRC 软件前，先将 USB 类型的硬件锁连接到计算机上。硬件锁需要安装驱动程序。

安装硬件锁驱动的注意事项如下：

1）插入硬件锁时，不要插其他 USB 设备。

2）安装驱动程序时，一定要使用管理员模式。

3）在安装驱动程序之前，若消息显示重启，应从个人计算机上拔除硬件锁，然后安装驱动程序。

4）若计算机是安装在 Windows 95 / 98 / NT4.0/2000 / XP 环境下，需要通过 Windows 向导添加新硬件。

5）如果启动失败，把硬件锁从计算机上拔离，然后重新安装硬件锁驱动程序。

6）在 Windows NT4.0/2000 环境下，驱动程序安装在 \SentinelDriver \SSD5411 \ SSD5411-32bit 文件夹”中。

7）驱动程序安装过程，请参考安装手册（路径：\ Sentinel-Driver \ SSD5411 \ 手动 \ \ Readme.pdf）。

1.4 MotoSimEG-VRC 的软件界面介绍及作用

1. MotoSimEG-VRC 的软件界面

MotoSimEG-VRC 的软件界面由 MotoSimEG-VRC 按钮、标签、菜单栏、快捷工具栏、组、对接窗口、工作站窗口组成，如图 1-4 所示。

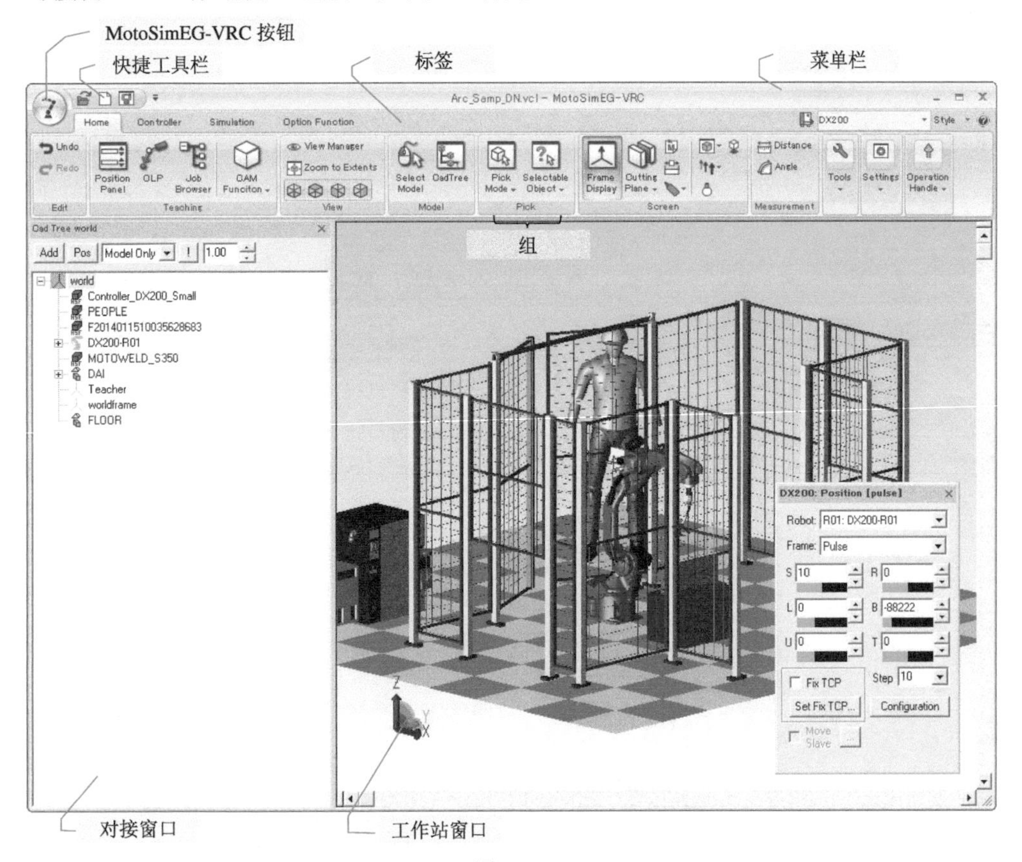

图 1-4

2. MotoSimEG-VRC 的软件作用

使用 MotoSimEG-VRC 可实现：

1）确认系统方案可行性。

2）确认工业机器人选型。

3）确认工业机器人 / 工件安装位置。

4）确认工业机器人动作范围和可达到性。

5）确认工业机器人与其他部件有无干涉。

6）对夹具提出修改意见。

7）模拟系统流程，确认动作节拍。

8）输出离线程序，减少现场调试工作量及周期。

9）录制视频或输出 3DPDF 文档。

学习检测

1．通过阅读说明书，理解安装文件夹各自的作用是什么？

2．虚拟示教器对应的键盘快捷键是什么？

学习检测参考答案

1．文件夹分布如图 1-5 所示。版本不同可能会有小的差别。

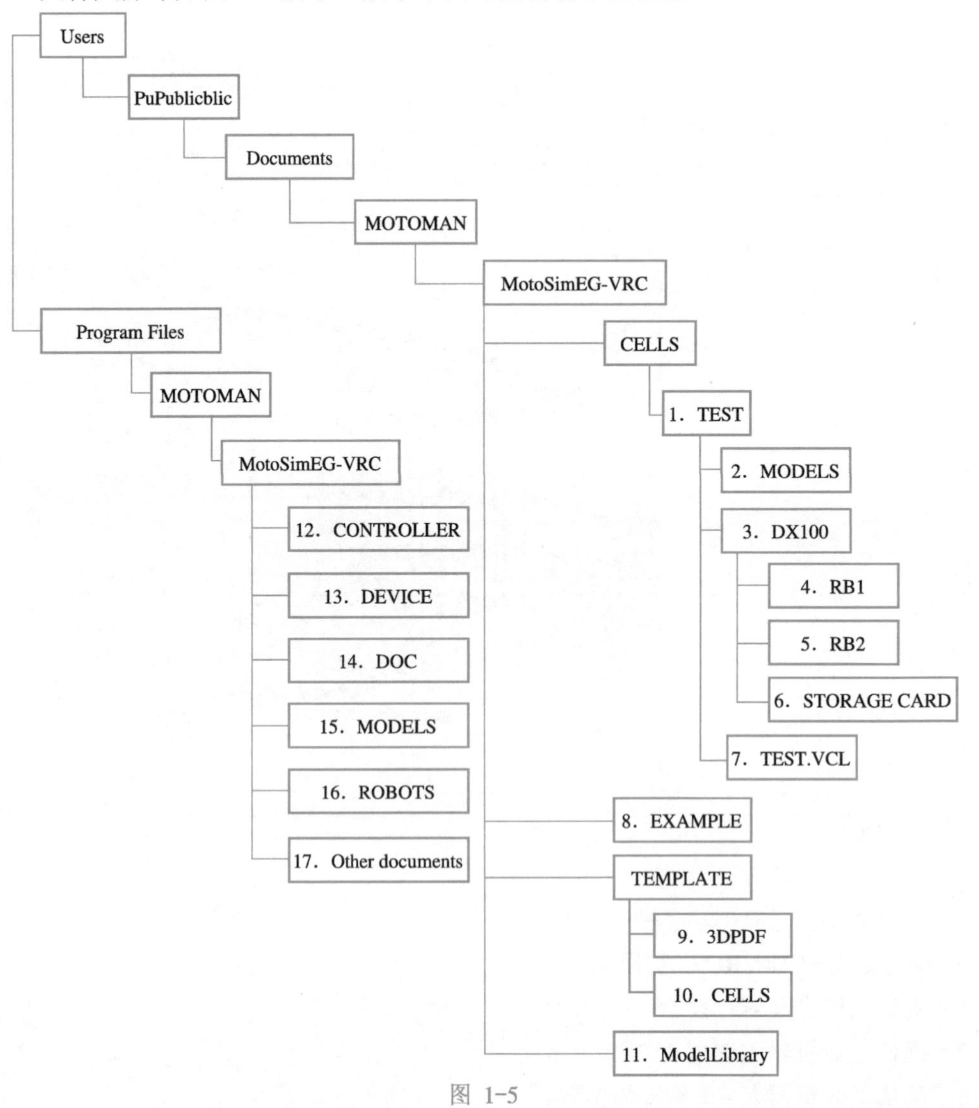

图 1-5

文件夹的作用见表 1-2。

表 1-2

序号	名称	作用
1	TEST	用于建立模拟环境，如工作站 TEST
2	MODELS	存储地板的模型文件、工具和工件等
3	DX100	存储控制器相关的数据文件
4	RB1	存储数据：机器人模型文件等
5	RB2	存储数据：机器人模型文件等
6	STORAGE CARD	存储控制器文件，用于访问的 VPP 保存 / 加载函数
7	TEST.VCL	存储工程文件根文件
8	EXAMPLE	存储仿真工作站文件
9	3DPDF	存储模板 3DPDF 输出 PDF 文件
10	CELLS	存储模板创建的单元文件的模板 MotoSimEG-VRC
11	ModelLibrary	存储现有模型
12	CONTROLLER	VRC（虚拟机器人控制器）存储应用程序文件和默认每个控制器的数据
13	DEVICE	存储驱动文件
14	DOC	存储帮助文件
15	MODELS	存储手册
16	ROBOTS	存储相关的机器人模型的控制器类型
17	Other documents	安装文件，如可执行文件、初始化文件等，运行 MotoSimEG-VRC

2. 以 DX200 为例说明。键盘快捷键如图 1-6 所示。对应的虚拟示教器如图 1-7 所示。

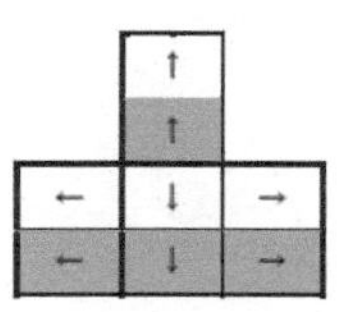

图 1-6

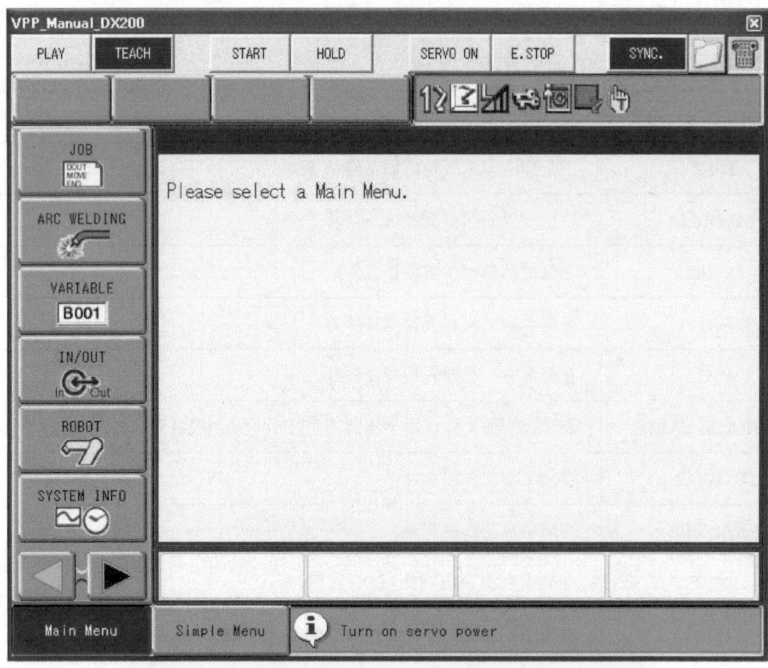
VPP_Manual_DX200
PLAY
TEACH
START
HOLD
SERVO ON
E.STOP
SYNC.
JOB
ARC WELDING
VARIABLE
B001
IN/OUT
ROBOT
SYSTEM INFO
Please select a Main Menu.
Main Menu
Simple Menu
Turn on servo power

SELECT
SERVO ON
HIGH SPEED
FAST
MANUAL SPEED
SLOW
YASKAWA
SHIFT
ROBOT
EXAXIS
AUX
DELETE
INSERT
MODIFY
ENTER

图 1-7

第2章 MotoSimEG-VRC 系统设置

仿真的机器人系统是通过计算机对实际的机器人系统进行模拟。机器人系统仿真可以通过单机（1 台机器人）或多台机器人组成工作站或生产线。仿真是通过交互式计算机图形技术和机器人学等技术，在计算机中生成机器人的几何图形，并对其进行三维显示，从而确定机器人的本体及工作环境的动态变化过程。通过系统仿真，可以在制造单机与生产线之前模拟出实物，缩短生产工期，避免不必要的返工。本章讲解 MotoSimEG-VRC 软件的机器人系统设置。

2.1 创建机器人系统

本节以用安川工业机器人的仿真软件 MotoSim EG-VRC 建立一个弧焊单机工作站为例子来说明工业机器人系统的创建，包括模型创建和系统布局等，如图 2-1 所示。

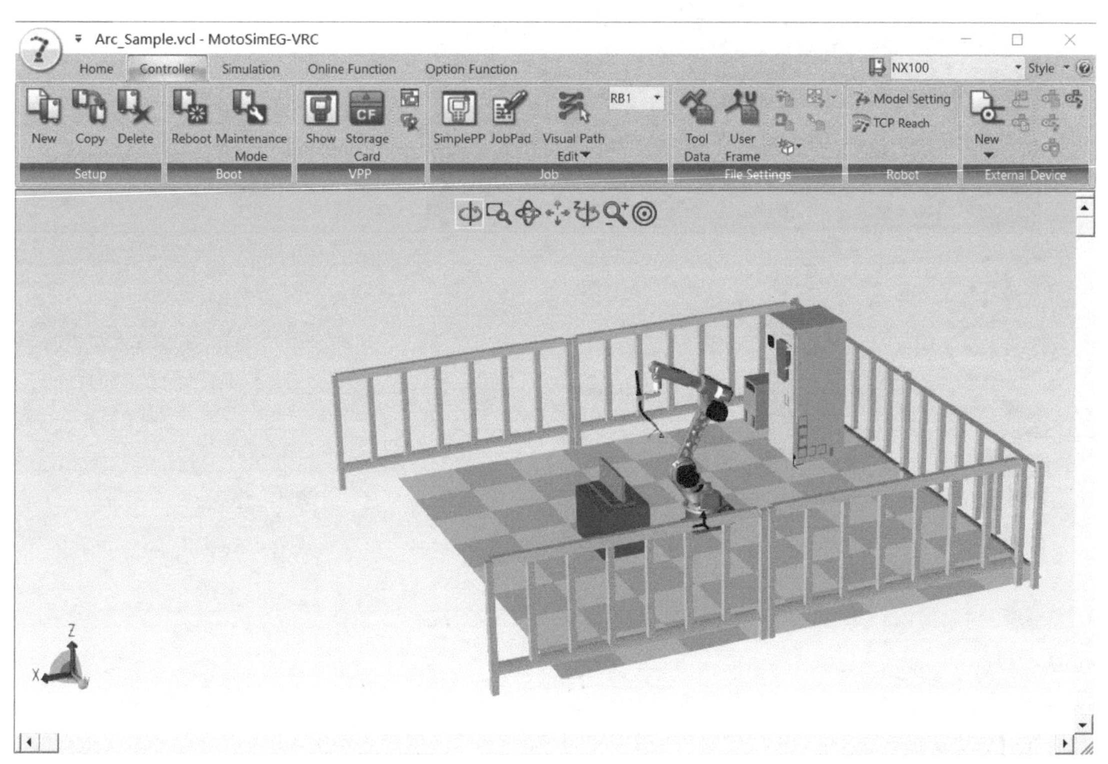

图 2-1

建立机器人系统的一般流程如图 2-2 所示。

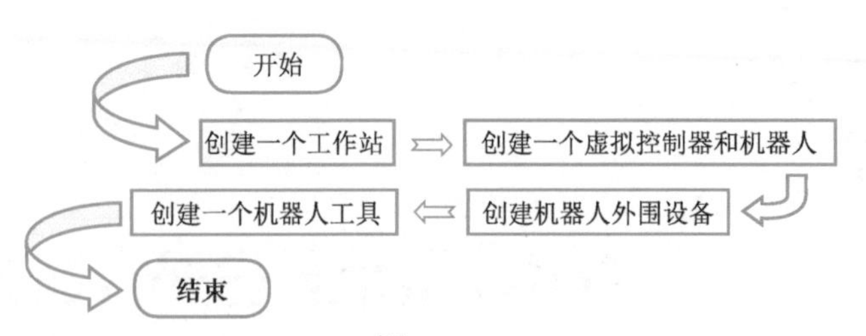

图 2-2

1. 创建一个工作站

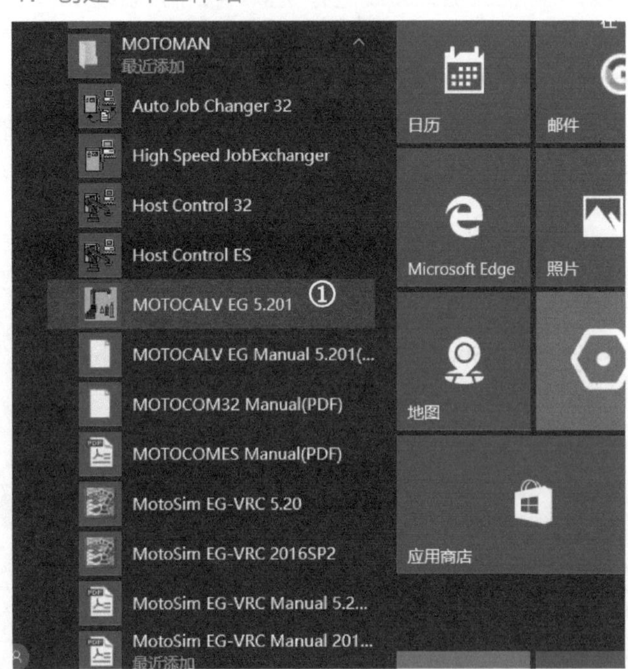

① 在计算机的任务栏单击“开始”菜单，找到对应的 MotoSimEG-VRC 软件，双击打开运行。

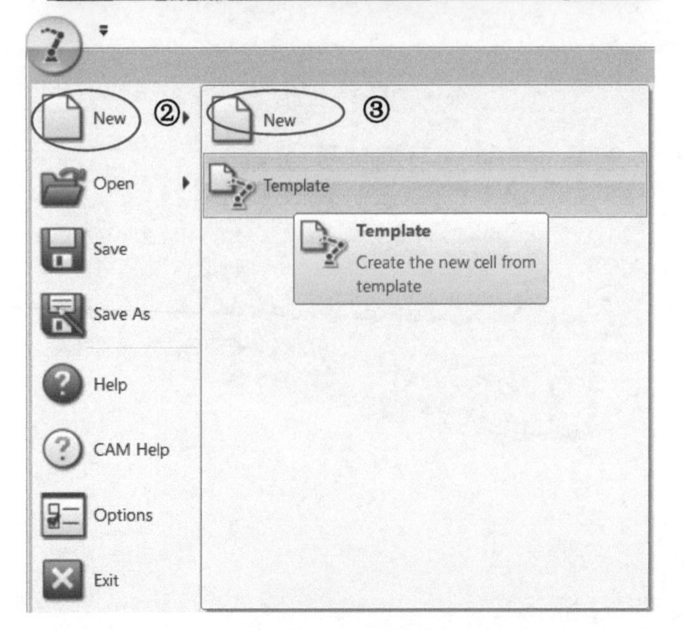

②单击“New”。
③单击“New”。

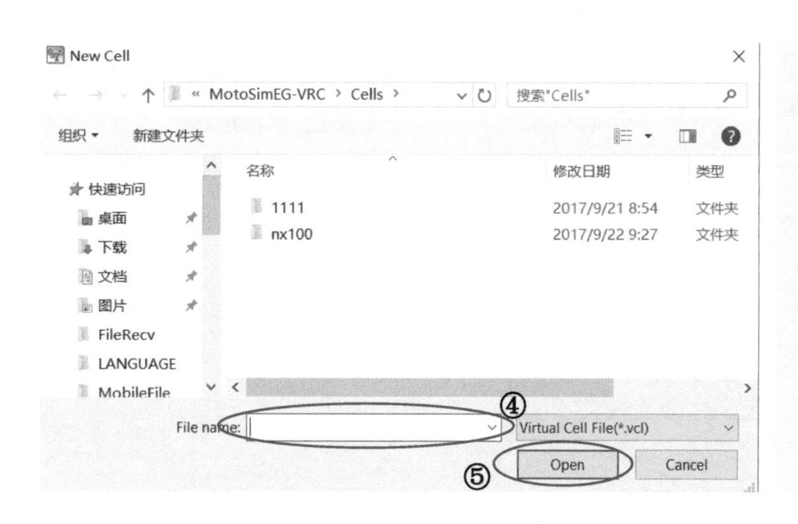

④输入项目名称。

⑤单击“Open”。

完成以上步骤，就得到一个属于自己的新工作站，但是只有一个地板模型，如图 2-3 所示。

图 2-3

2. 新建一个虚拟控制器和机器人

在软件中只有一个地板是远远不够的，下面介绍如何新建一个虚拟控制器和机器人。

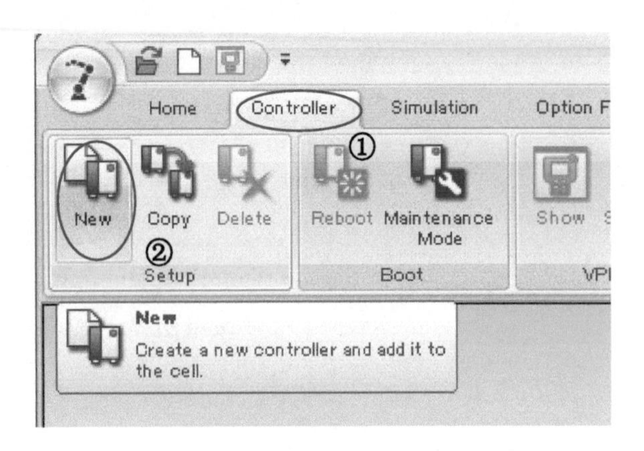

①单击“Controller”。
②在“Setup”上单击“New”。

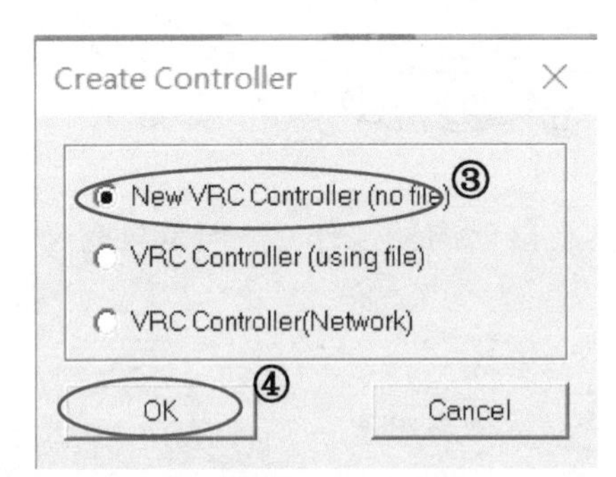

③单击“New VRC Controller（no file）”
④单击“OK”。

“Create Controller”选项说明见表 2-1。

表 2-1

设置名称	参数说明
New VRC Controller（no file）	不使用 CMOS.BIN 文件创建新的虚拟控制器
VRC Controller（using file）	使用 CMOS.BIN 文件创建新的虚拟控制器
VRC Controller（Network）	使用以太网和柜体连接创建新的虚拟控制器

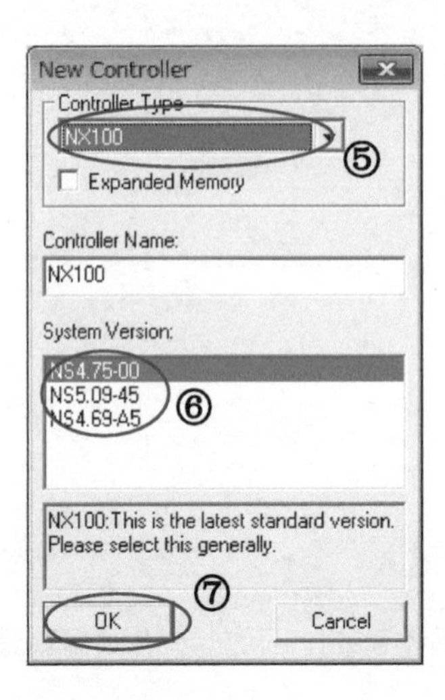

⑤选择控制器型号。
⑥选择示教器系统版本
⑦单击“OK”。

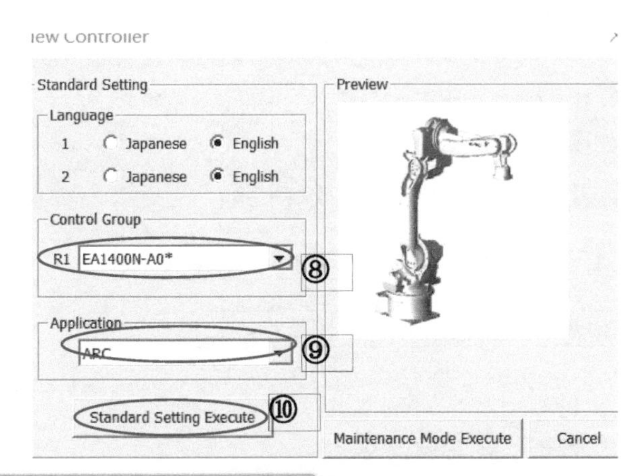

⑧选择机器人型号。

⑨选择机器人用途（若选择有误，会导致找不到作业指令）。

⑩单击“Standard Setting Execute”（正常模式启动）。

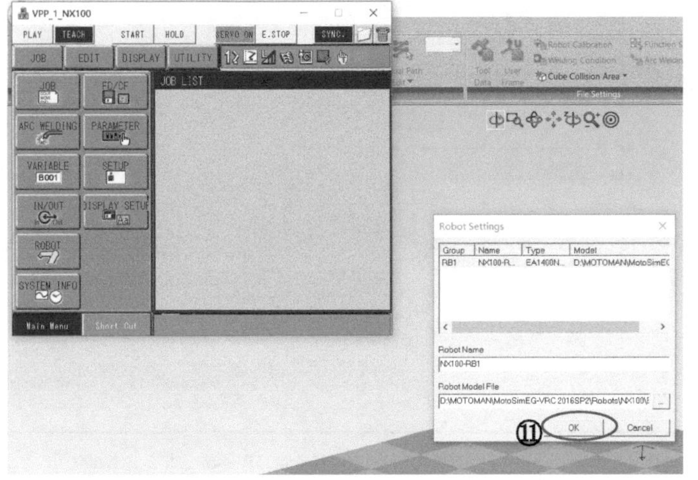

⑪不建议任何修改，单击“OK”。

完成以上操作后，虚拟控制器重启，将显示虚拟编程窗口正常模式。创建的带虚拟控制器的机器人系统如图 2-4 所示。

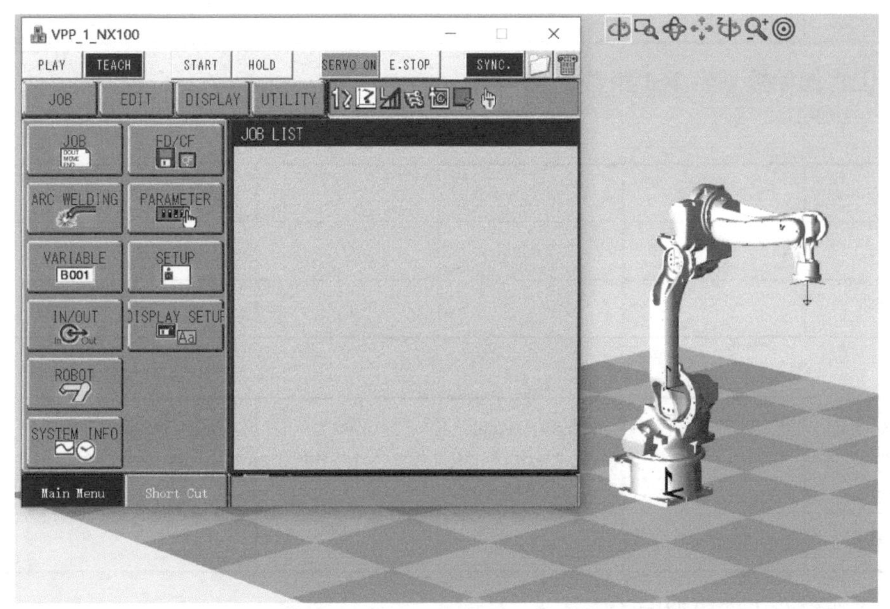

图 2-4

3. 创建工作台及工件模型

下面讲解如何创建工作台及工件模型。

创建工作台及工件模型的流程如图 2-5 所示。

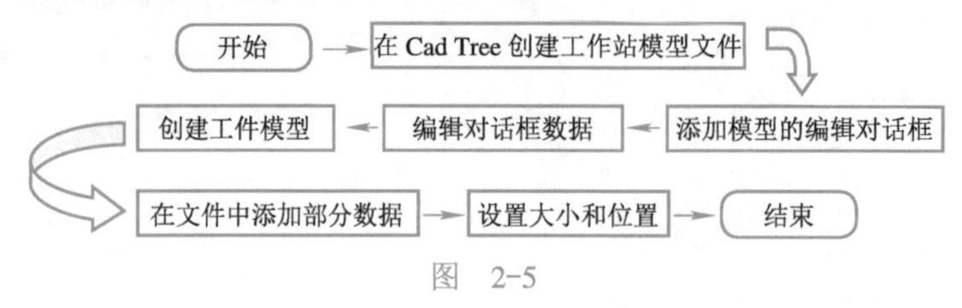

图 2-5

要创建的工作台及工件如图 2-6 所示。其参数见表 2-2。

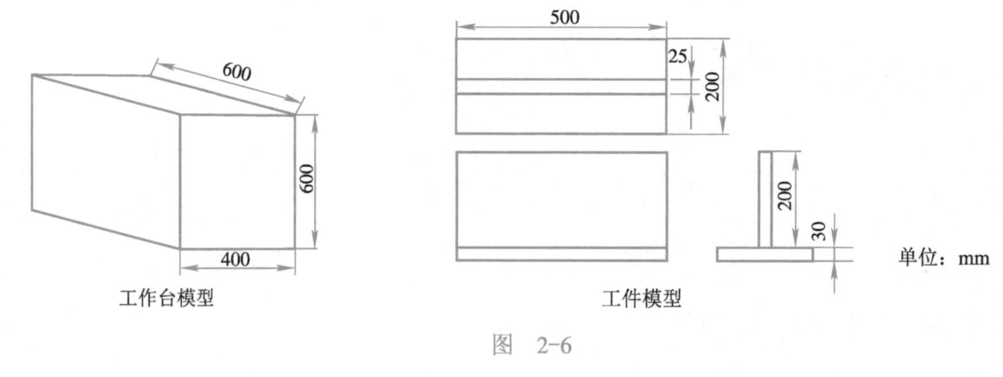

图 2-6

表 2-2

Width (W)/mm	400	Depth (D) /mm	600	Height (H) /mm	600
X/mm	0	Y/mm	0	Z/mm	0
Rx / (°)	0	Ry/ (°)	0	Rz/ (°)	0

两个工件的参数见表 2-3 和表 2-4。

表 2-3

Width (W)/mm	200	Depth (D)/mm	500	Height (H)/mm	30
X/mm	0	Y/mm	0	Z/mm	0
Rx/ (°)	0	Ry/ (°)	0	Rz / (°)	0

表 2-4

Width (W)/mm	25	Depth (D)/mm	500	Height (H)/mm	200
X/mm	0	Y/mm	0	Z/mm	115
Rx/ (°)	0	Ry/ (°)	0	Rz/ (°)	0

创建工作台及工件模型的步骤如下。

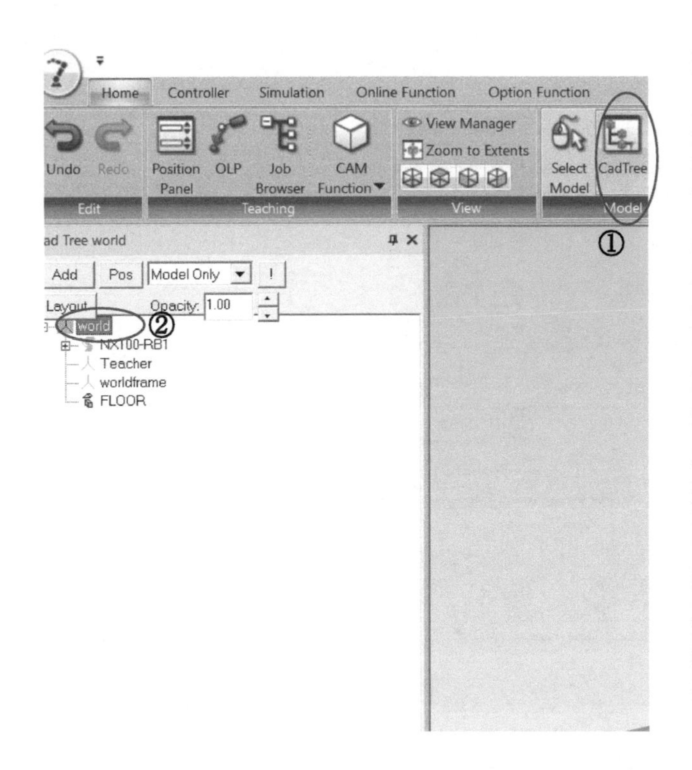

① 在“Home”选项卡的模型组中单击“Cad Tree”。

② 选择“World”再单击左上角的“Add”。

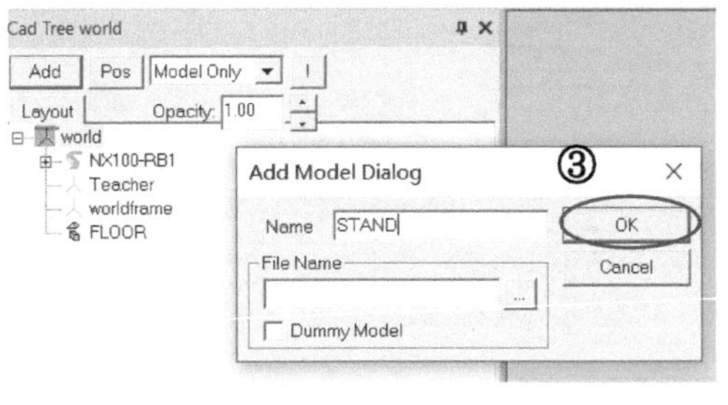

③ 创建工作台模型，输入“STAND”，单击“OK”。

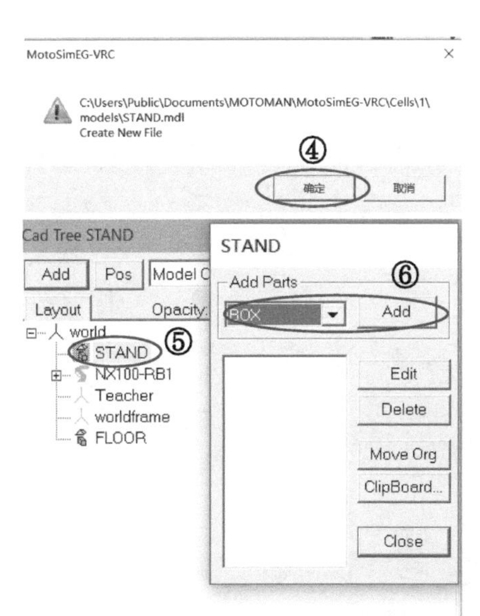

④ 弹出一个确认对话框，提示是否创建新的模型，单击“确定”。

⑤ 双击“STAND”；或者选择“STAND”，再单击“Add”。

⑥ 选择“BOX”，单击“Add”。

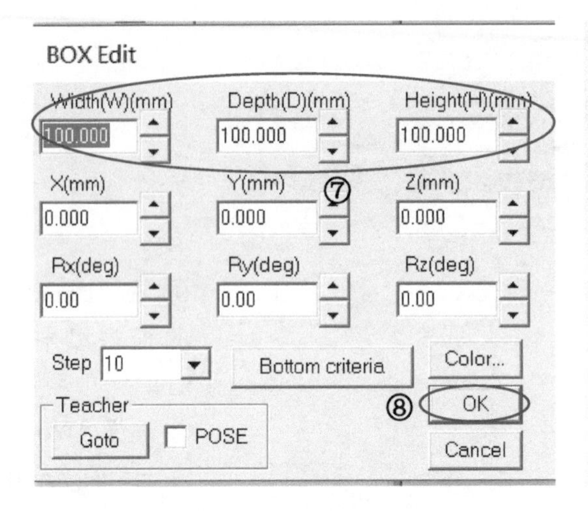

⑦将工作台参数填入其中。

⑧单击“OK”。

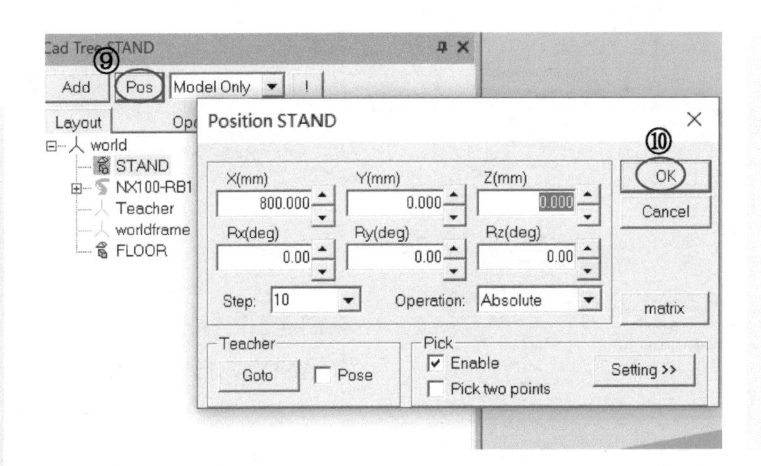

⑨当前工作台模型位于地板模型的中心，因此，Cad Tree 中选择“STAND”，单击“Pos”。

⑩ 输 入 X=800.000、Y=0.000 和 Z=0.000，修改模型的位置，单击“OK”。

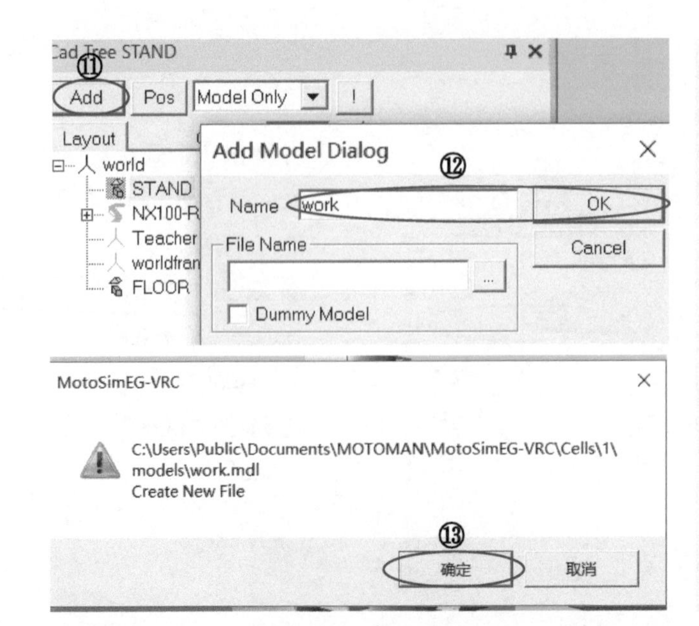

⑪选择“STAND”，单击“Add”。

⑫输入名称“work”，单击“OK”。

⑬弹出是否创建新模型对话框，单击“确定”。

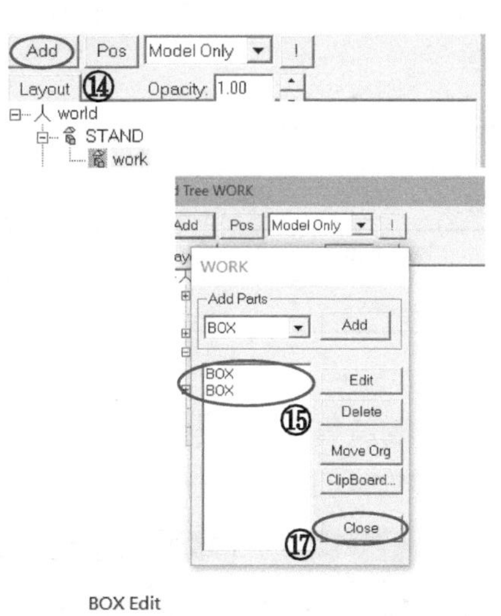

⑭双击出现的 work 模型；或者选择“work”，再单击“Add”。

⑮选择“BOX”，单击“Add”（创建两个 BOX）。

⑯分别双击⑮中创建的 BOX，将两个工件的参数填入后单击“OK”。

⑰单击“Close”。

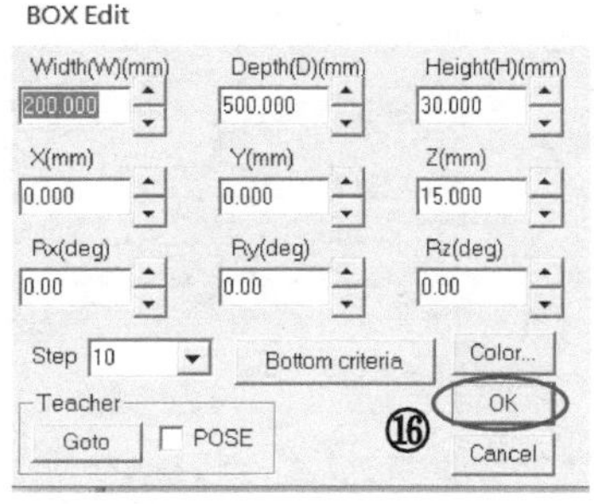

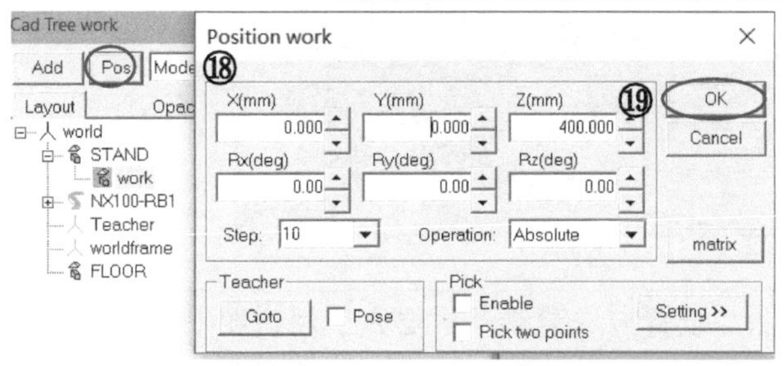

⑱选择 work，单击“Pos”。

⑲将 Z=400.000 填入框中，单击“OK”。

完成以上操作后就创建了一个带虚拟控制器的机器人系统，以及工作台和工件，如图 2-7 所示。

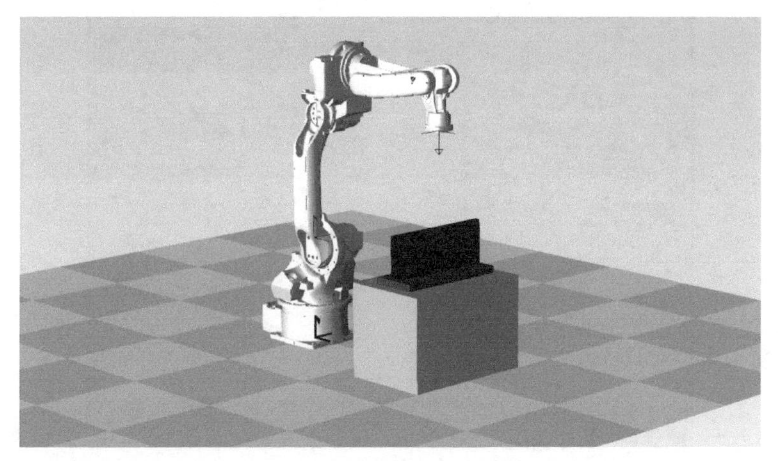

图 2-7

部分参数说明见表 2-5。

表 2-5

参数名称	说　明
Add	添加模型
Pos	使模型在地板中移动
World	模型库

4. 编辑工具数据

下面以创建弧焊的焊枪为例，讲解如何编辑工具数据。

1）在虚拟编程器的主菜单中，选择“TEACH”-“ROBOT”-“TOOL”，如图 2-8 所示。

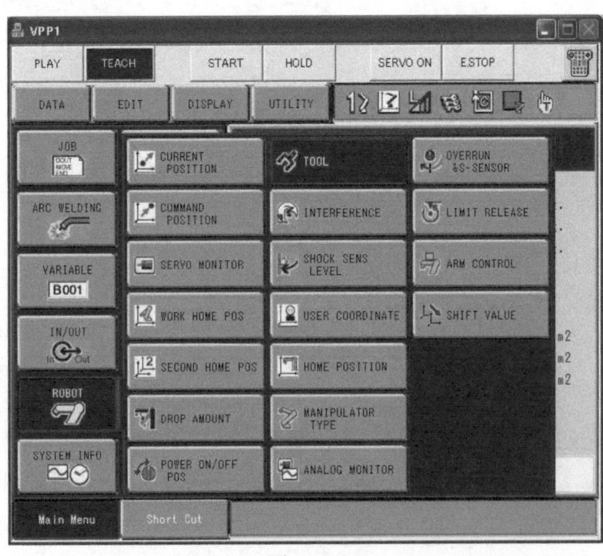

图 2-8

2）设置工具参数，如图 2-9 所示。设置方法请参考机器人使用说明书。

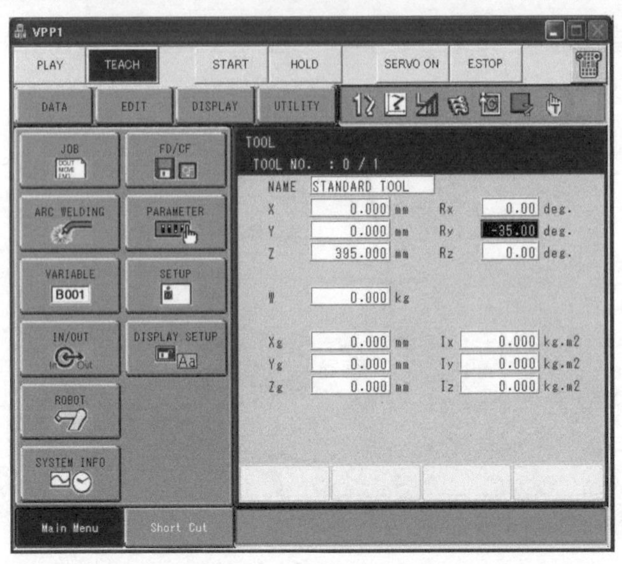

图 2-9

5. 添加工具模型

添加工具模型主要有两种方法：创建工具模型和读取 HSF 格式工具模型。

创建工具模型的流程图如图 2-10 所示。

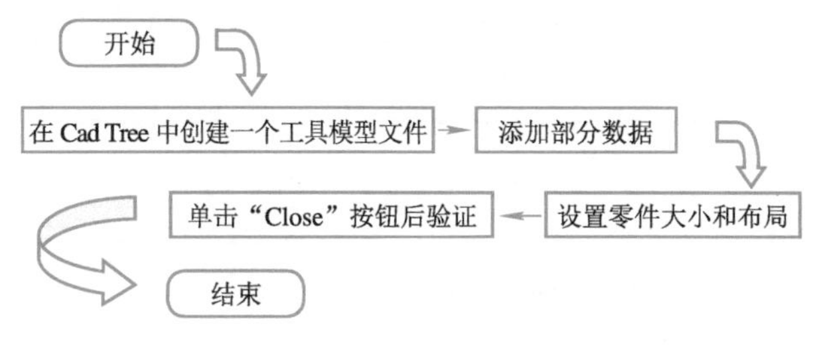

图 2-10

工具模型（以焊枪为例）的尺寸如图 2-11 所示。

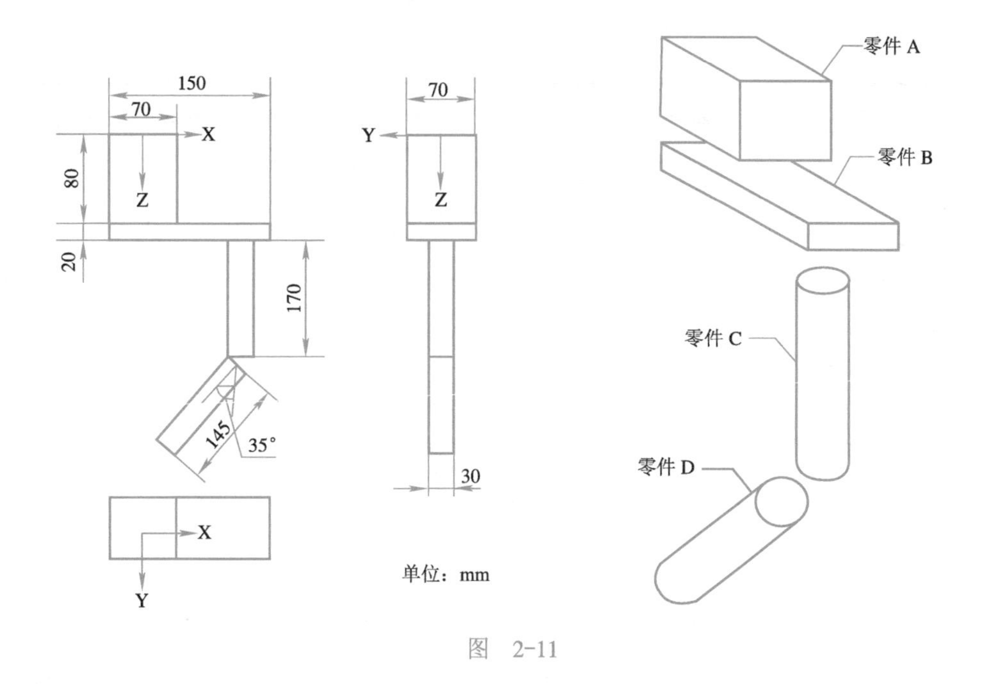

图 2-11

零件 A 部分（BOX）、B 部分（BOX）、C 部分（CYLINDER）、D 部分（CYLINDER）具体参数见表 2-6 ～表 2-9。

表 2-6

Width (W) /mm	70	Depth (D) /mm	70	Height (H) /mm	80
X/mm	0	Y/mm	0	Z/mm	40
Rx /（°）	0	Ry /（°）	0	Rz /（°）	0

表 2-7

Width (W) /mm	150	Depth (D) /mm	70	Height (H) /mm	20
X/mm	40	Y/mm	0	Z/mm	90
Rx /（°）	0	Ry /（°）	0	Rz /（°）	0

表 2-8

Lower Dia. /mm	30	Height (H) / mm	170	Division / mm	16	Upper Dia. / mm	30
X/mm	80	Y/mm	0	Z/mm	100	—	
Rx /（°）	0	Ry /（°）	0	Rz /（°）	0	—	

表 2-9

Lower Dia. / mm	30	Height (H) / mm	145	Division / mm	16	Upper Dia. / mm	30
X/mm	80	Y/mm	0	Z/mm	100	—	
Rx /（°）	0	Ry /（°）	-35	Rz /（°）	0	—	

1）创建一个焊枪（使用 Cad 模型创建），具体操作步骤如下。

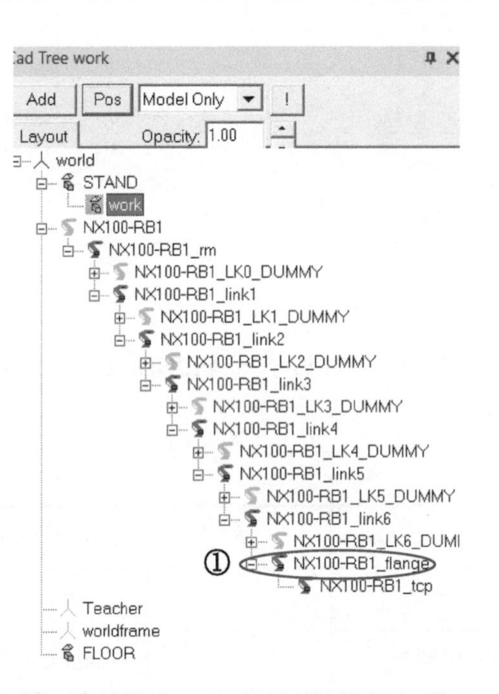

① 单击“NX100-RB1_flange”，单击“Add”。

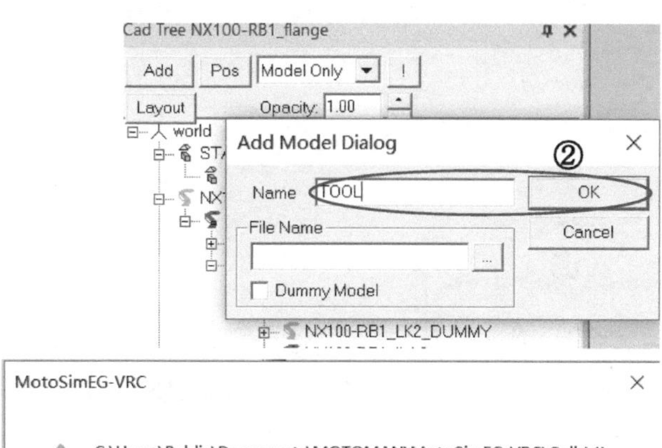

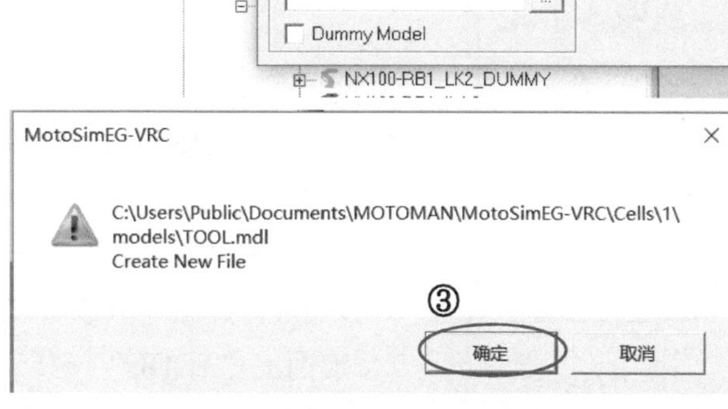

② 输入名称“TOOL”，单击“OK”。

③弹出对话框，单击“确定”，创建新的模型。

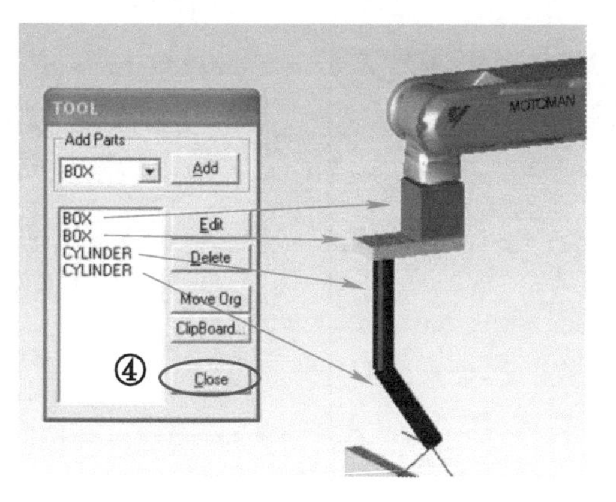

④ 与创建工件模型的方式一样，创建 2 个“BOX”和 2 个“CYLINDER”，将参数数值填入各自的编辑框中，单击“Close”

2）使用读取 HSF 格式工具模型的方式来创建一个工具模型，具体操作步骤如下所示。

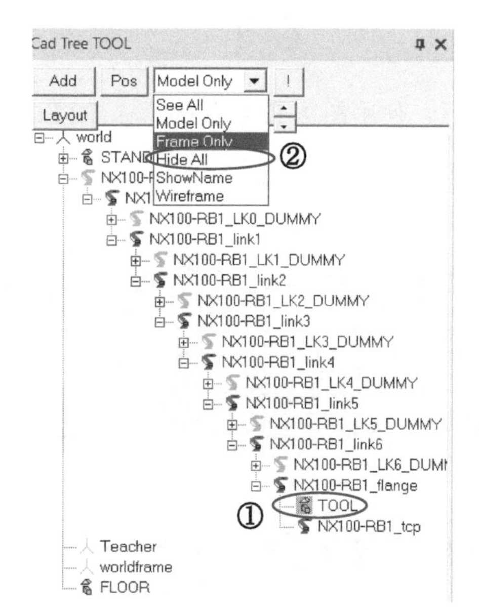

① 选择上面创建的“TOOL”。

② 单击“Hide All”，隐藏前面创建的模型。

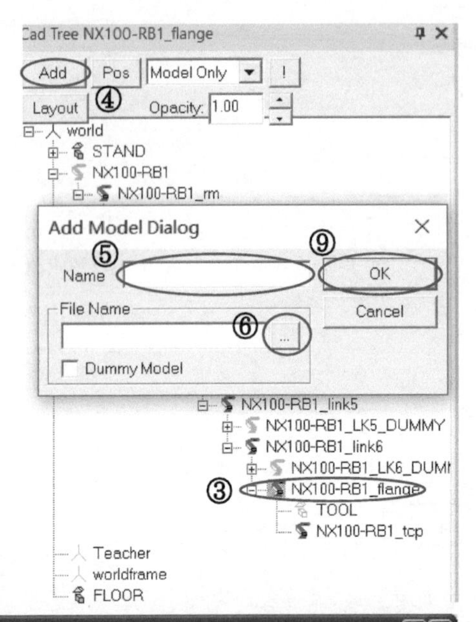

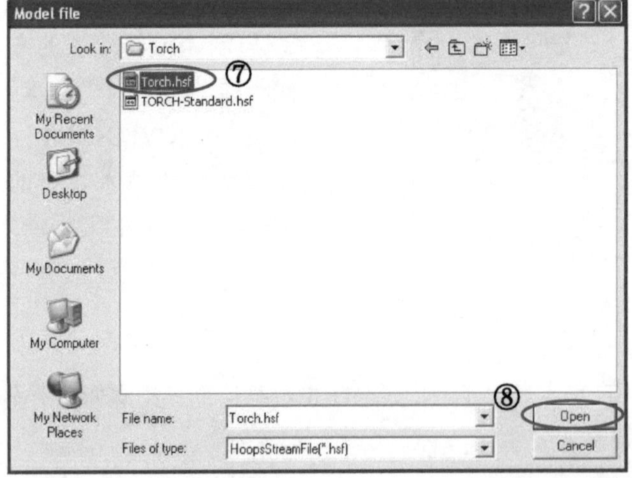

③ 在 Cad Tree 中 选 择“NX100-RB1_flange”。

④单击“Add”。

⑤在弹出的对话框中输入模型名称（只要不与前面的“TOOL”一样就行）。

⑥单击“…”。

⑦在放模型的文件夹中选择模型。

⑧单击“Open”。

⑨单击“OK”。

还有一种方法直接添加“TOOL”，使用图 2-12 所示的“Model Library”完成。此功能后面会介绍。

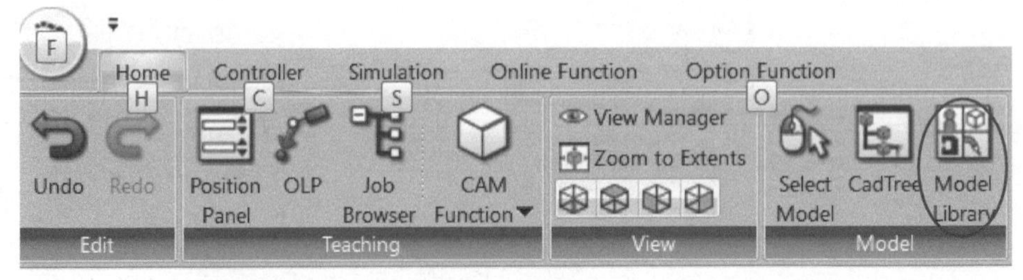

图 2-12

完成以上操作后，一个在 1 个工作台上焊接 2 个工件的简单机器人弧焊工作站就创建完成了，如图 2-13 所示。

图 2-13

部分参数说明见表 2-10。

表 2-10

参数名称	功能说明
NX100-RB1_flange	工业机器人的法兰模型（焊枪的母模型）
添加的 TOOL	焊枪模型（工业机器人法兰的子模型）

2.2 设置系统选项

软件带一个命令栏，包含组织应用程序的特性等一系列标签顶部的功能。

1. 系统选项的设置步骤

打开系统选项设置对话框，单击 VRC 按钮，单击“Options”，然后进行系统选项设置，完成后单击“确定”，如图 2-14 所示。

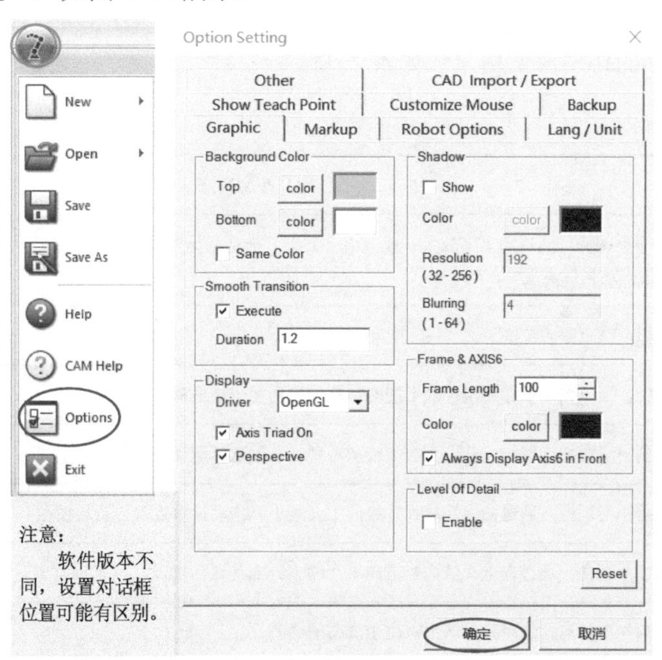

图 2-14

2. 系统选项设置的注意事项

1）可根据个人需要修改背景颜色、地板颜色等。

2）如果设置有问题，单击“Reset”（初始化设置），一般不建议修改。

3）MotoSimEG-VRC 没有打印功能。

2.3 平移、旋转等操作

系统创建后有一组看着很奇怪的图标（图 2-15），这些图标可以对工业机器人工作站做出平移、旋转等操作。

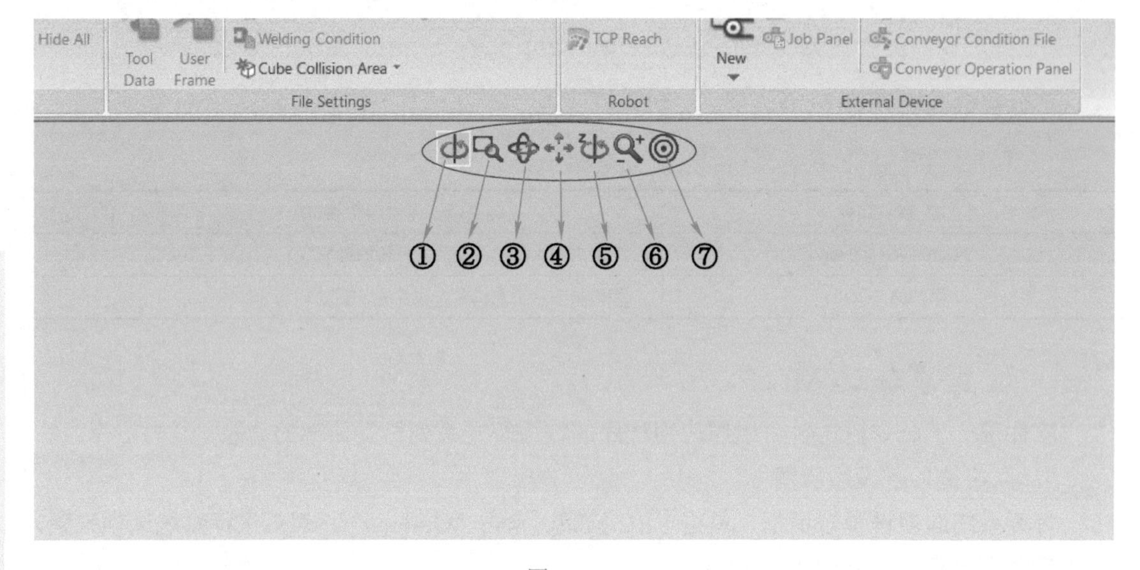

图 2-15

图 2-15 中图标的作用及使用方法见表 2-11。

表 2-11

序　号	作用及使用方法
①	放大和缩小图像，通过向上（放大）或向下（缩小）拖动鼠标实现；Z 轴的旋转，图像置于中心坐标，从一边到另一边拖动鼠标实现
②	拖动鼠标，在所需的范围扩大
③	垂直旋转，上下拖动鼠标实现；水平旋转，从一边到另一边拖动鼠标实现
④	从一边到另一边拖动鼠标，从左到右（或从右到左）用鼠标运动
⑤	放大和缩小的图像，通过向上（放大）或向下（缩小）拖动鼠标实现；旋转图像，从一边到另一边拖动鼠标
⑥	放大和缩小图像，通过向上（放大）或向下（缩小）拖动鼠标实现
⑦	单击任何想要的点，这时显示单击点位于屏幕的中心

学习检测

1．通过本章的学习是否可以独立完成简单系统的搭建？

2．系统布局中怎么添加工具？

3．熟读软件说明书，软件支持哪几种格式模型导入？

学习检测参考答案

1．略

2．添加工具，以添加一个焊枪为例，步骤如下：

首先选择“Home”选项卡，再单击“CadTree”，将待添加工具的机器人 DX200-R01 目录展开，选中“DX200-R01_flange”，单击“Add”按钮，如图 2-16 所示。

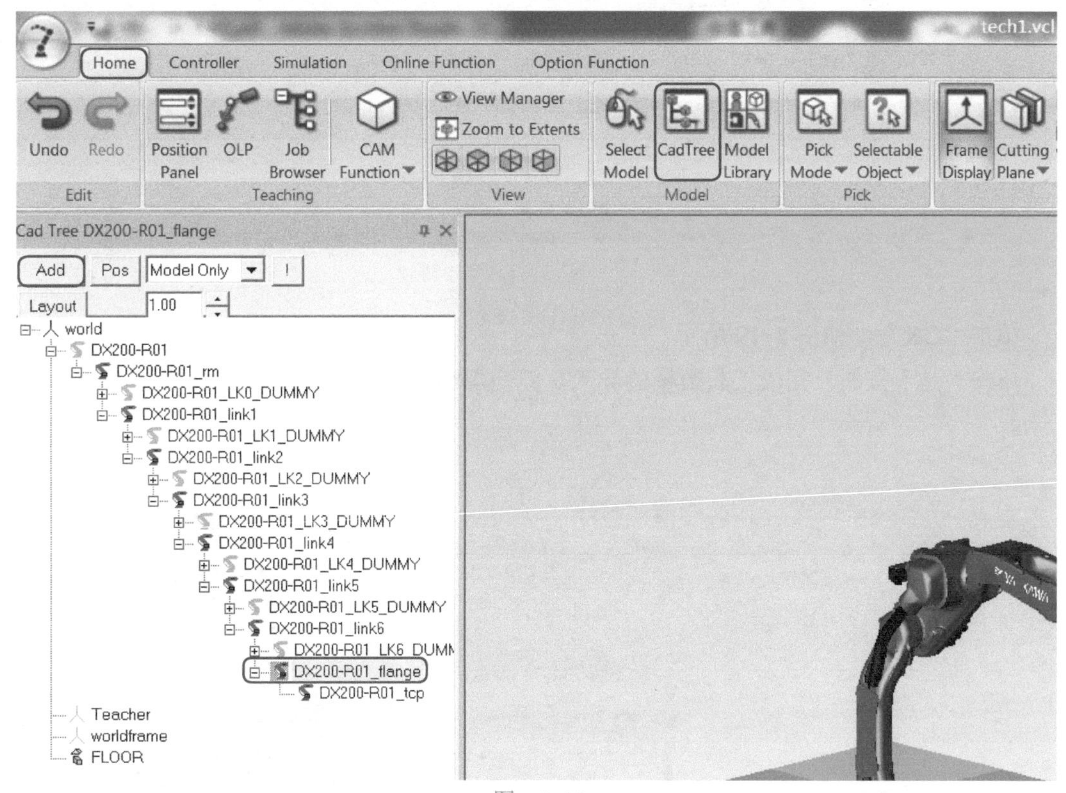

图 2-16

单击“□”按钮，如图 2-17 所示。

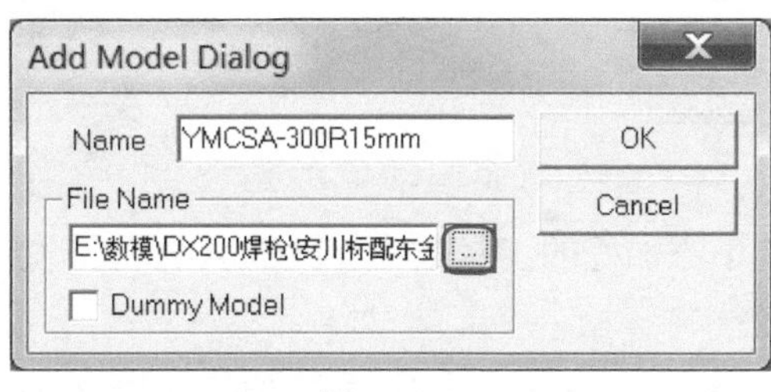

图 2-17

选中所需的工具数模，单击“Open”，如图 2-18 所示。

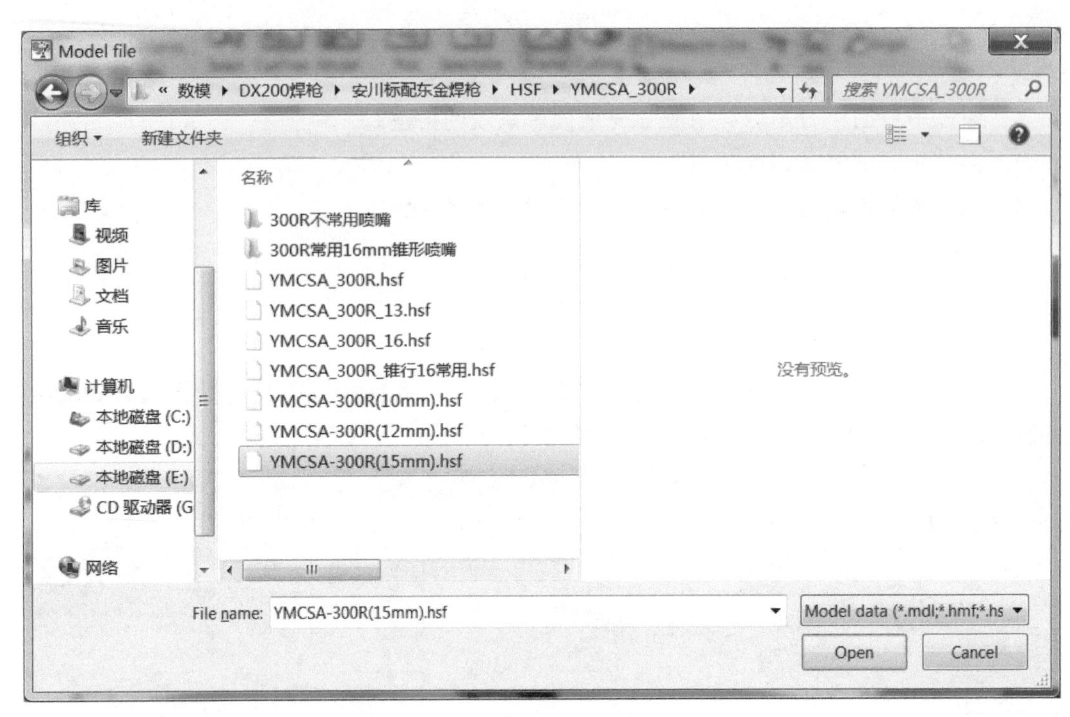

图 2-18

单击“OK”，如图 2-19 所示。

单击“是”按钮，完成工具数模的导入，但是焊枪不在工业机器人的法兰上，如图 2-20 所示。

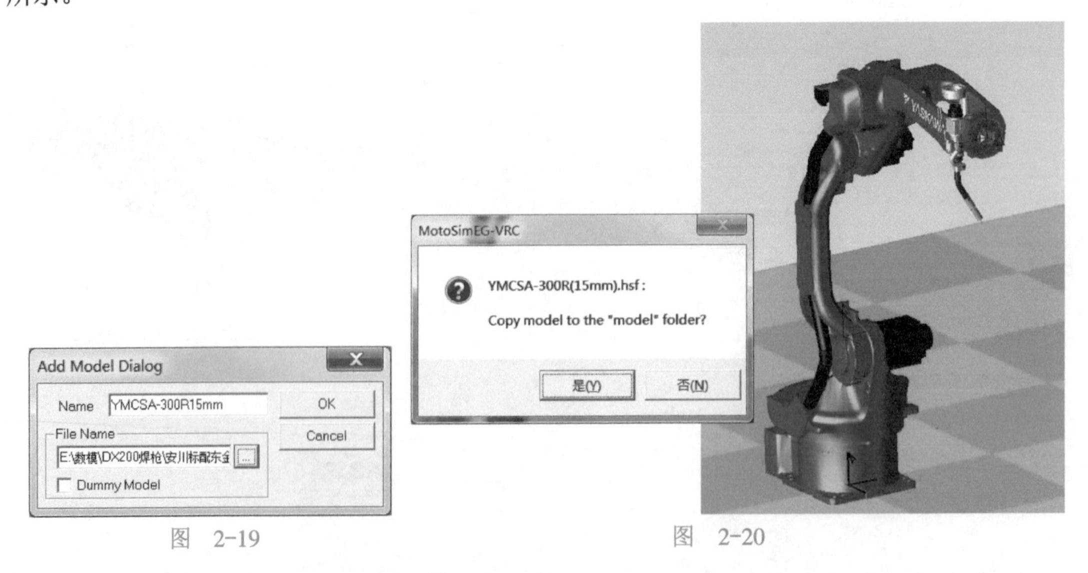

图 2-19 图 2-20

单击“Pos”按钮，选中添加好的工具数模 YMCCA-300R，修改数模位置，完成后单击“OK”按钮，如图 2-21 所示。

选择“Controller”选项卡，单击“Tool Data”，选择工具编号，根据设计尺寸填写各数值（如果重量、重心参数不填写，工业机器人会按照最大负载运行，影响节拍），单击“OK”按钮；若无法获得设计尺寸可以通过捕捉功能（勾选“Pick Enable”）获得工具，单击“OK”，如图 2-22 所示。

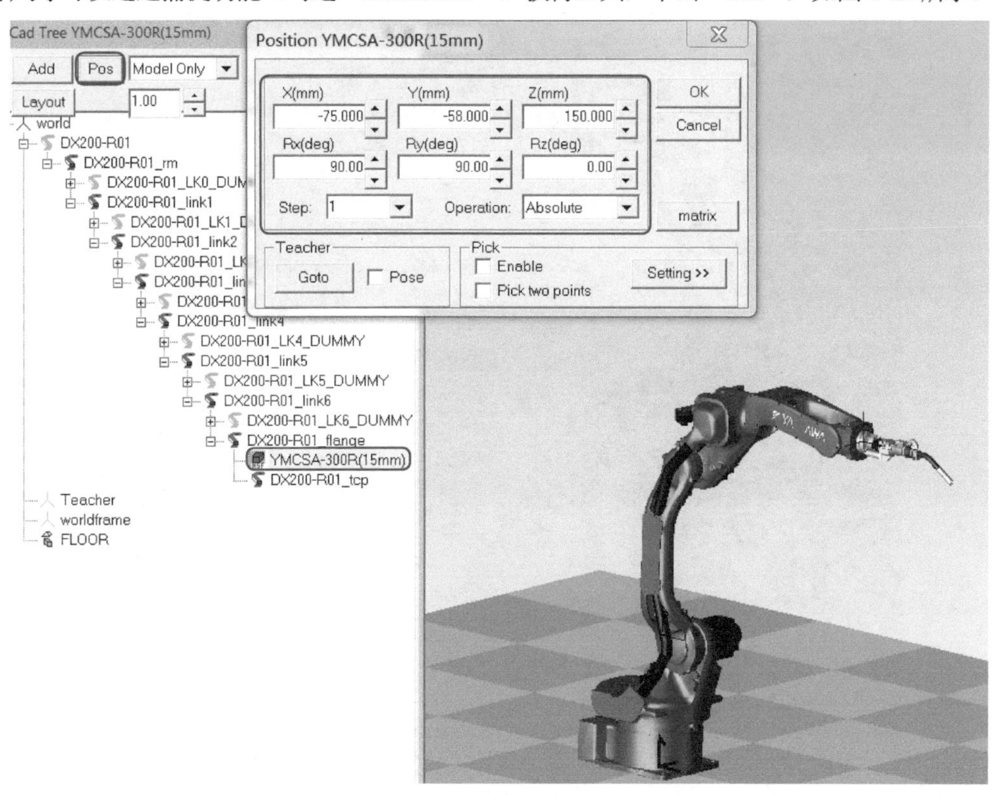

图 2-21

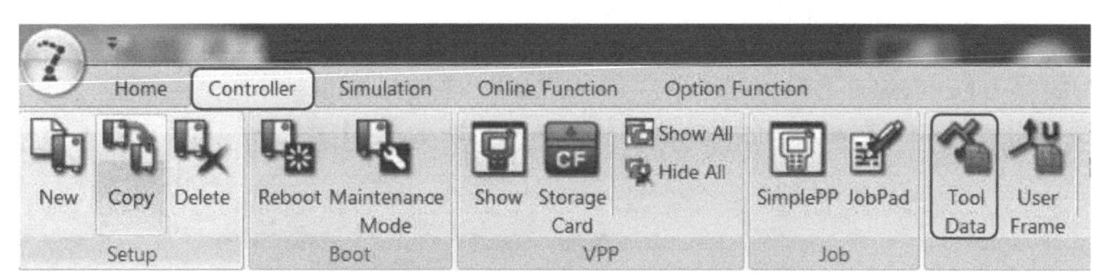

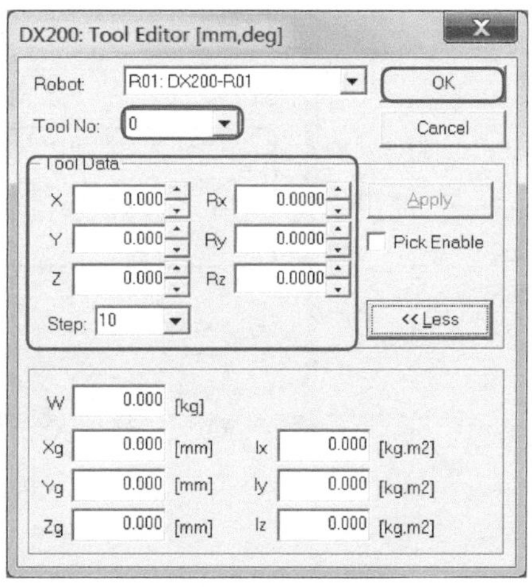

图 2-22

设置好工具的尖端点，整个工具添加的工作就完成了，如图 2-23 所示。

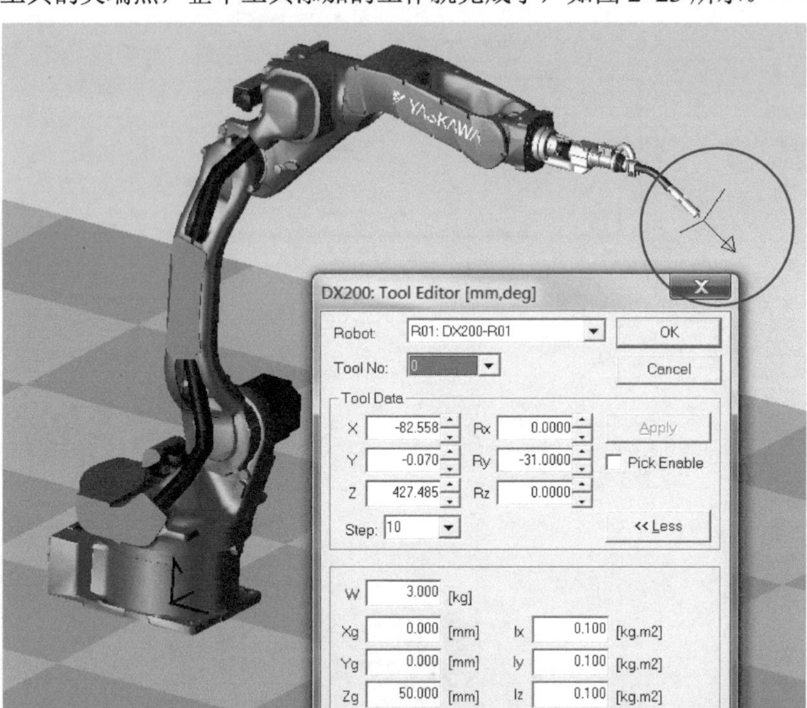

图 2-23

3．软件支持多种格式数模的导入，如图 2-24 所示。

导入数模方法与添加工具方法相同，导入 *.step、*.igs、*.iges 等格式数模时会弹出“CAD Import”对话框，若使用 CAM 功能必须勾选第二个选项，如图 2-25 所示。

MotoSimEG data(*.mdl)
HoopsMetaFile(*.hmf)
HoopsStreamFile(*.hsf)
Acis(*.sat)
Iges(*.igs;*.iges)
Step(*.stp;*.step)
ProE/CREO(*.prt.*;*.asm.*)
Catia(*.CATPart;*.CATProduct)
SolidWorks(*.SLDPRT;*.SLDASM)
Parasolid(*.x_t;*.x_b)
Inventor(*.ipt)
DXF(*.dxf)
RenderWare(*.rwx)
Standard Triangulated Language(*.stl)
VRML(*.wrl)
3D Model(*.3ds)
PLY(*.ply)

图 2-24

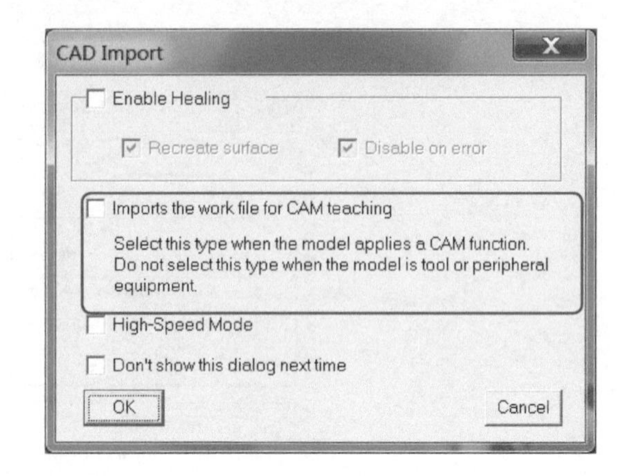

图 2-25

第3章 Home 菜单中的工具使用

本章主要介绍 MotoSimEG-VRC 软件 Home 菜单中的工具是如何使用的。Home 菜单主要对模型进行操作，如工作站布局、工具的添加等。

Home 菜单如图 3-1 所示。

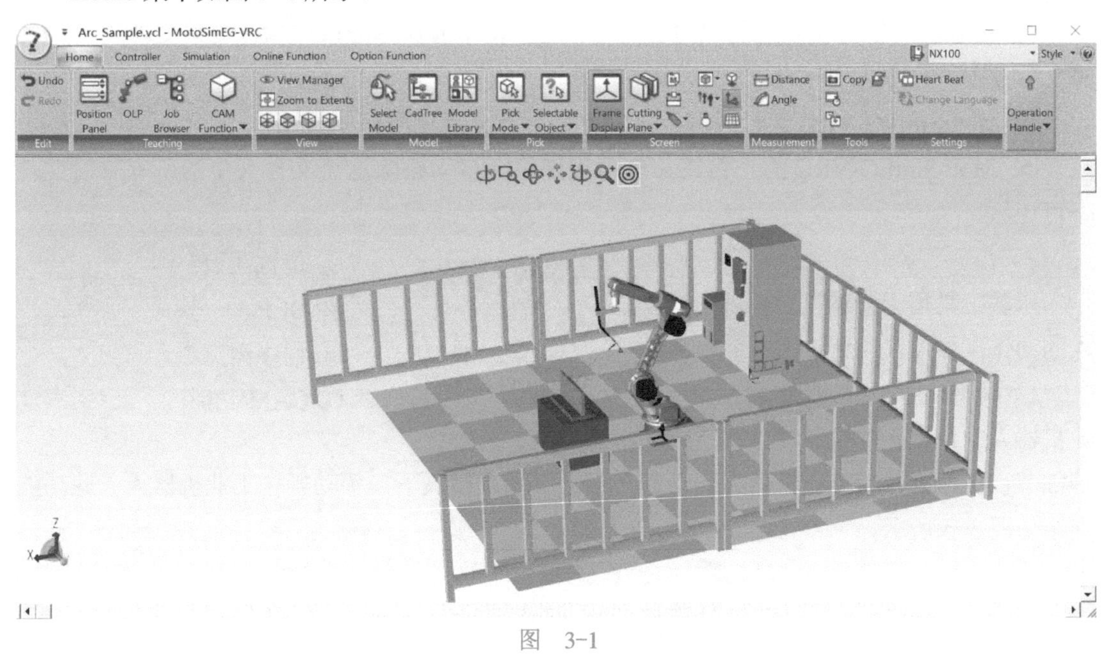

图 3-1

3.1 编辑和示教工具

Home 菜单下，编辑和示教工具如图 3-2 所示。

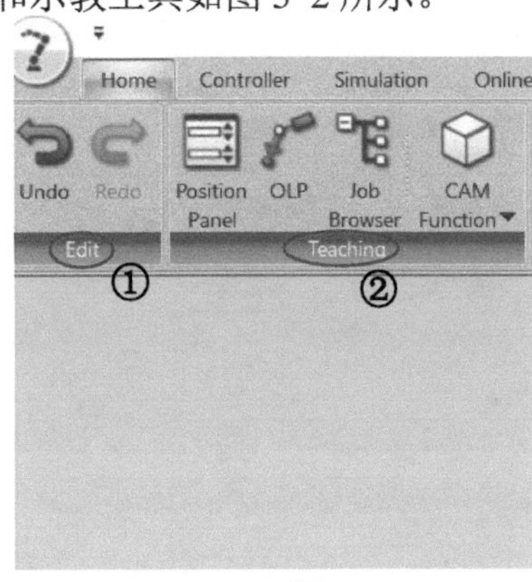

① 编辑工具。

② 示教工具。

图 3-2

1. 编辑工具

撤销当前和撤销后再恢复到上一步功能工具，如图 3-3 所示。

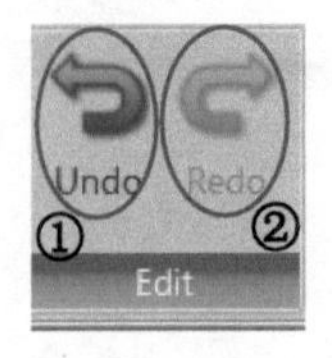

图 3-3

① 撤销。

② 恢复。

1）撤销功能参数说明：快捷键为“ALT+Backspace”，功能为撤销当前操作返回上一步。

2）恢复功能参数说明：快捷键为“CTRL+Y”，功能为恢复前一步的撤销。

3）特殊说明及注意事项：

① 撤销和恢复功能支持工业机器人的位置变化、Cad Tree 操作和相机角度操作。

② 任何操作引起的撤销和恢复的工作是不支持撤销和重置的。

③ 撤销和恢复功能生成的临时文件（.tmp）位于 MotoSimEG-VRC 安装文件夹下的临时文件夹中。

④ MotoSimEG-VRC 运行时删除这些文件可能会阻止取消一些操作。

⑤ MotoSimEG-VRC 的正常终止应用程序将会自动删除这个文件夹中的所有临时文件不可还原。

2. 示教工具

示教工具用于调试工业机器人的动作，如图 3-4 所示。

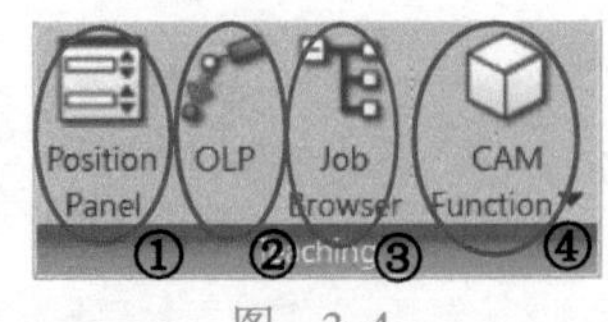

图 3-4

① 位置面板。
② OLP。
③ 程序浏览器。
④ CAM 功能。

1）位置面板：主要显示工业机器人的位置、位置脉冲数据等细节，也可以控制工业机器人的动作，相当于示教模式下，手动操作工业机器人。此功能介绍如图 3-5 所示。

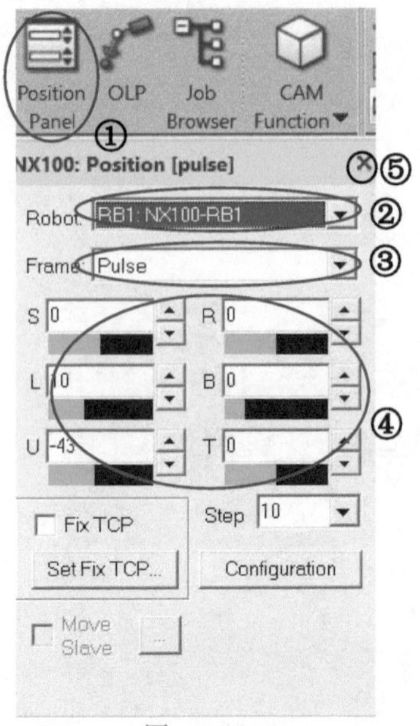

图 3-5

① 单击“Position Panel”功能，弹出对话框。
② 选择需要动作的工业机器人。
③ 选择动作方式。
④ 动作操作区。
⑤ 工业机器人到达预想位置无误后，单击“×”。

Position Panel 对话框参数说明见表 3-1。

表　3-1

参数名称	说　明
Robot	机器人名称，和 Cad Tree 中名称一致
Frame	选择不同模式来操作工业机器人的动作（脉冲、各种坐标系等）
Fix TCP	固定 TCP，使动作操作区无效
Step	表示每次前进、后退的进量
Configuration	可看当前位置的坐标点
Move Slave	多工业机器人有效，联动，可选择一个工业机器人动，也可以一起动
Set Fix TCP	设定固定的 TCP 在模型的哪个位置中

位置面板在仿真软件 MotoSimEG-VRC 中主要用于微调程序点或改变姿势，查看当前脉冲值。

2）OLP：主要进行拾取操作。此功能介绍如图 3-6 所示。

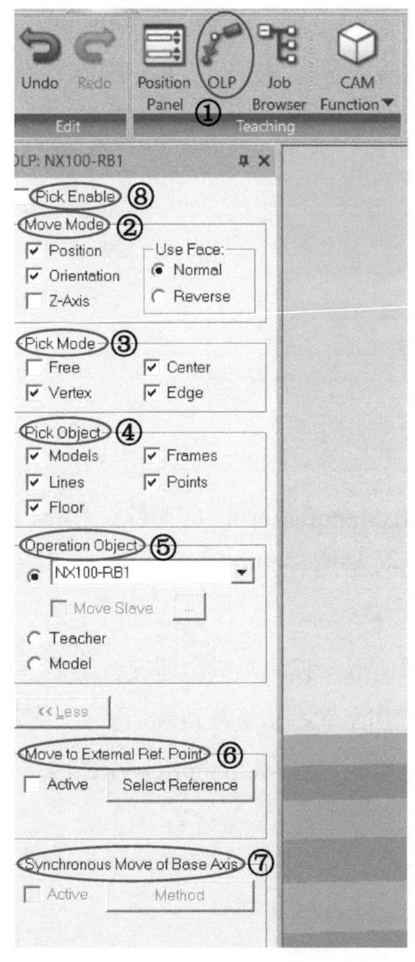

① 单击“OLP”功能，弹出对话框。
② 选择移动方式，可选择正向或反向。默认正向。
③ 选择拾取模式，但只能拾取工业机器人可以到达的位置。
④ 选择拾取对象，如模型的点、面、中点等。
⑤ 选择需要移动的操作对象。
⑥ 移动到外部参考点是否有效，可选择在某个模型。
⑦ 基轴同步移动是否有效，可选择某种方式。
⑧ 选择需要的，单击拾取，只有在选择的情况下才可以对选定的对象进行操作。

图　3-6

OLP 在仿真软件 MotoSimEG-VRC 中主要用于焊接找起始点及终点，模型转换位置等。

3）程序浏览器：主要是对控制器的程序进行浏览，但是不能修改。此功能介绍如图 3-7 所示。

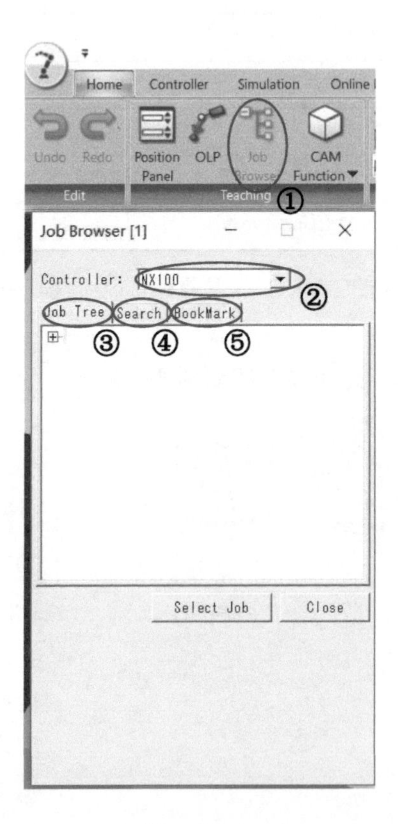

① 单击程序浏览器，弹出对话框。

② 选择要查看的控制器程序。

③ 单击“Job Tree”，示教的程序就会显示出程序名。

④单击“Search”，搜索控制器有的程序，单击右键可以对程序进行添加机器人工作程序、添加备注等。

⑤ 单击“BookMark”，给程序添加书签。

图 3-7

4）CAM：CAM 是 Computer Aided Manufacturing 的简称。CAM 软件系统提供一种交互式编程并产生加工轨迹的方法，它包括路径规划、工具设定、工艺参数设置等相关内容。

无论是哪种形式的 CAM 软件，大都由五个模块组成，即交互工艺参数输入模块、工具轨迹生成模块、工具轨迹编辑模块、三维加工动态仿真模块和后置处理模块。

CAM 功能是示教工具中应用很多的功能。在 MotoSimEG-VRC 中，焊接、喷涂以及打磨等应用中都会用到 CAM 功能。

CAM 功能介绍如图 3-8 所示。

CAM 功能中各个设置项的介绍见表 3-2。

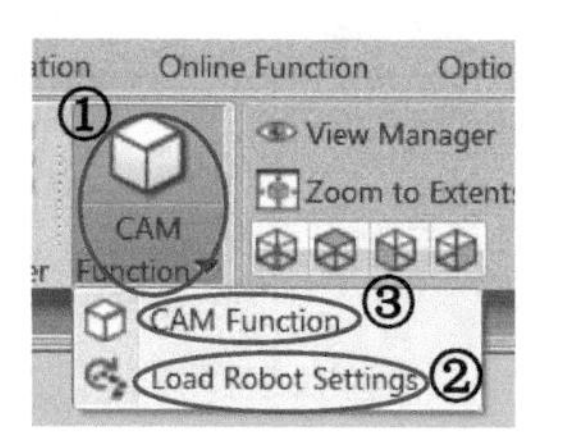

图 3-8

① 单击“CAM Function”，弹出选项。

② 单击载入机器人设置，等待载入完成。

③ 单击“CAM Function”，弹出对话框，按对话框操作。

表 3-2

参 数 图	参数译图（仅供参考）
1．单击 CAM 功能，弹出对话框	
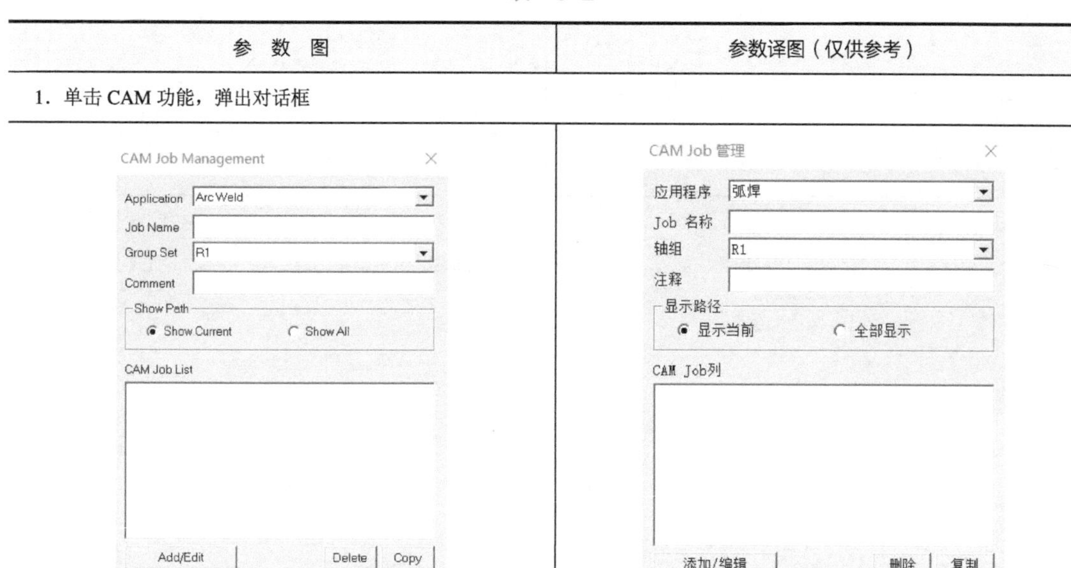	
2．以弧焊应用为例，单击“Default Settings”，弹出对话框	
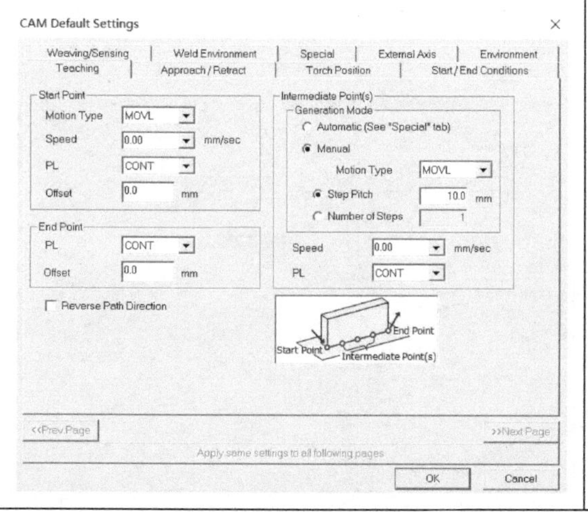	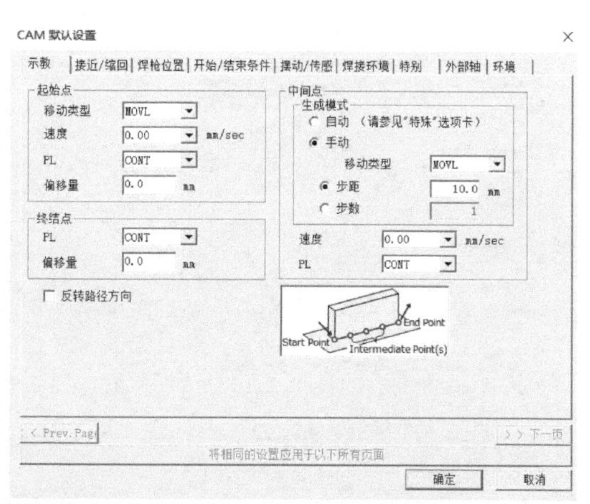

（续）

<table>
<tr><th>参 数 图</th><th>参数译图（仅供参考）</th></tr>
<tr><td colspan="2">2．以弧焊应用为例，单击“Default Settings”，弹出对话框</td></tr>
<tr><td>
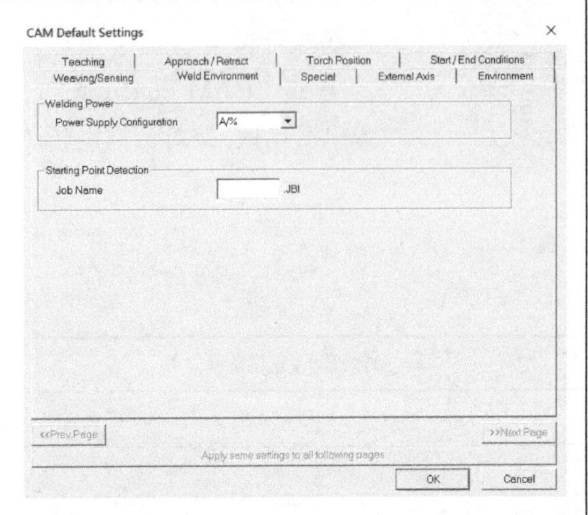

</td><td>
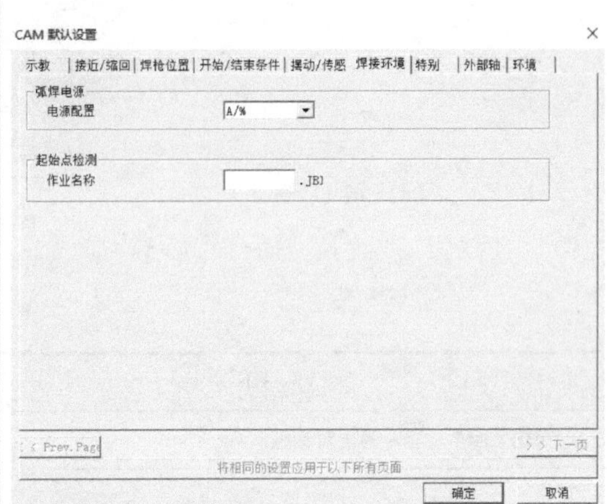

</td></tr>
<tr><td>
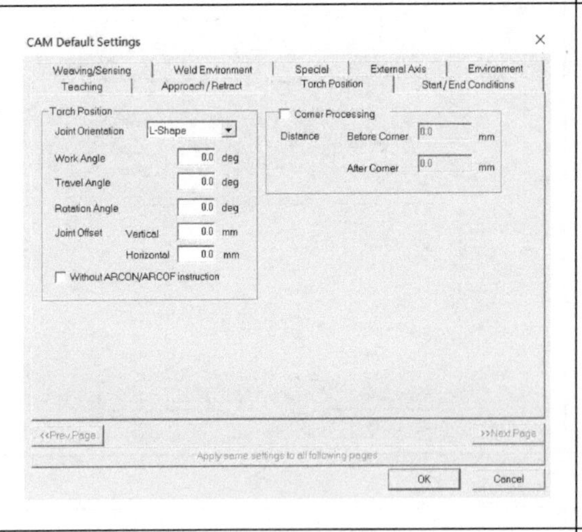

</td><td>
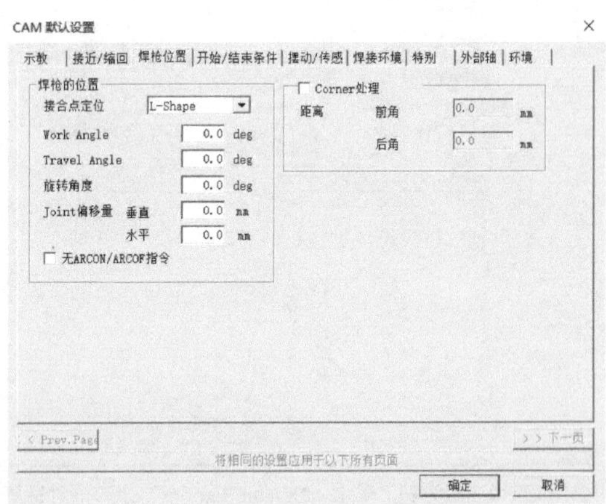

</td></tr>
<tr><td>
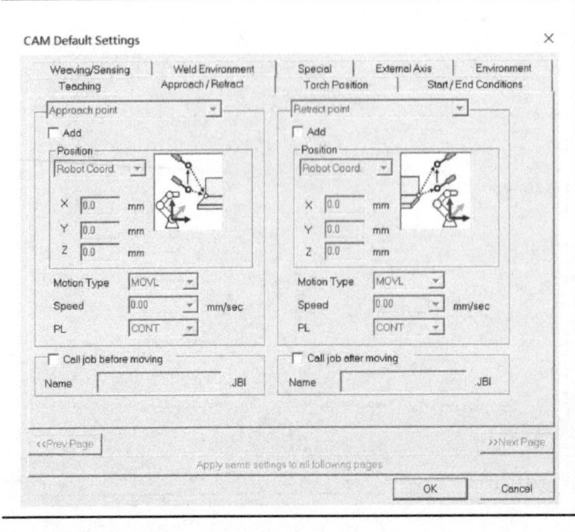

</td><td>
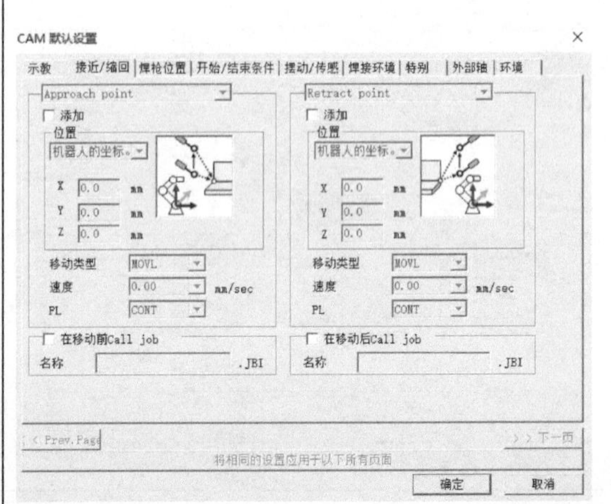

</td></tr>
</table>

（续）

参 数 图	参数译图（仅供参考）
2．以弧焊应用为例，单击“Default Settings”，弹出对话框	

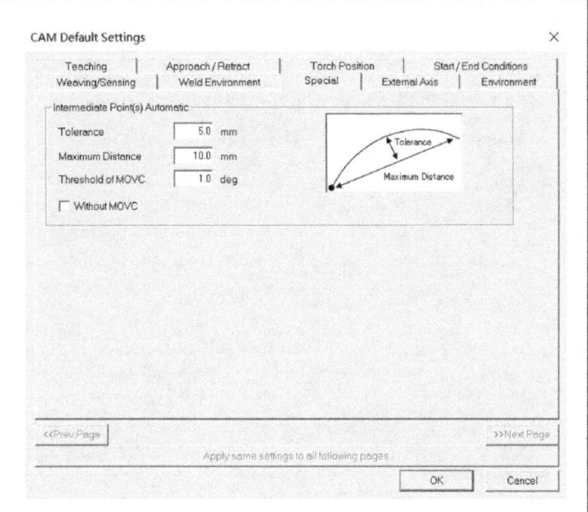

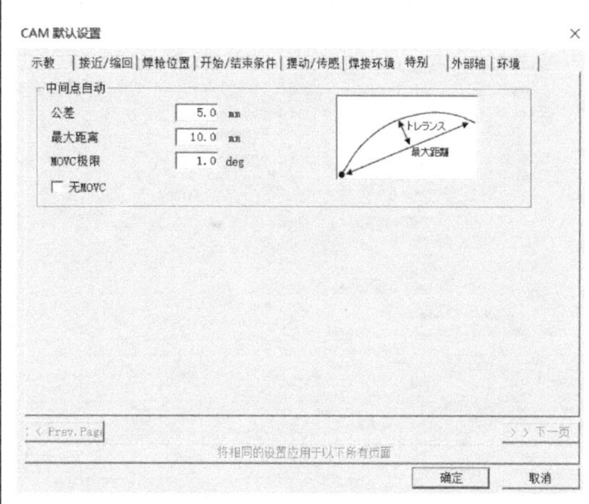

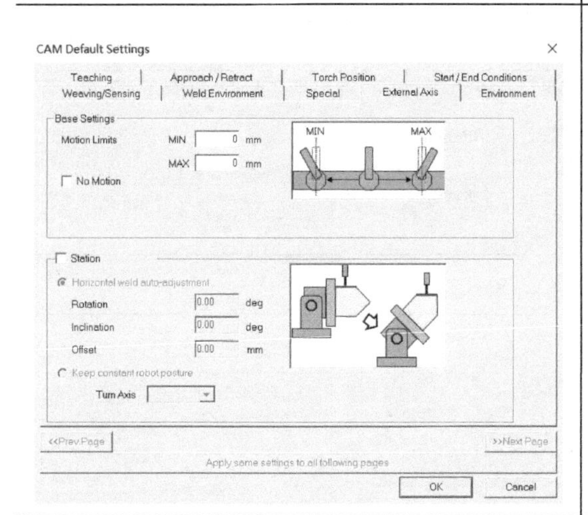

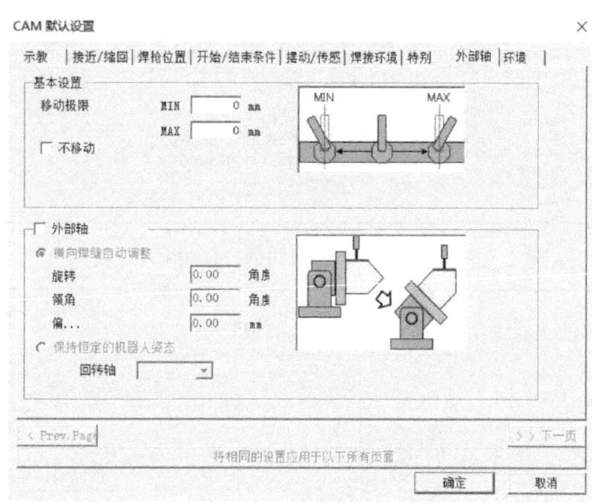

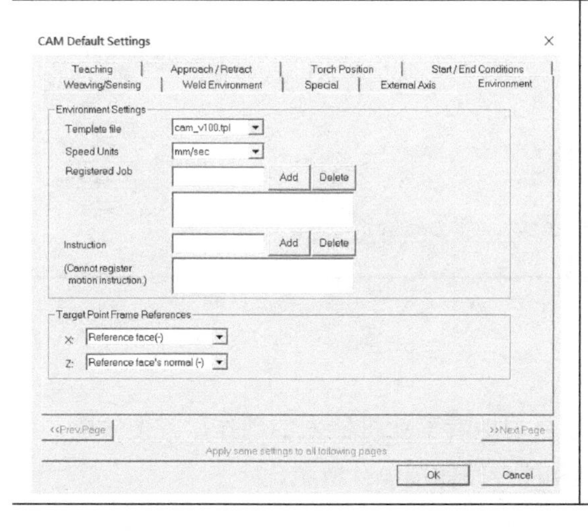

CAM 默认设置
示教 | 接近/缩回 | 焊枪位置 | 开始/结束条件 | 摆动/传感 | 焊接环境 | 特别 | 外部轴 | 环境
环境设置
模板文件 cam_v100.tpl
速度单位 mm/sec
登录Job 添加 删除
指令 添加 删除
（不能登录移动指令）
目标点坐标引用
X: 参考面(-)
Z: 参考面是标准的 (-)
< Prev. Page　> > 下一页
将相同的设置应用于以下所有页面
确定　取消

（续）

<table>
<tr><th>参 数 图</th><th>参数译图（仅供参考）</th></tr>
<tr><td colspan="2">2．以弧焊应用为例，单击“Default Settings”，弹出对话框</td></tr>
<tr><td>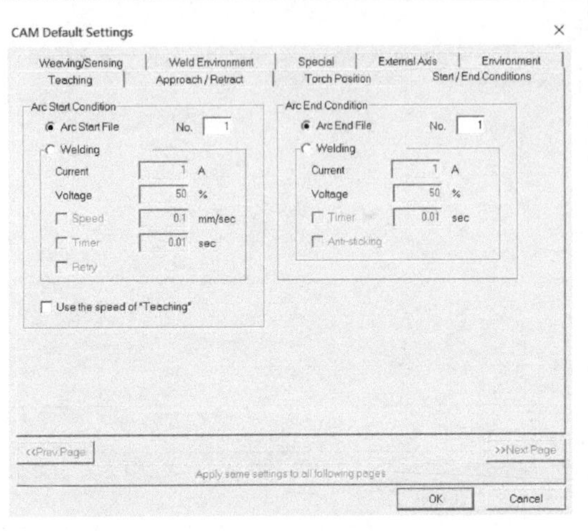
</td><td>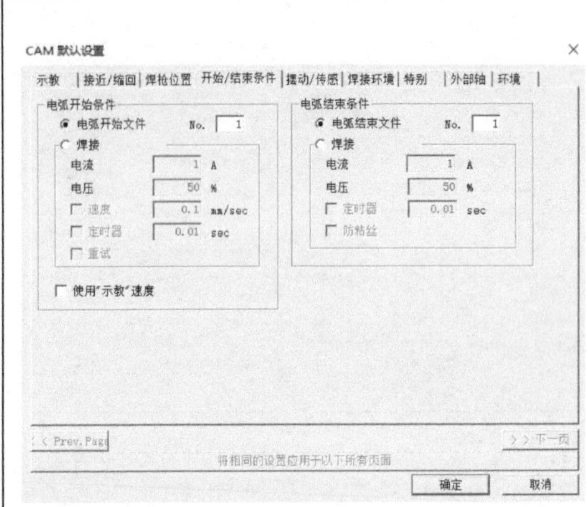
</td></tr>
<tr><td colspan="2">3．设置完成后，单击“OK”，等待加载完成</td></tr>
<tr><td>Loading Robot Settings...

Please wait while the job creation settings are being configured to match your robot settings.</td><td>正在加载机器人设置...

正在创建作业job配置设置，以匹配机器人设置，请稍候。</td></tr>
<tr><td colspan="2">4．单击“Add/Edit”，弹出对话框，使用 CAM 功能</td></tr>
<tr><td>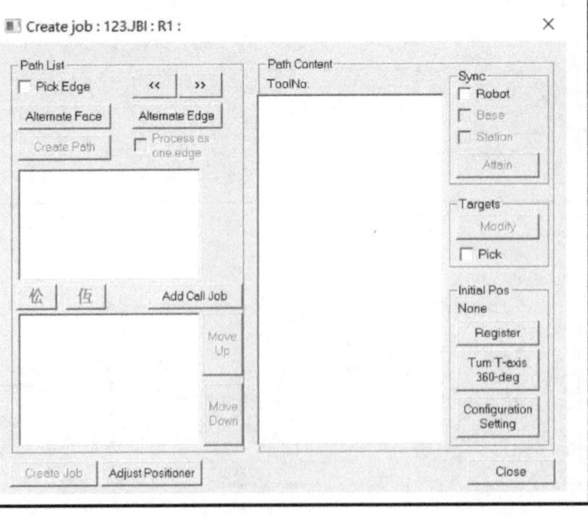
</td><td>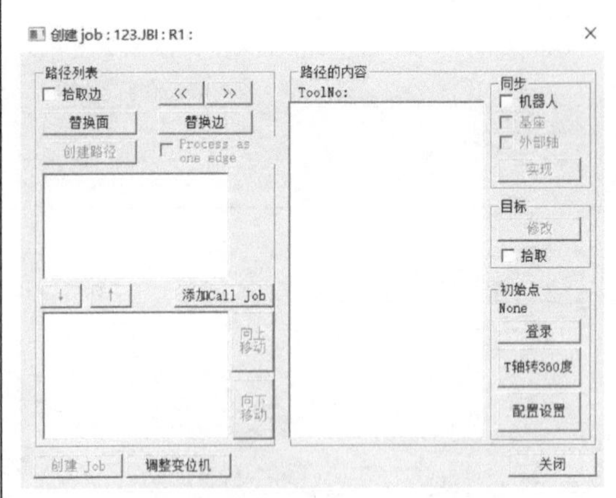
</td></tr>
</table>

3.2 视图工具

简单来说视图工具就是从不同角度，方便直观地看工业机器人的动作，方便拾取，可以对各个角度和各个位置进行确认。视图工具功能介绍如图 3-9 所示。

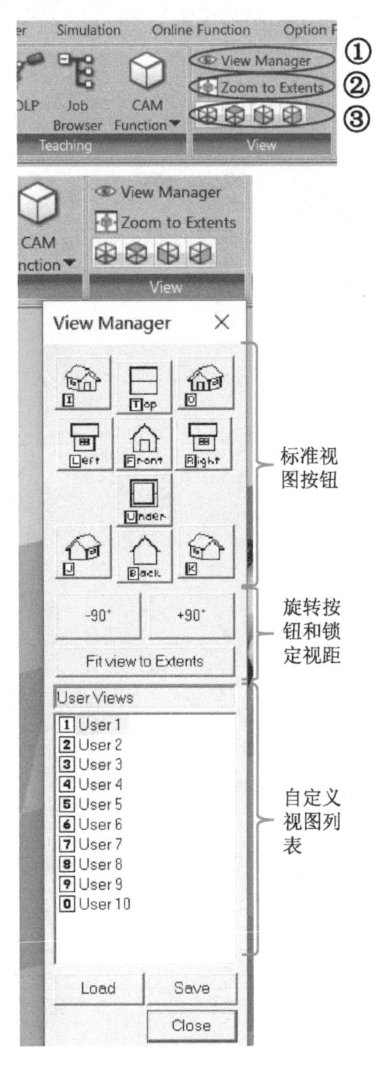

图 3-9

① 单击用户视图，弹出下面的对话框，可以自定义10个用户视角。

② 显示单元中所有模型的视图，在任何视角中单击后，单元所有模型自动按放大或者缩小显示在屏幕上。

③ 常见的视图，从左到右，分别为等距视图、俯视图、侧视图和主视图。

3.3 模型工具

模型工具是软件对模型管理的工具，此工具功能介绍如图3-10所示。

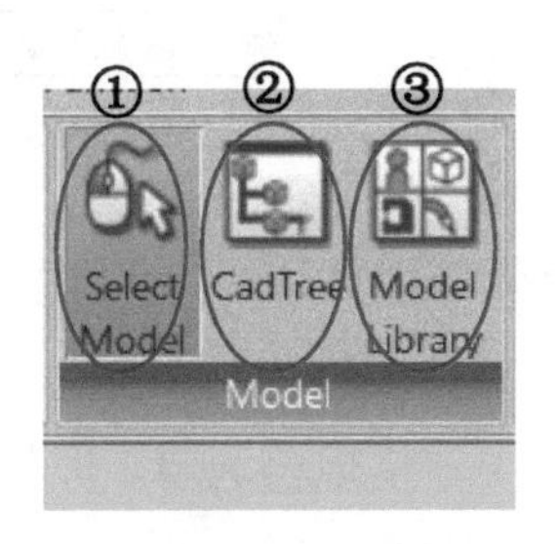

图 3-10

① 选择一个模型：单击选择模型的任何点即可。
② CadTree，模型的分布结构图。
③ 内置的模型库。

1）CadTree 功能：软件中使用模型的分布结构图，这也是该软件的一个风格。CadTree 功能介绍如图 3-11 所示。

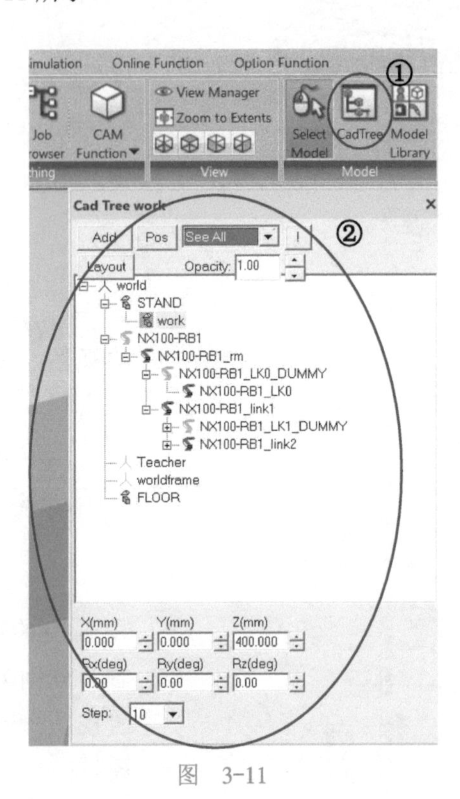

① 单击 CadTree，弹出对话框，单击对应模型，再选择处理方式。

② 对话框操作，如下图所示。

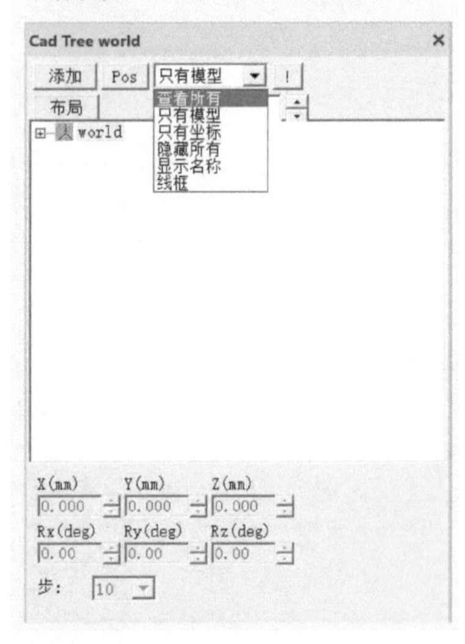

图 3-11

“Layout”选项卡的说明如图 3-12 所示。

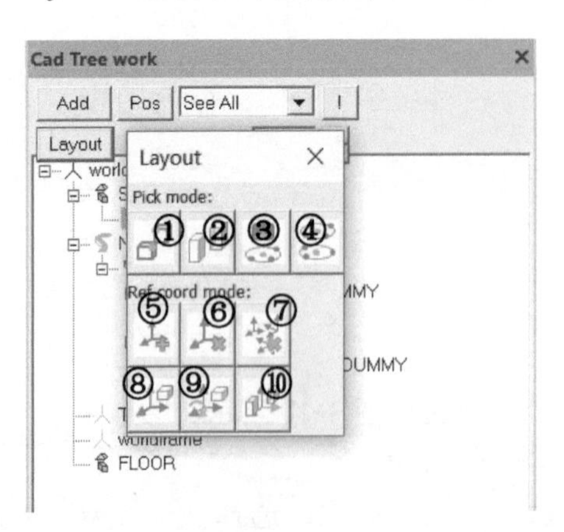

序号	说明
①	配对 2 个面（通过 2 个面上的点）
②	配对 2 个面（通过 2 个面）
③	配对 2 个圆（通过圆上两点和圆心）
④	配对 2 个圆（通过圆上三点）
⑤	创建参考坐标
⑥	删除参考坐标
⑦	删除所有参考坐标
⑧	在选定的轴方向移动
⑨	按选定的轴旋转
⑩	按选定的轴配对 2 个面

图 3-12

2）模型库：内置模型图包括各种柜体、焊机、焊枪和工作台等，可以通过选择后拖拽到地板上或者要添加的位置上，还可在 CadTree 修改其布局，如图 3-13 所示。

做好的 3D 模型也可以保存在模型库中，实现再利用。即保存进模型库的自定义模型可以随意调用，如图 3-14 所示。

图 3-13

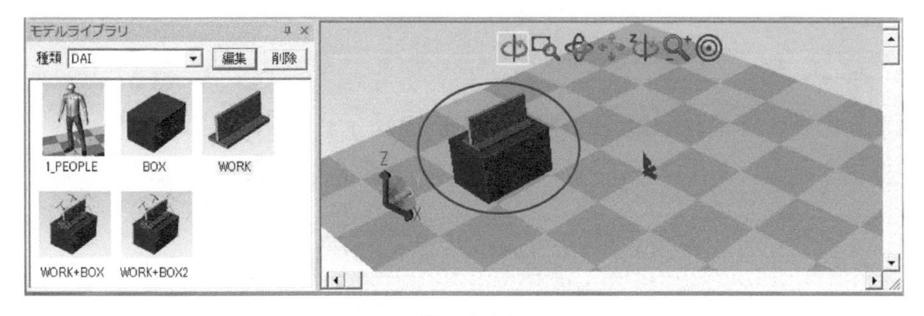

图 3-14

3.4 拾取工具

拾取工具相当于前面介绍的OLP功能的快捷方式，可对拾取对象和拾取模式进行修改，OLP功能解释如图3-15所示。

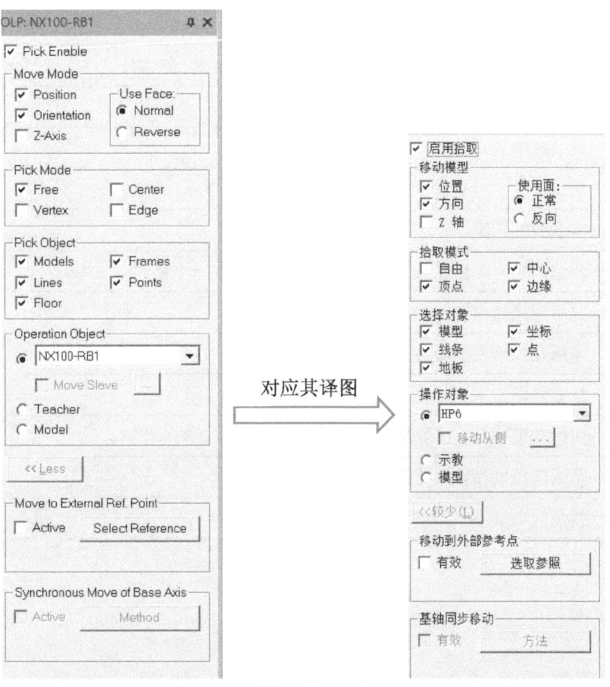

图 3-15

拾取工具中的拾取对象和拾取模式展开，如图 3-16 所示。

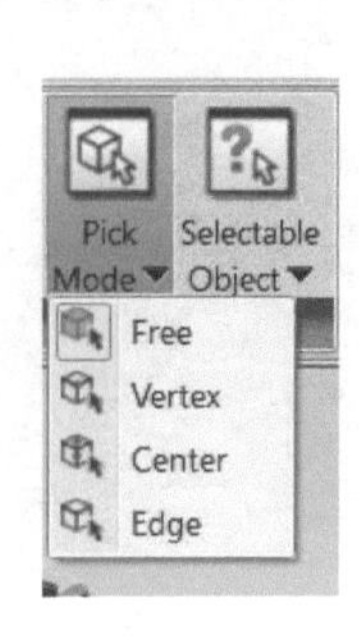

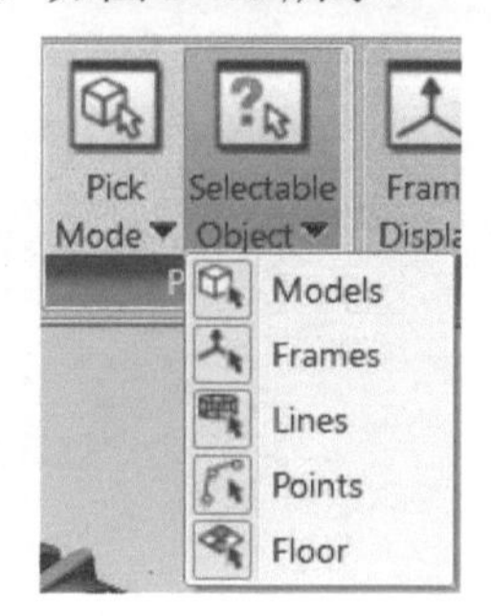

图 3-16

3.5 屏幕工具

屏幕工具用于做标记和坐标显示等，如图 3-17 所示。

序号按从左到右，从上到下的顺序为①～⑪，详细介绍见表 3-3。

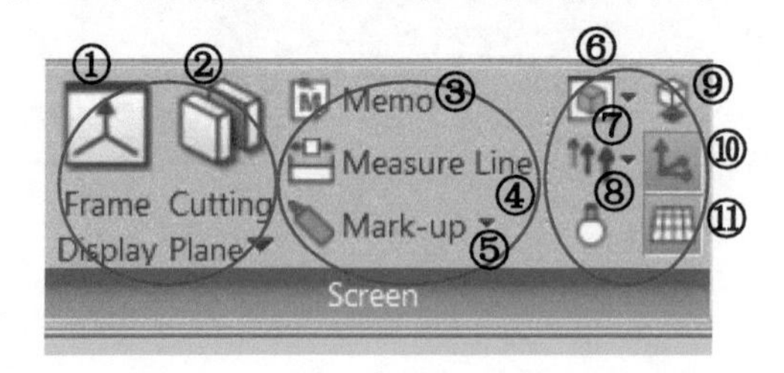

图 3-17

表 3-3

序号	功能说明
①	切换视图中是否显示 AXIS6 的坐标
②	显示截面 X / Y / Z
③	增加注释
④	测量线的长度
⑤	标记，画一条直线 / 一个圈 / 一个矩形或添加一个备注（文本）
⑥	显示模式的切换
⑦	坐标系显示大小切换
⑧	灯光管理
⑨	阴影的模型显示在屏幕上的切换
⑩	是否隐藏世界坐标的切换
⑪	视角的切换

3.6 测量等工具

测量等工具用于测量模型的角度、长度及性能等，如图 3-18 所示。

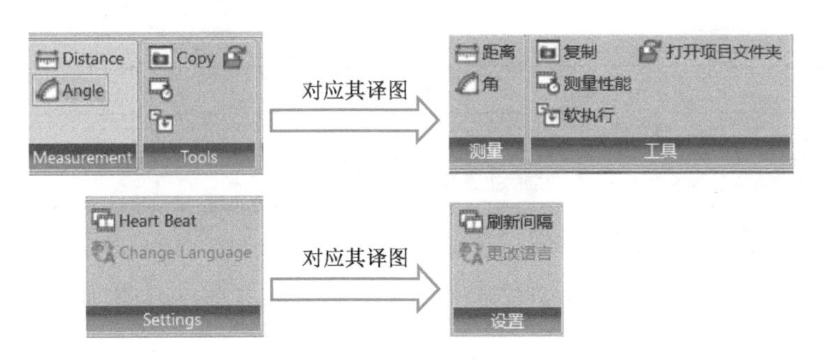

图 3-18

测量等工具详细说明见表 3-4。

表 3-4

功能名称	说明
距离	在模型里选定 2 个点，自动测量距离
角	选定 3 个点，构成角，自动测量角度
复制	将软件的画面截图到 Word 中（只能截界面中的图）
测量性能	可测得工程包占有多大内存，便于了解其性能
软执行	添加一个相关的 exe 文件
打开项目文件夹	对项目文件中的文件进行操作
刷新间隔	指动画刷新时间，时间越长，动画刷新越快
语言	软件只支持日文和英文

3.7 操作工具

操作工具用于模型的移动等操作，如图 3-19 所示。详细功能说明见表 3-5。

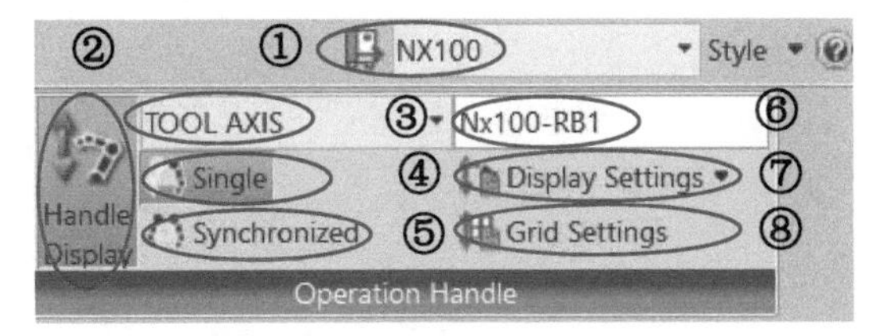

图 3-19

表 3-5

序号	功能说明
①	对需要操作的控制器进行选择
②	显示 / 隐藏操作处理
③	选择操作的协调处理，这些坐标是可选择的
④	当操作虚拟示教器，只选中的工业机器人动作
⑤	操作虚拟示教器，选中的工业机器人和另一个工业机器人移动保持 TCP 相同的相对位置

（续）

序　号	功 能 说 明
⑥	显示当前工作的对照组
⑦	显示 / 隐藏工具名称（TCP）顶端的工具及导向设置
⑧	地板格大小的设置

通过对本章的学习，可对 Home 菜单中工具的使用有一个深刻的理解。

学习检测

1．运用所学，示教第 2 章建立的焊接系统的起始点和终点。

2．通过拖拽将柜体等布进焊接系统中。

3．看说明书，理解“CadTree”的快捷键操作。

学习检测参考答案

1．这里讲解如何添加一个 AXIS6 模型的焊接起始点和终点（目标点），这个过程不一定是必需的，但它可以使将来的示教更容易一些。AXIS6 模型有 X、Y 和 Z 轴框架，AXIS6 设置为目标分以下两个步骤：

第一步：示教焊接起始位置。

在“Home”菜单中选择“Teaching”，单击“OLP”按钮，显示 OLP 对话框，选择“Teacher”，最后勾选“Pick Enable”，如图 3-20 所示。

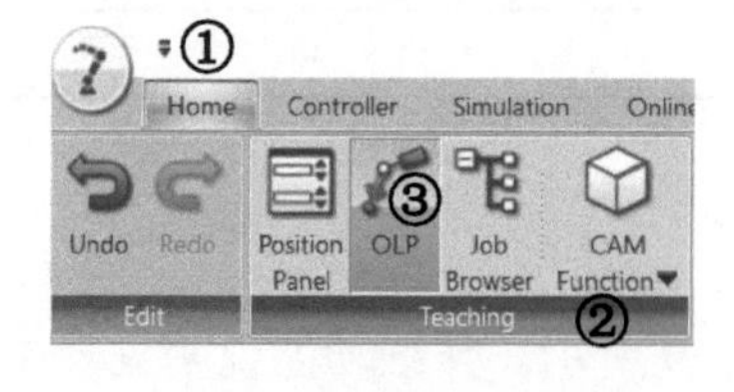

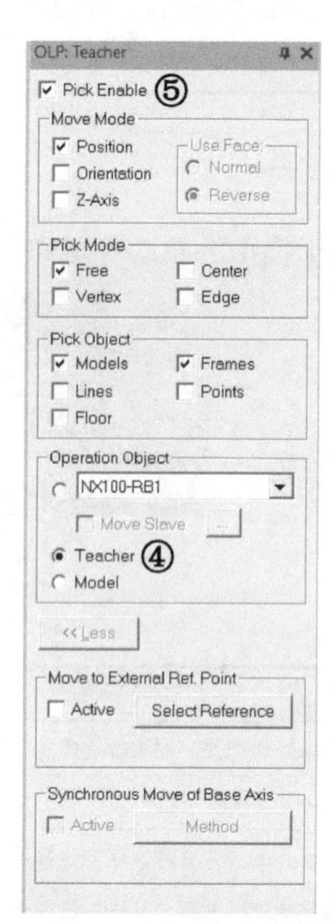

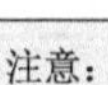

注意：

1．选择模式，选择点，不然导致选择位置不准确。

2．模型的焊接面不一定是例子中的这一面，可以选择背面，操作是一样的。

图　3-20

单击焊接开始位置，检查启用，如图 3-21 所示。

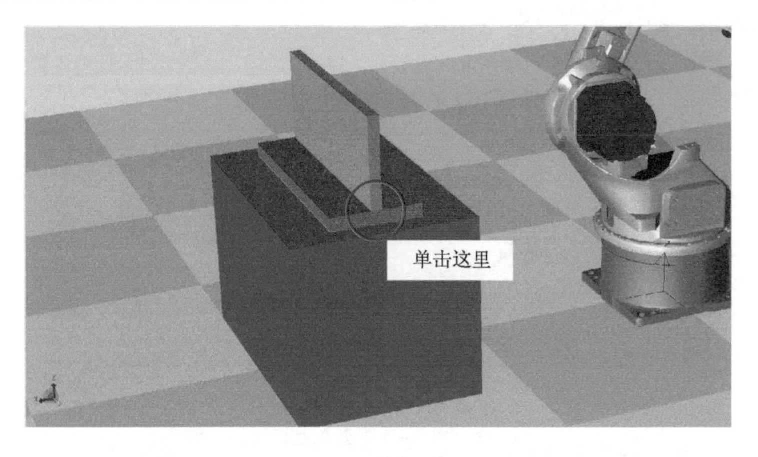

图 3-21

出现图 3-22 所示的坐标。

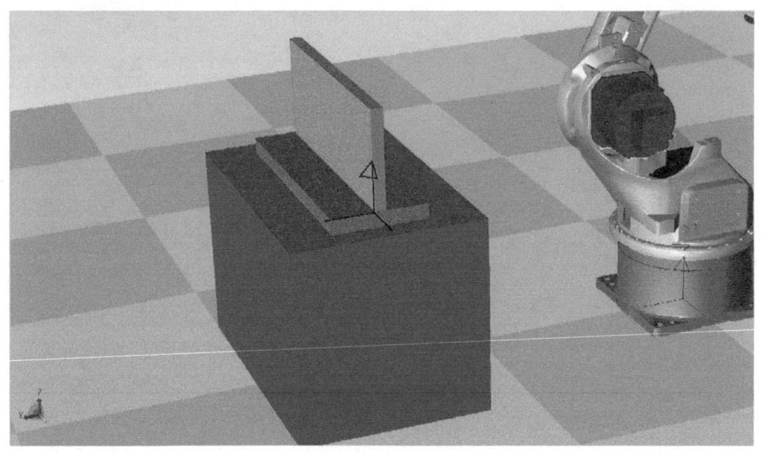

图 3-22

工具角度示教为最佳的焊接位置：–45°。双击“work”模型，在 Cad Tree 文件中添加 AXIS6 编辑对话框，如图 3-23 所示。

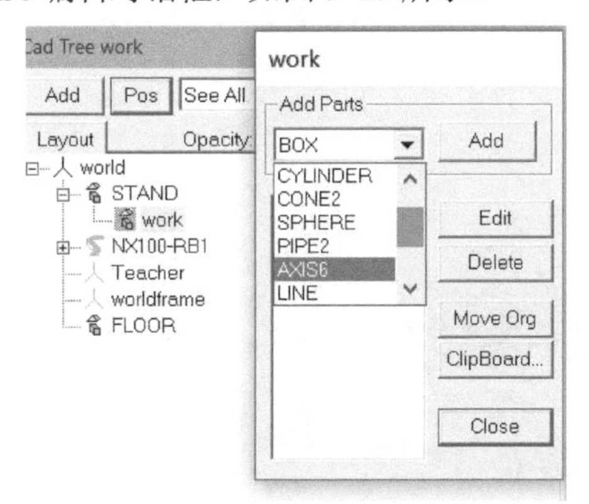

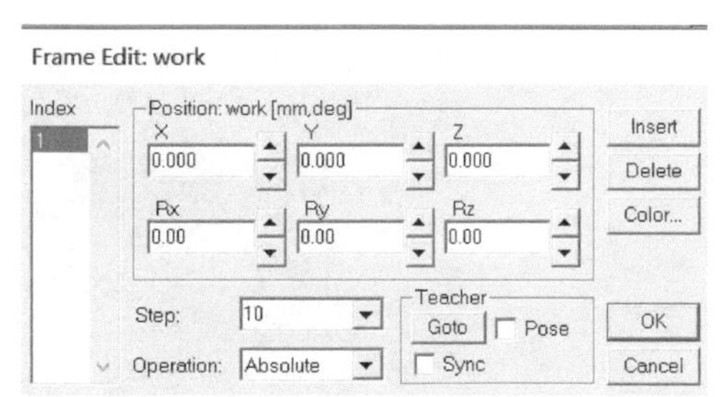

图 3-23

检查坐标系的姿势复选框（勾选“Pose”），单击“Goto”按钮，将 Rx=180.00 和 Ry=45.00 填写进去，单击“OK”，如图 3-24 所示。

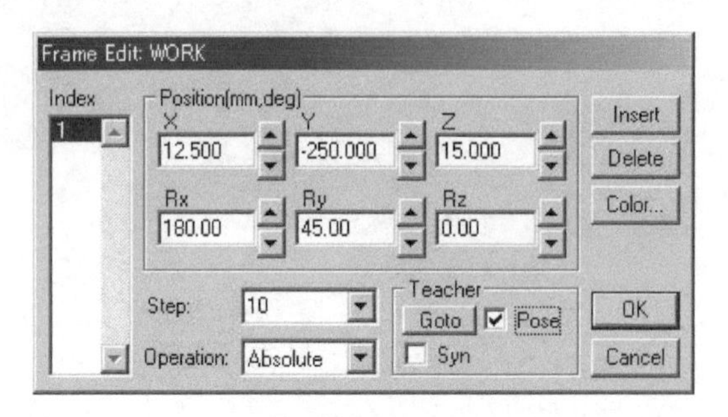

图 3-24

焊接起始点位置示教完成，如图 3-25 所示。

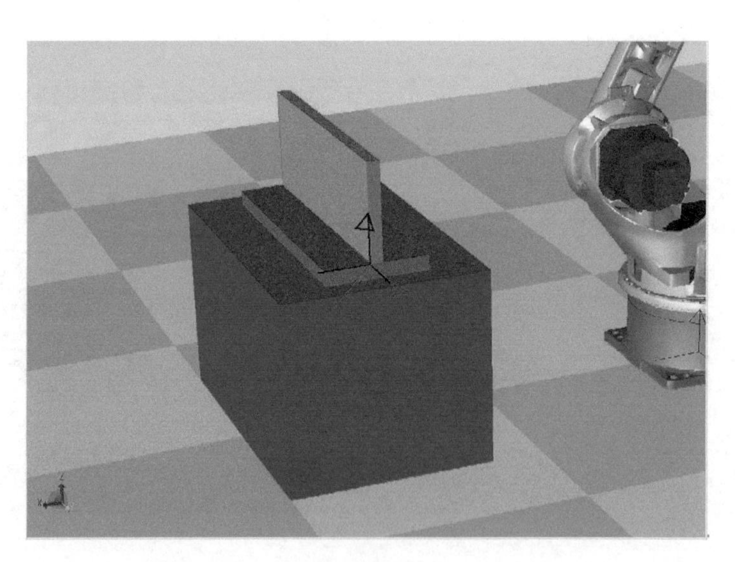

图 3-25

第二步：示教焊接结束位置。

重复第一步步骤，在同一边不同点完成示教焊接结束点位置，如图 3-26 所示。

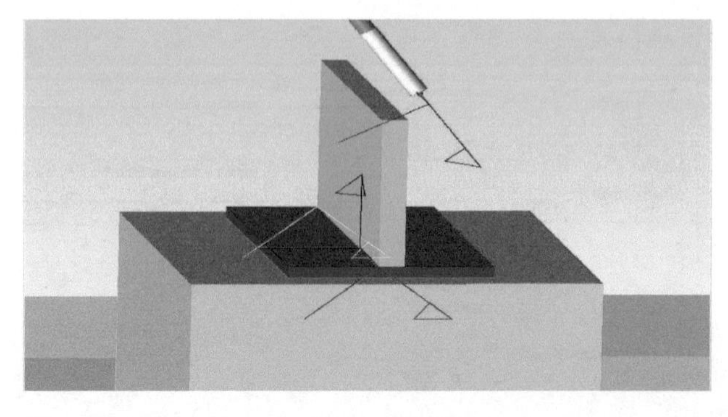

图 3-26

2．在“Home”菜单中选择“Model”，弹出“Model Library”对话框，如图 3-27 所示。

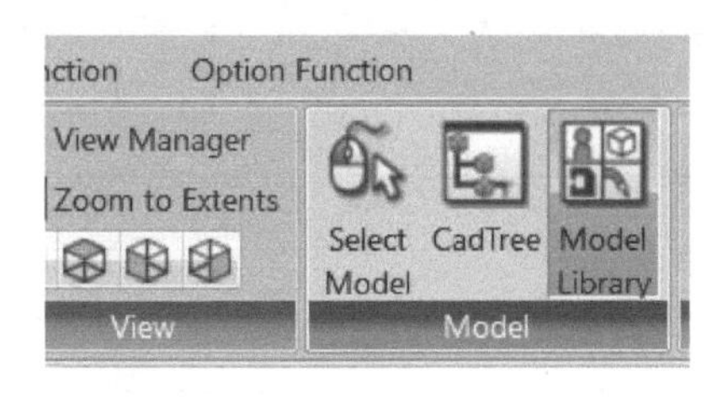

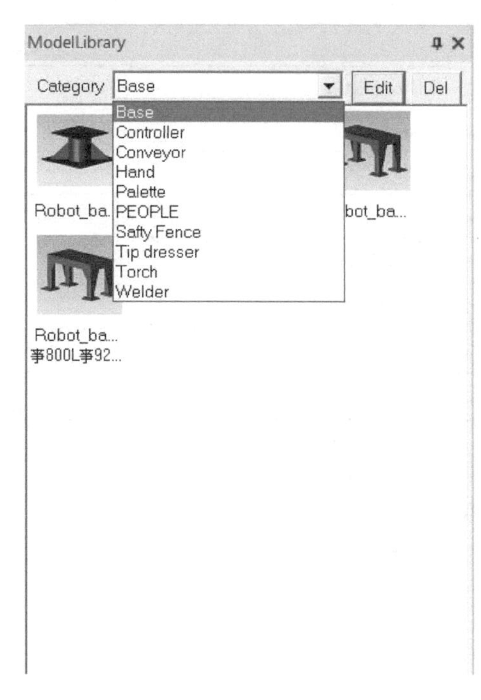

图 3-27

选择控制器“Controller”，将其拖拽到想让它出现的位置，可以在“Cad Tree”中修改位置，如图 3-28 所示。

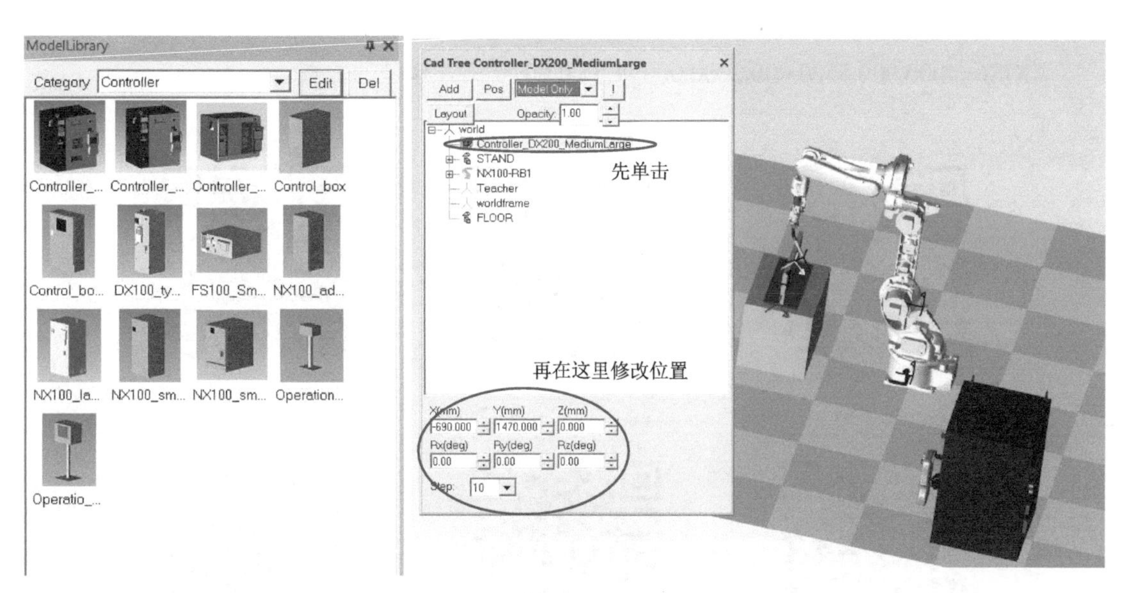

图 3-28

3．Cad Tree 的快捷键操作（只对模型有效），见表 3-6。

表 3-6

功　能	快 捷 键
名称变更（rename model）	CTRL+R
复制（copy model）	CTRL+C
剪切（cut model）	CTRL+X
粘贴（paste model）	CTRL+V
实体粘贴（paste model with file）	CTRL+P
检索（find model）	CTRL+F
刷新（refresh）	F5
模型追加（add model）	CTRL+A

模型文件说明如下：

*ModelInfo.dat 语法

```
    MODEL
{
NAME=Camera_Dummy // 模型的逻辑名称
PARENT=world // 父母模型名称
FILENAME=dummy // 文件名
COLOR=RGB (0,0,255) // 模型颜色
HIDESEE=1 // 显示 /nondisplay 信息
OPACITY=0.25 //Opacity
AXIS6=4000.000,5500.000,2000.000,-1.57,0.00,-0.35 // 模型的位置
}
```

扫一扫看视频

扫一扫看视频

第4章 Controller菜单中的工具使用

本章介绍 MotoSimEG-VRC 软件中控制器菜单 Controller 的工具使用，它主要用于新建控制器和程序编写等。

Controller 菜单如图 4-1 所示。

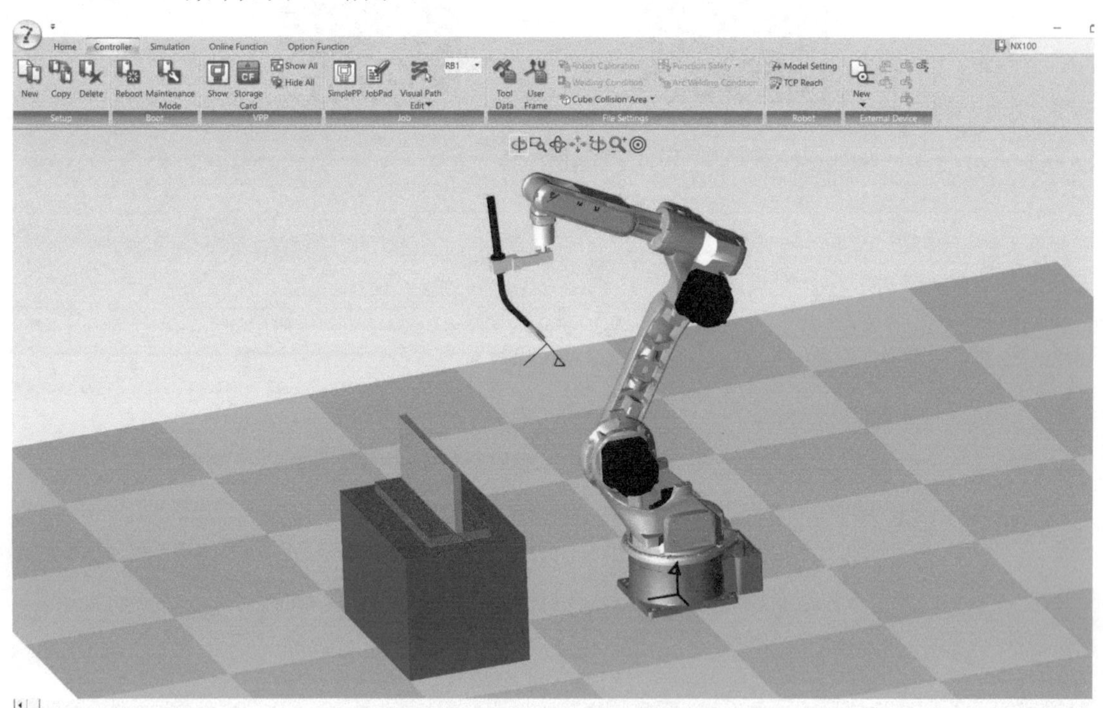

图 4-1

4.1 示教器编程工具

下面介绍在 Controller 菜单下示教器编程工具的使用，如图 4-2 所示。

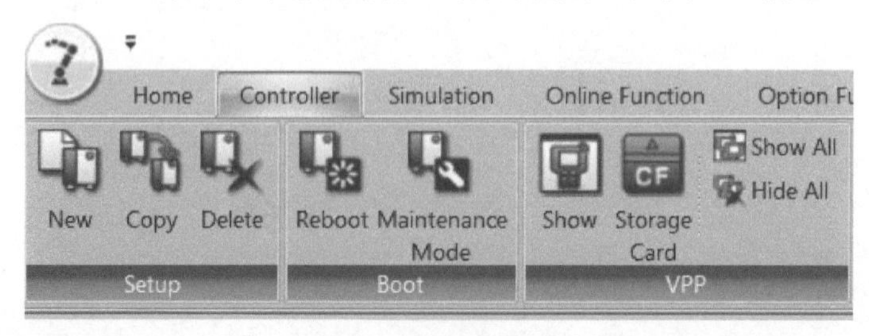

图 4-2

1. Setup 工具

Setup 用于工业机器人系统的新建、复制及删除，也对工业机器人相关的控制器（如压机、流水线等）有效，如图 4-3 所示。

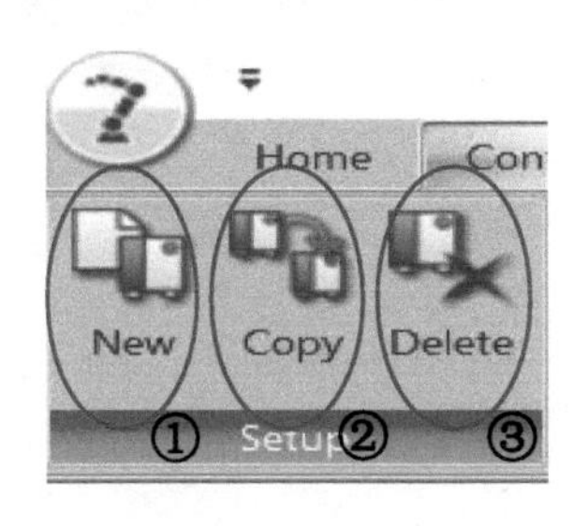

① 新建工业机器人控制器。
② 复制工业机器人控制器。
③ 删除工业机器人及工业机器人相关控制器。

图　4-3

（1）新建工业机器人控制器

在第 2 章 2.1 节已讲解了一种方法新建工业机器人控制器，下面介绍使用 CMOS.BIN 文件和网络创建工业机器人控制器。

1）使用 CMOS.BIN 文件创建工业机器人控制器。步骤如下：

选择“VRC Controller（using file）”创建文件，弹出“Open”对话框，选择从机器人中备份出来的“CMOS.BIN”文件，单击“Open”，如图 4-4 所示。

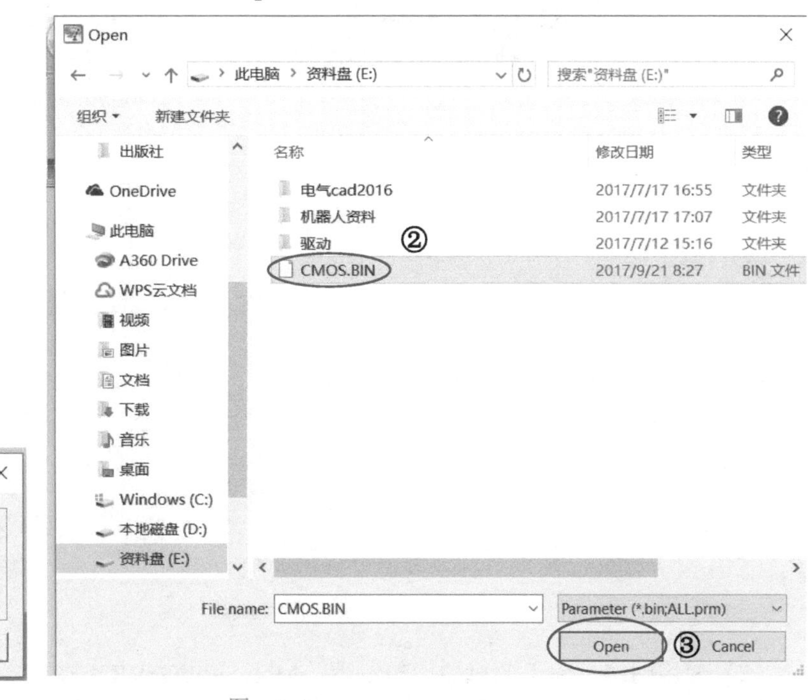

图　4-4

完成上面步骤，弹出对话框，单击“OK”，出现虚拟示教器和模型确认对话框，单击“OK”，如图 4-5 所示。

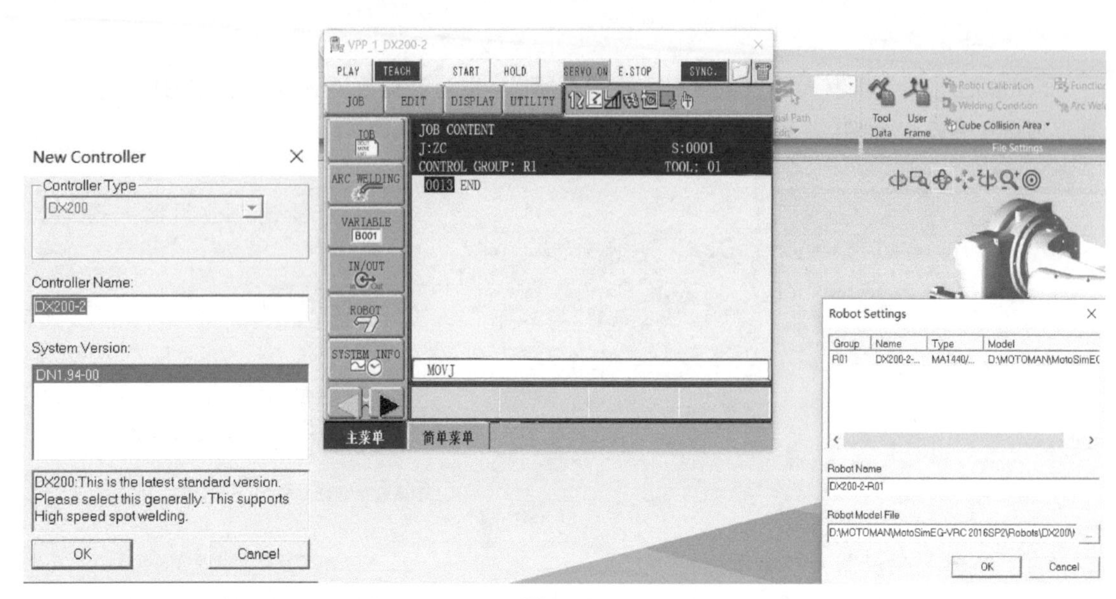

图 4-5

完成使用 CMOS.BIN 文件创建工业机器人控制器的操作，如图 4-6 所示。

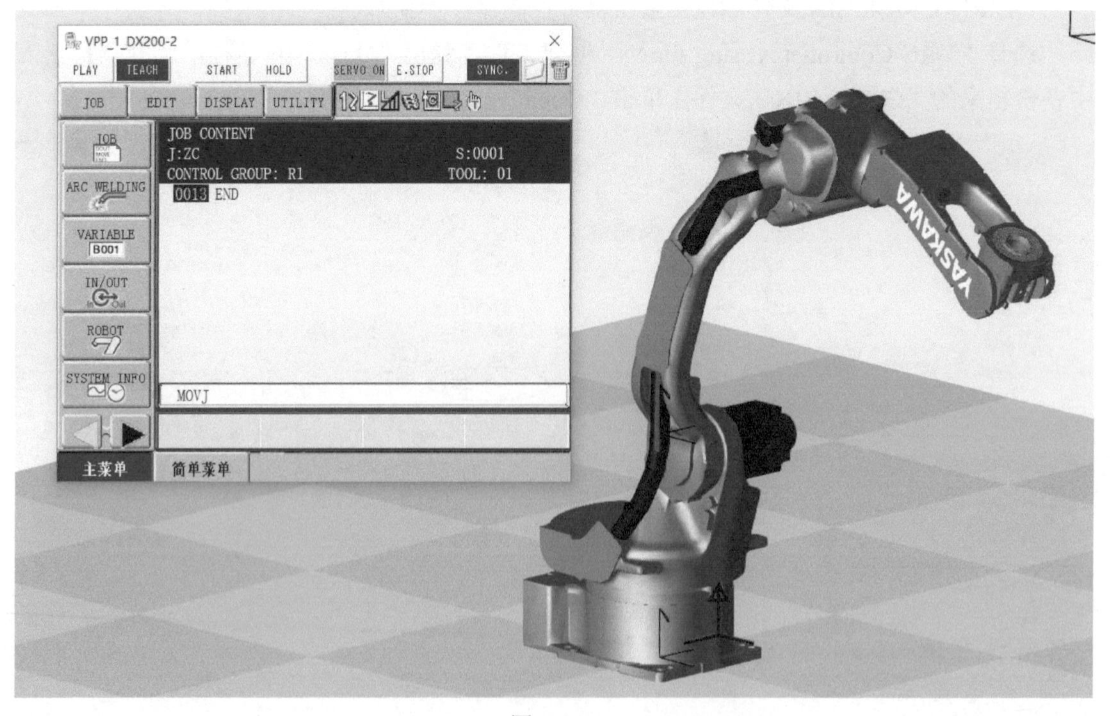

图 4-6

2）使用网络创建工业机器人控制器。MotoSimEG-VRC 软件与实际的控制器通过网线连接，可以获取该控制器的数据。通过简单的操作，便可以实现自动创建工业机器人控制器。创建后可以直接模拟仿真、实时监控、文件收发，创建步骤与前面步骤一致。图 4-7 为实际工业机器连接。

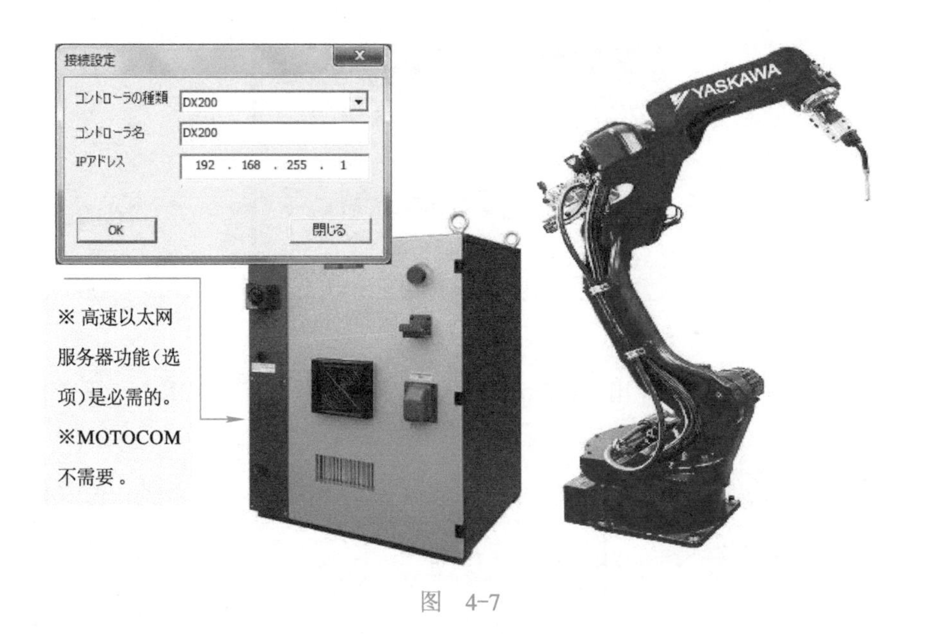

图 4-7

（2）复制工业机器人控制器

控制器已经定义在MotoSimEG-VRC的一个工作站中，可以被复制到另一个工作站中。步骤如下：

1）在“Controller”菜单的“Setup”下单击“Copy”按钮，如图4-8所示。

2）在弹出的“Open”对话框中选择“VRC”（文件位于控制器文件夹），单击“Open”，如图4-9所示。

图 4-8

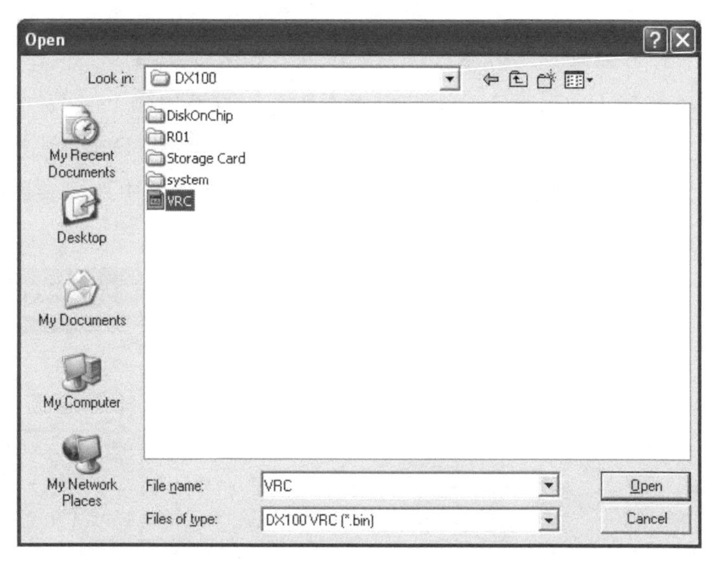

图 4-9

3）在弹出的“Add Controller”对话框中输入控制器的名称。“File Name”字段已经包含VRC的路径，单击“OK”，控制器和工业机器人文件将被复制到当前单元格文件夹，控制器将在正常模式下启动，这需要几分钟等待，如图4-10所示。

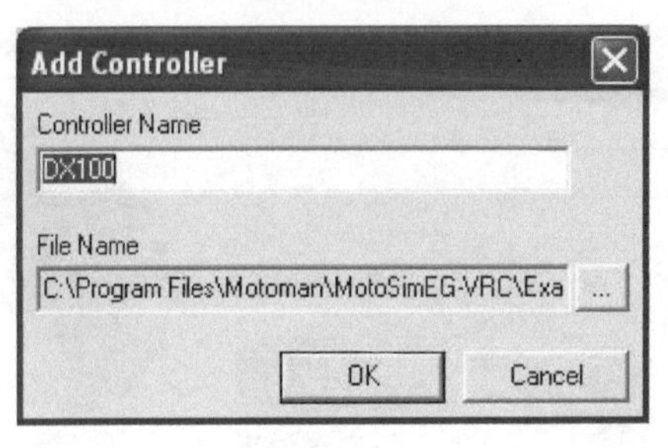

图 4-10

4）控制器完成启动时，弹出“Robot Settings”对话框，单击“OK”，工业机器人将显示所选的模型文件，如图 4-11 所示。

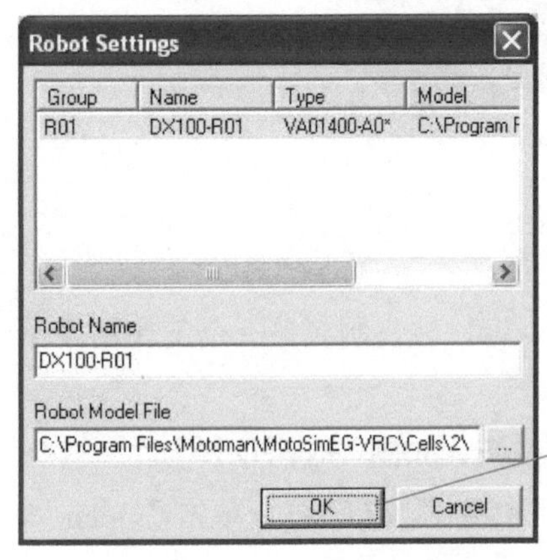

图 4-11

（3）删除工业机器人及工业机器人相关控制器

删除工业机器人及工业机器人相关控制器遵循下面的步骤：

1）在“Controller”菜单的“Setup”下单击“Delete”按钮，如图 4-12 所示。

2）在弹出的“Select Controller/Robot”对话框中选择要删除的控制器，然后单击“OK”，如图 4-13 所示。

图 4-12

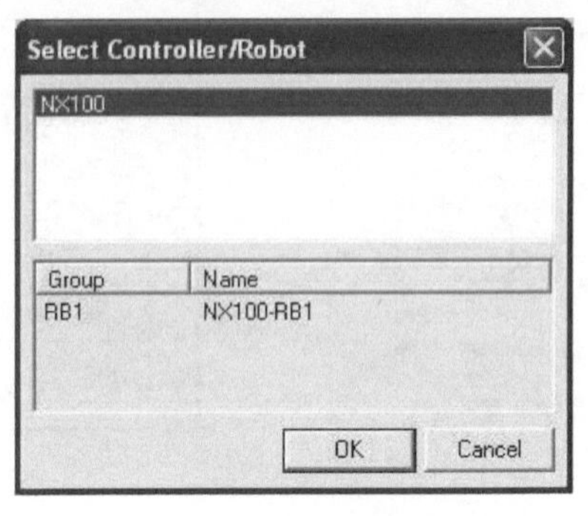

图 4-13

3）弹出图 4-14 所示的确认消息，选择“Yes”删除控制器（控制器从工作站中删除，但相应的文件夹和文件不是从工作站中删除）。

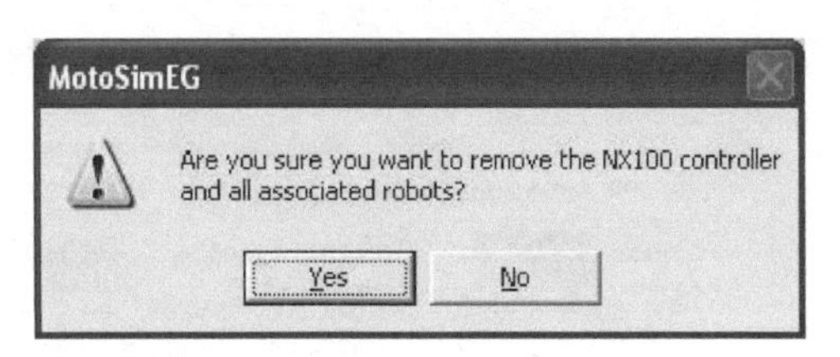

图 4-14

2. Boot 工具

Boot 工具相当于实际工业机器人的示教器，功能及使用方法一致，如图 4-15 所示。其功能说明见表 4-1。

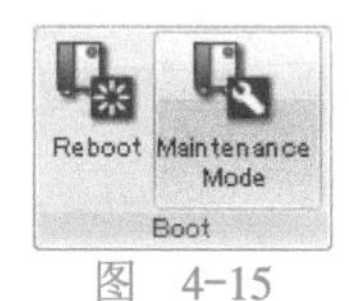

图 4-15

表 4-1

工具名称	功能说明
Reboot	重新正常启动控制器
Maintenance Mode	启动控制器的维护模式，VRC 控制器可以在维护模式下启动执行各种维护任务，如初始化数据、设置等，与实际示教器的维护模式使用方式一致

3. VPP 工具

VPP 工具是对示教器在界面显示的操作，如图 4-16 所示。其功能说明见表 4-2。

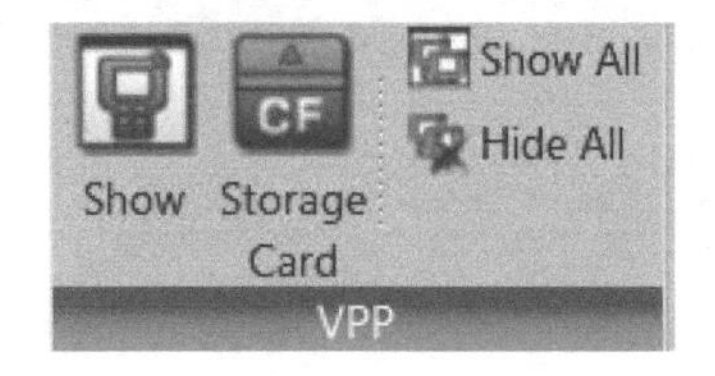

图 4-16

表 4-2

工具名称	功能说明
Show	显示当前示教器
Storage Card	打开 CF 卡文件夹，可导入导出文件
Show All	显示所有示教器
Hide All	隐藏所有示教器

4.2 程序创建工具

程序创建工具主要用于方便程序的编写，如图 4-17 所示。

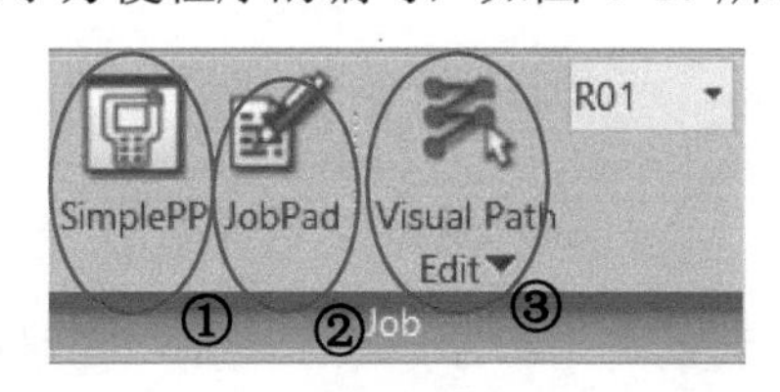

①显示简易工业机器人控制器。

②程序编辑器。

③工业机器人路径显示。

图 4-17

1）显示简易工业机器人控制器，与虚拟示教器一致，对比如图 4-18 所示。

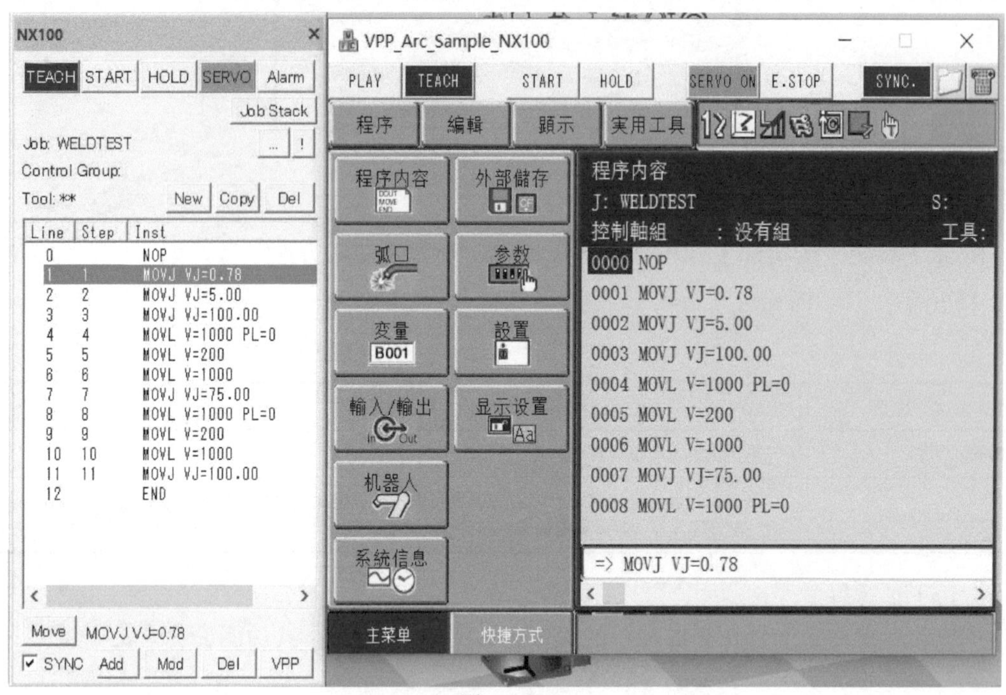

图 4-18

2）程序编辑器，如图 4-19 所示。

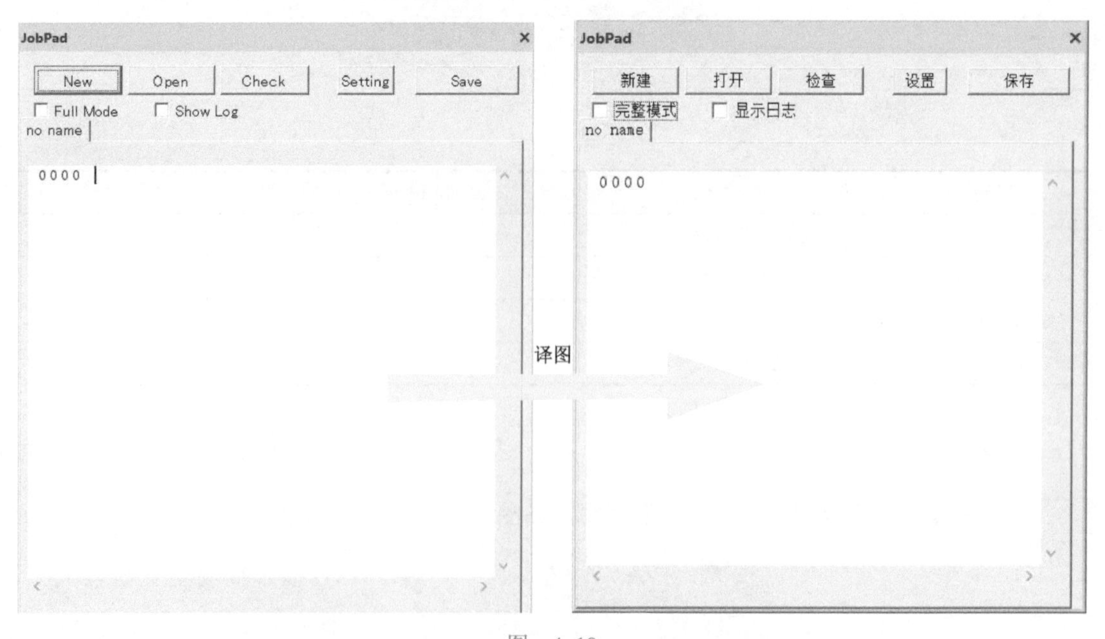

图 4-19

3）工业机器人路径显示使编程的每个程序点显示出来（在路径显示的设置里可以修改颜色等参数），如图 4-20 所示。

图 4-20

将鼠标移动到每个程序点，会显示每个程序点的速度，如图 4-21 所示。

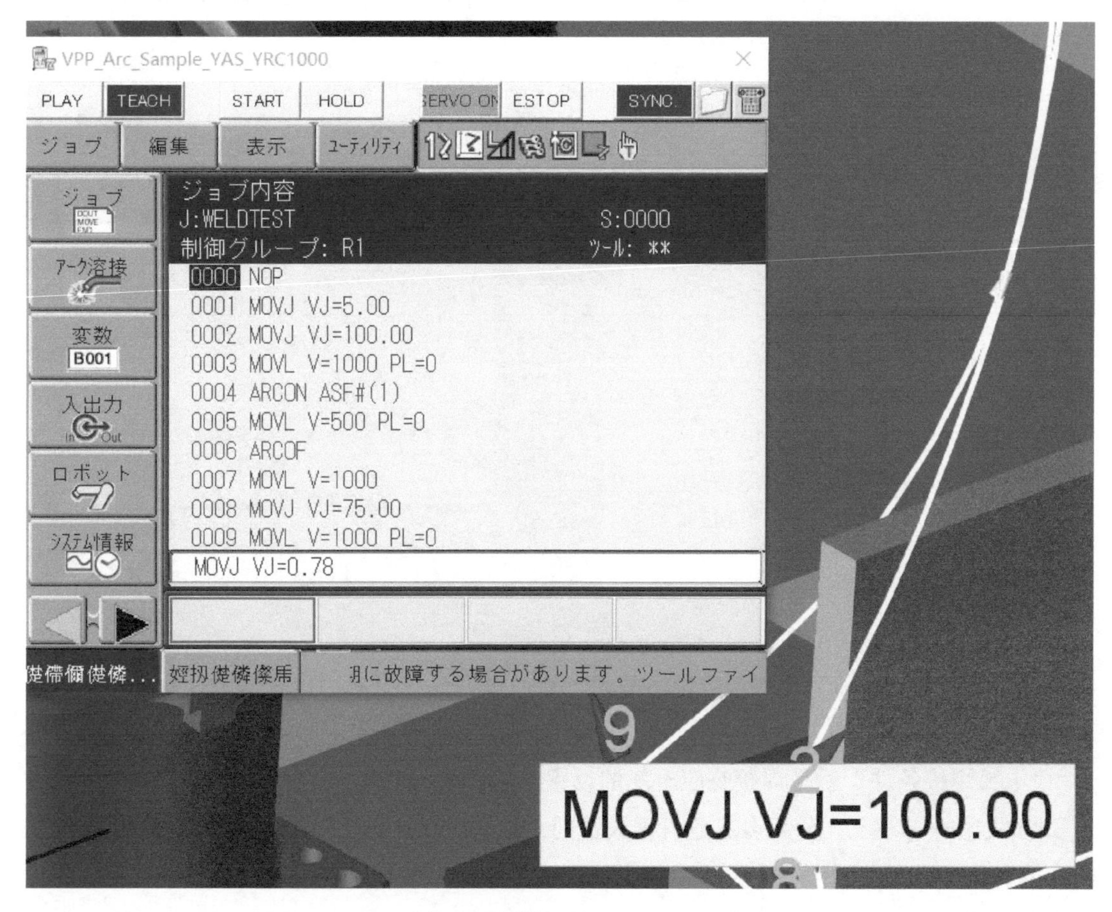

图 4-21

4.3 文件设置工具

在文件设置工具中，可以将虚拟示教器的几个功能进行可视化操作，如图 4-22 所示。

图 4-22

首先看见几个是灰色的，没办法点的，如果需要使用，可进入维护模式将功能打开立即就可使用。特别说明，安全功能只支持 DX200 以后更新的控制器。

然后看下“工具数据”，其实与工业机器人中的工具是一致的，设定或更改工具坐标，与虚拟示教器对比如图 4-23 所示。

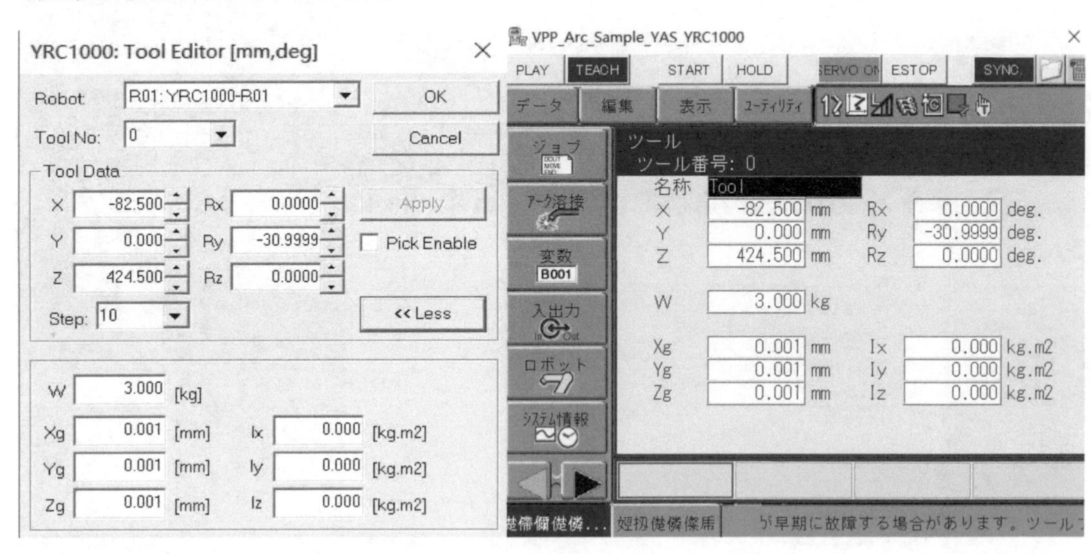

图 4-23

接着是“用户坐标”，也与虚拟示教器一致，可以在这里对用户坐标进行添加、更改、删除等操作。

“电弧焊接条件”就是焊接响应时间的设置，单位是 ms。

“立方体干涉区”，分为多工业机器人在同一空间工作，防止撞机等事故进行的软限位；或是单工业机器人在工作空间中防止与工作环境相撞设定的软限位。具体设置请参照“机器人使用说明书”中对干涉区的讲解，这里仅支持立方体干涉区。

4.4 工业机器人系统设置工具

工业机器人系统设置工具主要是对工业机器人进行操作，如图 4-24 所示。

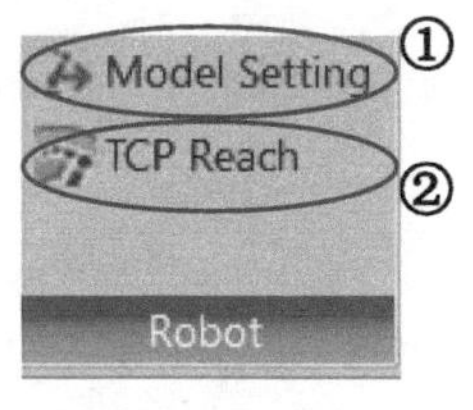

①工业机器人模型设置。

②工业机器人带工具可达范围。

图 4-24

1. 工业机器人模型设置

在这个设置里可进行修改工业机器人在模型中的名称等操作，对话框如图 4-25 所示。

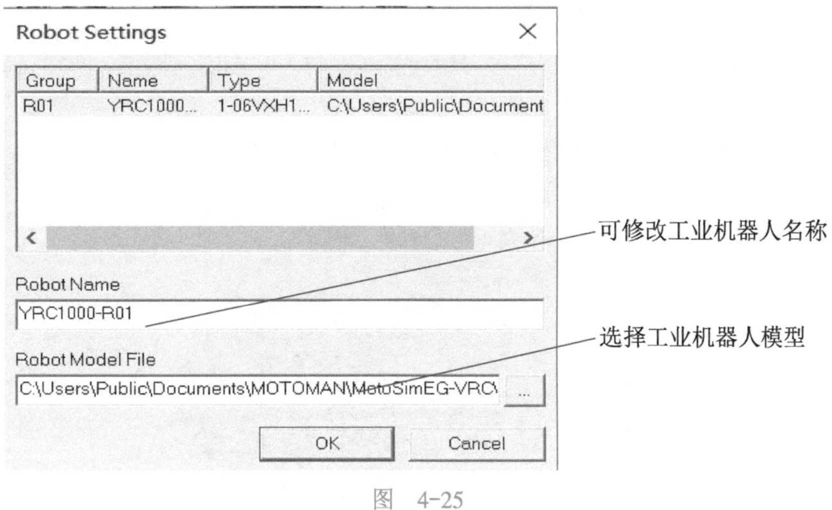

图 4-25

修改完成单击“OK”就完成设置了。

2. 工业机器人带工具可达范围

这个是用来看工业机器人可达范围的功能，看工具是否可达工作范围，如图 4-26 所示。

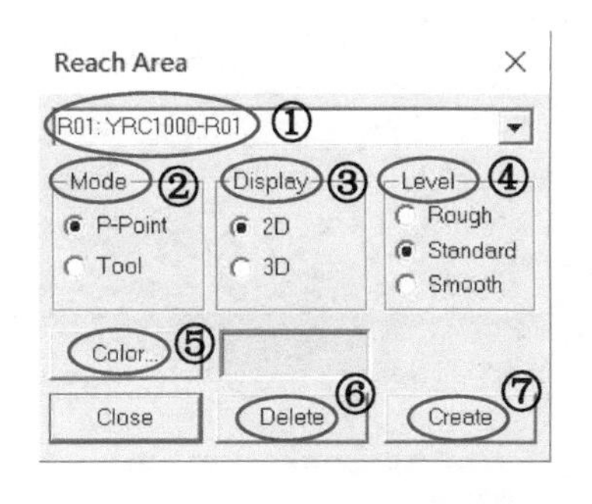

①选择需要查看的工业机器人。

②选择工业机器人法兰中心或夹具可达范围。

③选择 2D 或 3D 面。

④选择模型的光滑度。

⑤选择颜色。

⑥删除可达的模型。

⑦创建可达模型。

图 4-26

1）选择2D面、法兰中心（黄色）、夹具tcp点（红色）可达范围模型，创建完成如图4-27所示。

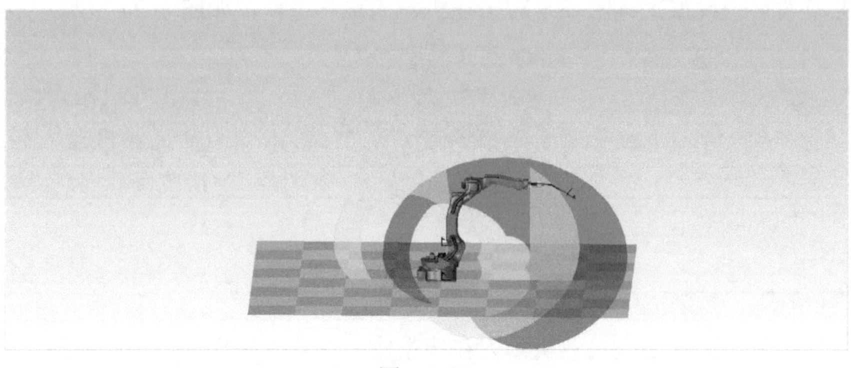

图 4-27

2）选择3D面、法兰中心（黄色）、夹具tcp点（红色）可达范围模型，创建完成如图4-28所示。

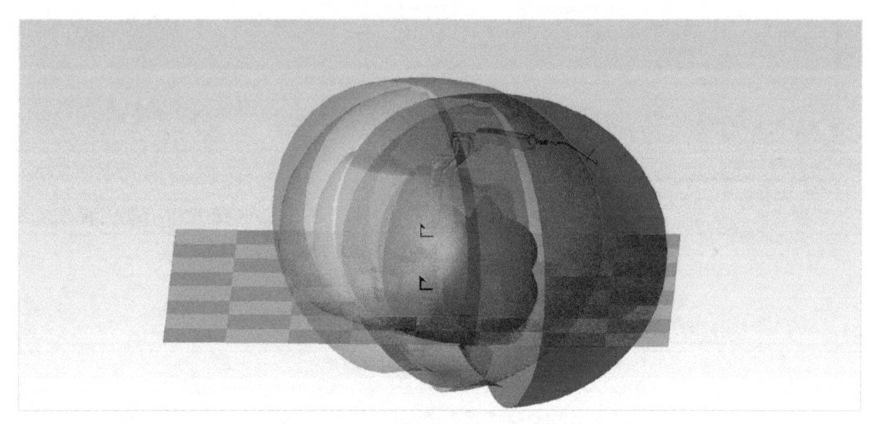

图 4-28

一般情况下，可将工业机器人带工具的模型及工作台放进去，看工业机器人的可达性，用于工业机器人的选型及工业机器人工具的确认，如图4-29所示。

图 4-29

4.5 外部设备工具

外部设备工具是可以添加和工业机器人有关的设备，这里只能添加流水线、压铸机和龙门，以及对应的控制器。下面以用得最多的流水线为例来进行讲解，界面介绍如图 4-30 所示。

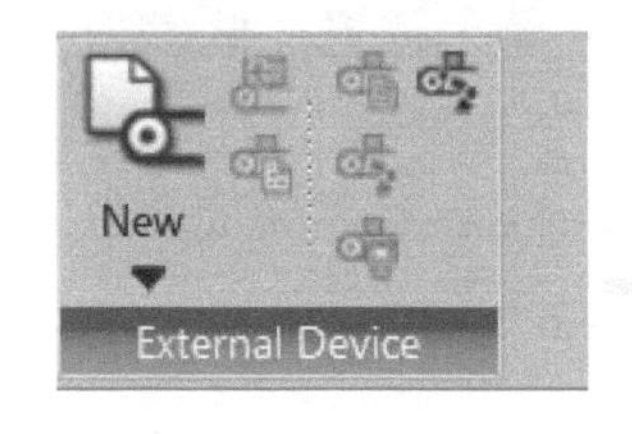

译图

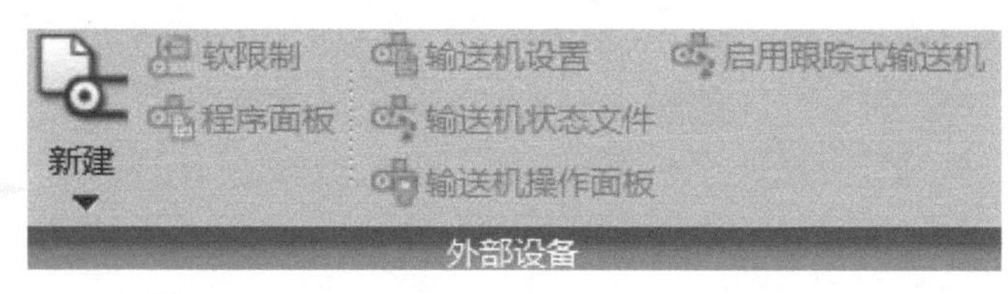

图 4-30

创建一个与工业机器人相关的流水线设备的步骤如下：

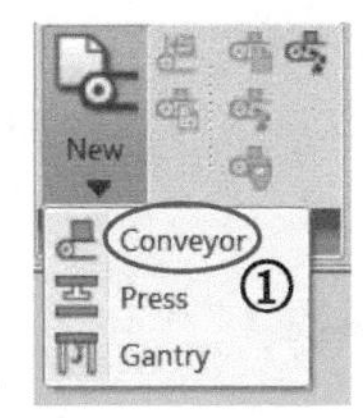

①单击“New”中的“Conveyor”。

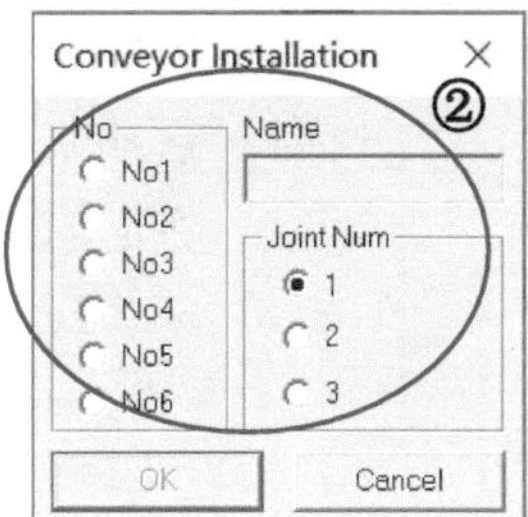

②选择流水线编号（No），名称（Name）和编号（Joint Num）默认，单击“OK”。

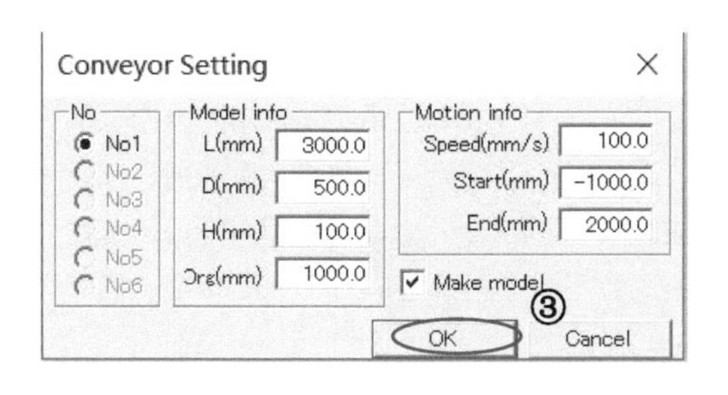

③设置需要的长、宽、高、原点位置等参数，选择制作模型，单击“OK”。左图相应译图如下：

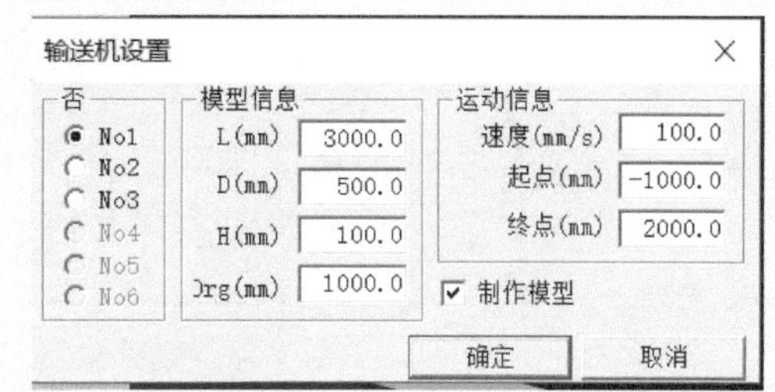

创建完成的流水线如图 4-31 所示。

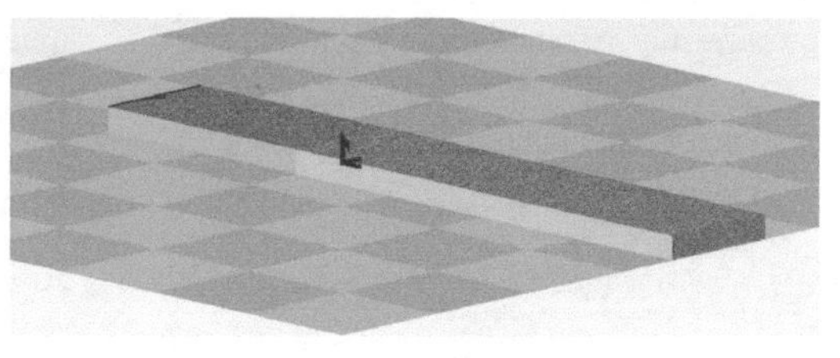

图 4-31

对于流水线，Moto SimEG-VRC 软件提供了相关流水线控制，介绍如下：

1）软极限，如图 4-32 所示。

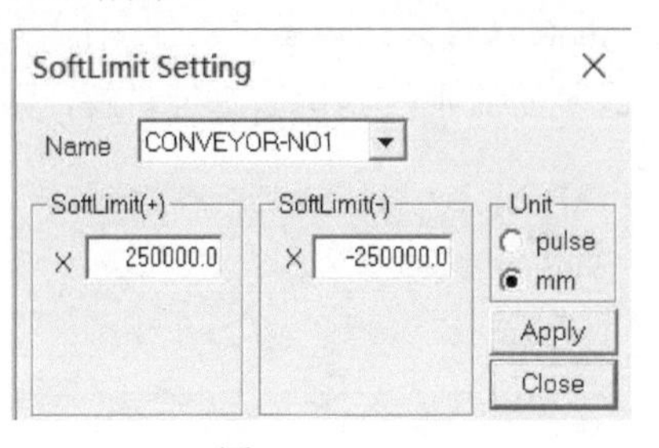

图 4-32

设置流水线可移动的最大、最小位置，单位为脉冲（pulse）和毫米（mm），设置完成单击“Apply”即可。

2）程序面板，如图 4-33 所示。

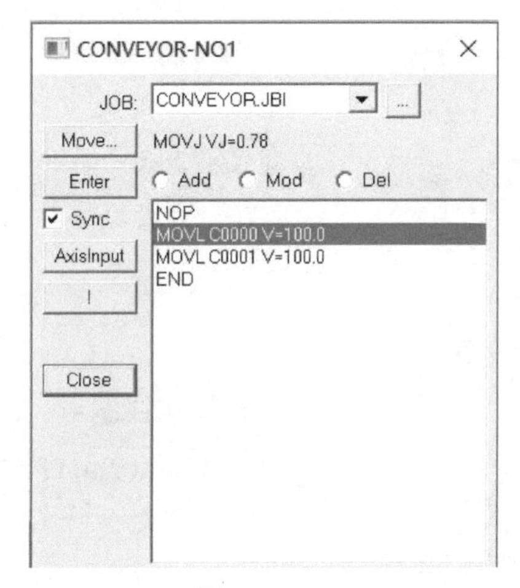

图 4-33

默认有两个点的程序，一个是起始位置的程序，一个是末端位置的程序，可以在设置的范围内任意添加、修改，甚至删除点的位置。

3）输送机设置，如图 4-34 所示。

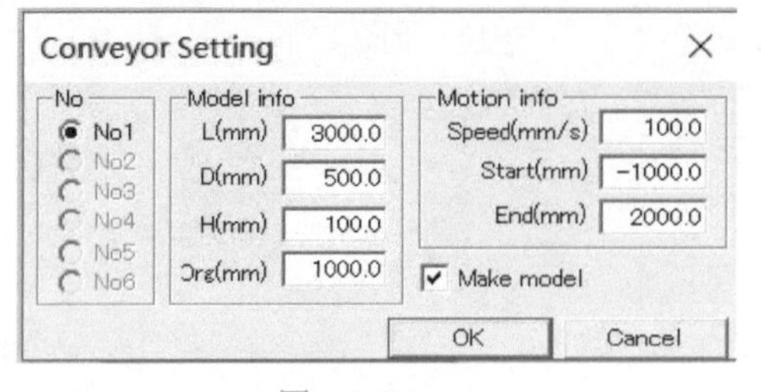

图 4-34

和创建流水线时设置一致，如果需要修改，修改完成后单击“OK”即可。

4）输送机操作面板，如图 4-35 所示。

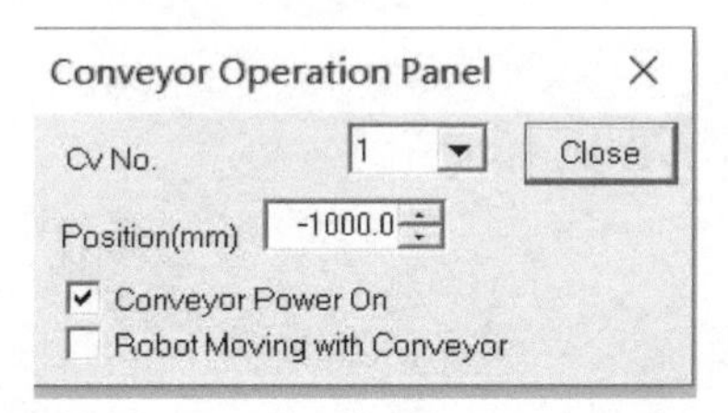

图 4-35

设置某一个流水线起始运行位置、运输机开机及流水线随工业机器人动作，完成设置，单击“Close”。

5）启用输送带跟踪。这个功能需要在虚拟示教器中启用，添加基板，如图 4-36 所示（在后面的 6.5 节中再做详细讲解）。

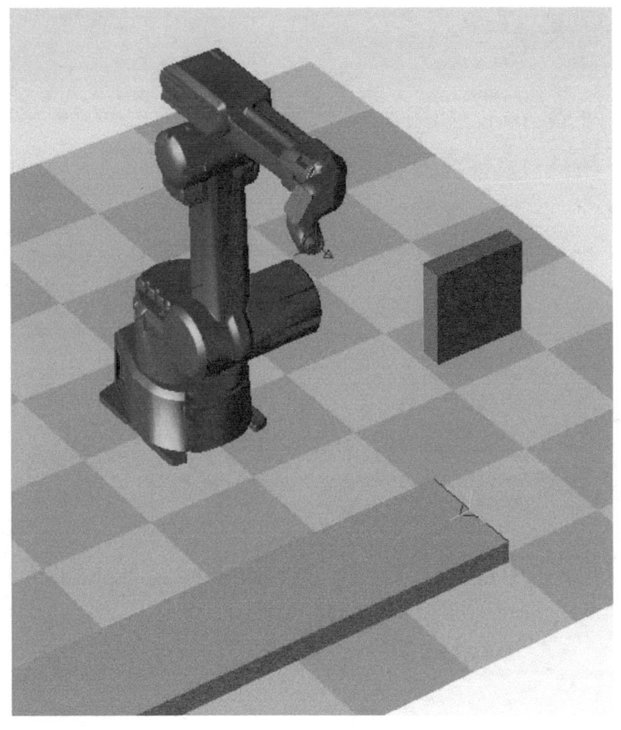

图 4-36

6）输送机状态文件，如图 4-37 所示。这个功能会在后面的 7.1 节高速传送中做详细讲解。

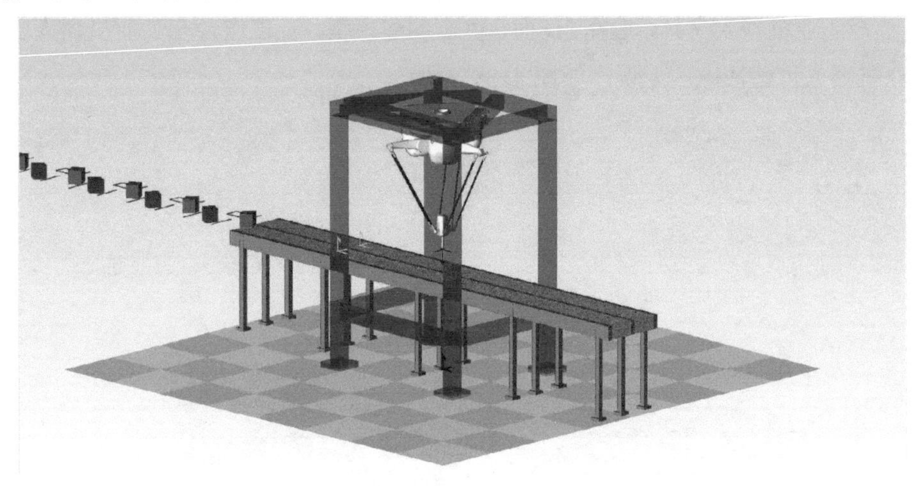

图 4-37

学习检测

1. 确认前面建立的焊接机器人工作站中机器人的可达性。

2．使用前面建立的系统进行焊接示教。

学习检测参考答案

1．工业机器人的可达性确认

步骤如下：

1）打开前面建好的工作站，如图 4-38 所示。

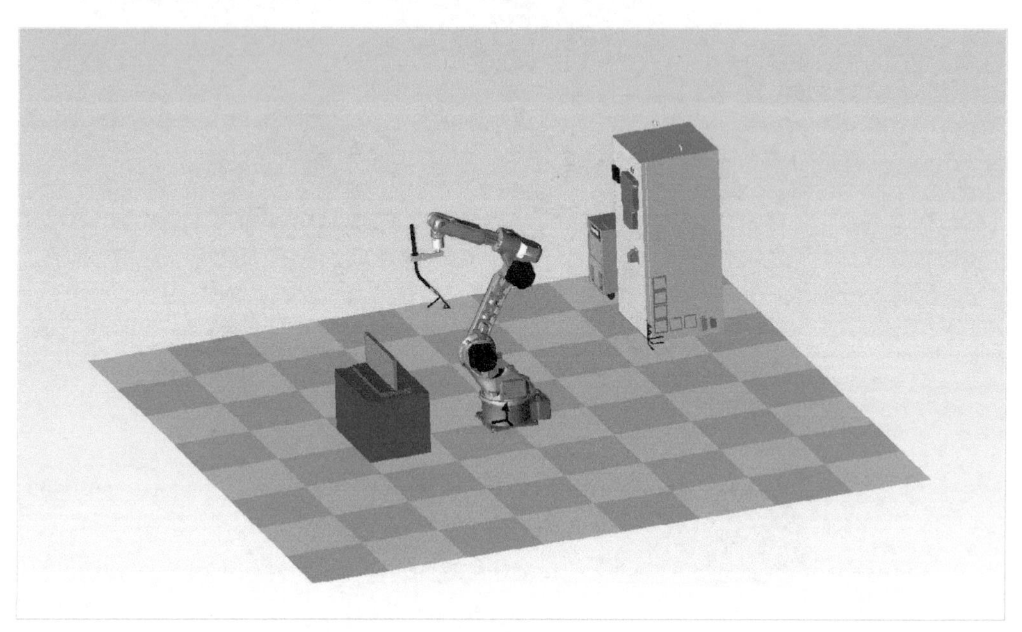

图 4-38

2）选择工业机器人夹具，选择 3D 面，单击创建模型，若工作台在工业机器人的范围内，那么工业机器人可达性确认无误，如图 4-39 所示。

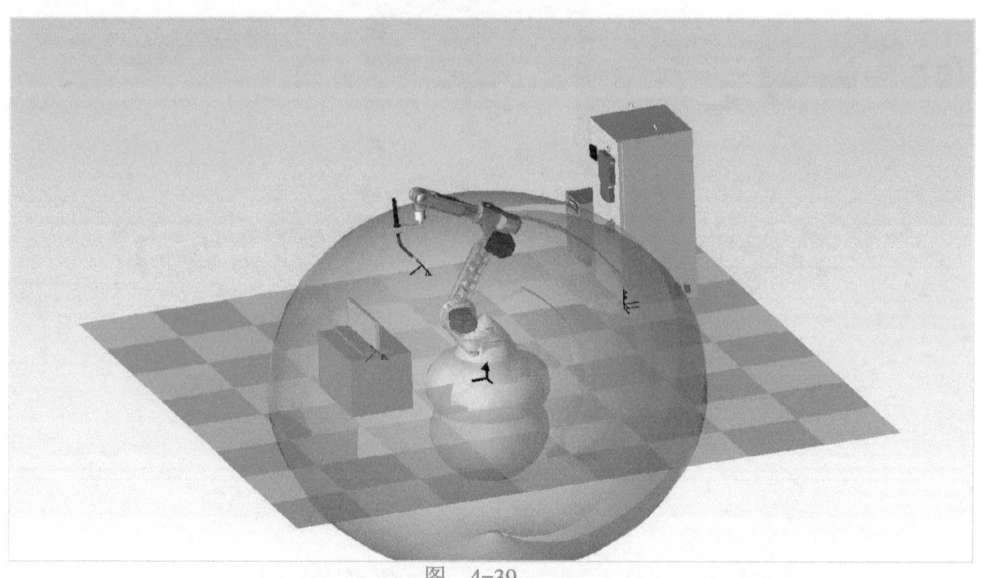

图 4-39

3）确认完成，删除可达性的模型。

2. 使用前面建立的系统进行焊接示教

1）按照图 4-40 创建弧焊程序。

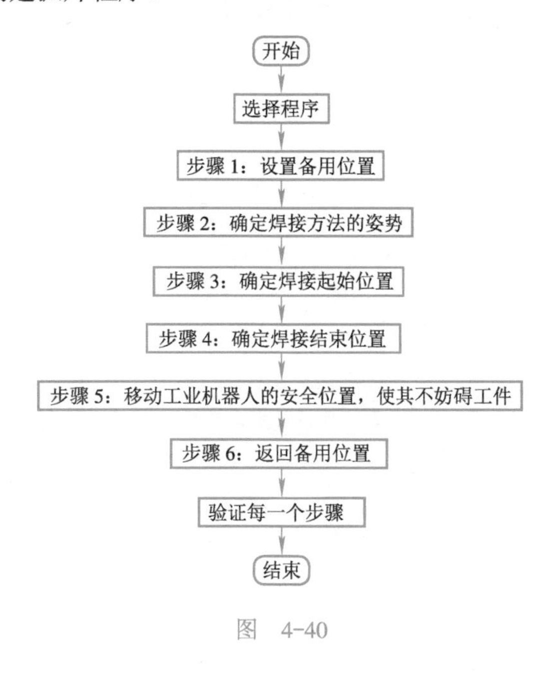

图 4-40

2）进行焊接示教，步骤如下：

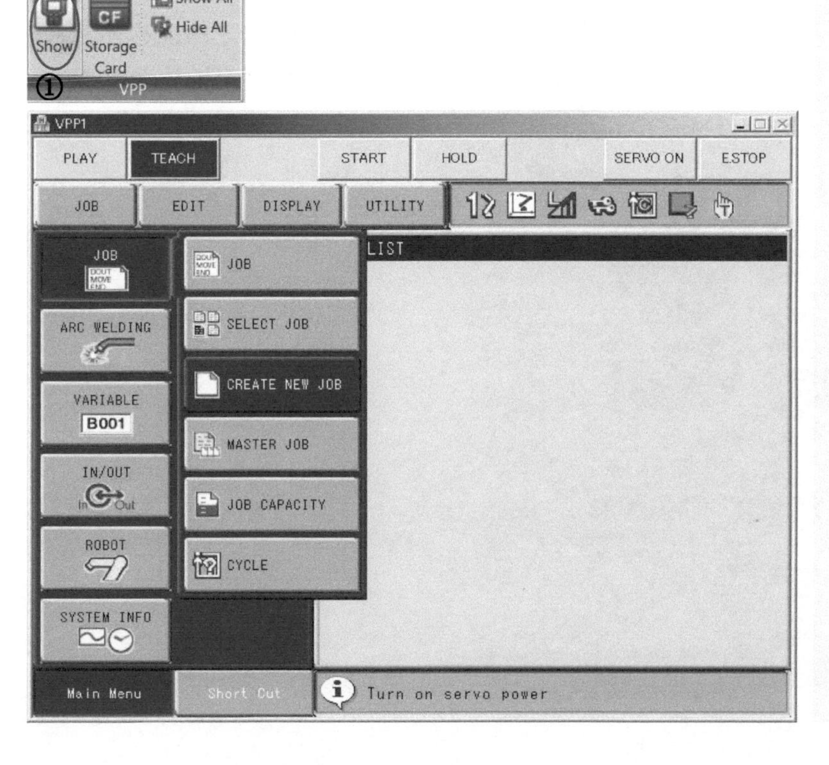

① 单击“Show”，出现虚拟示教器，在虚拟示教器的主菜单“TEACH”选择“JOB”—“CREATE NEW JOB”。

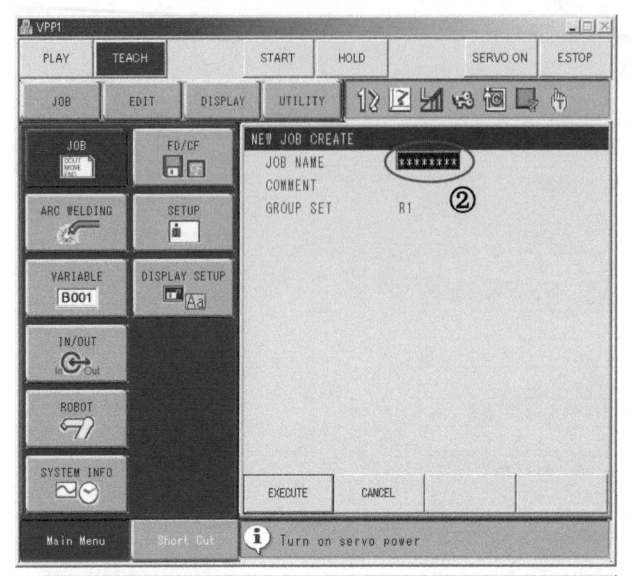

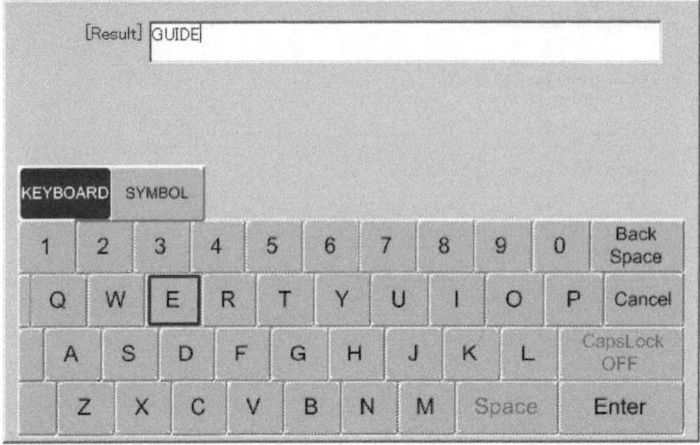

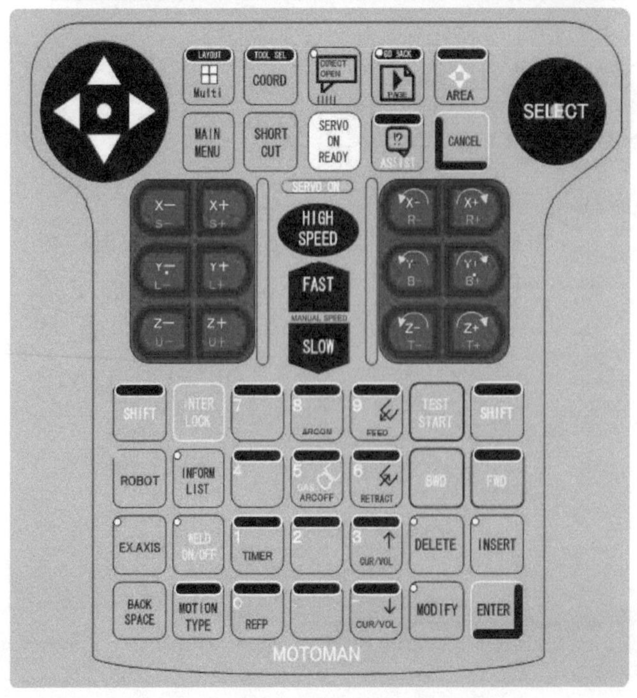

② 将光标移至“JOB NAME”字段，单击“SELECT”，显示字母数字输入对话框，输入名称。对这个示例，输入“GUIDE”，然后单击“ENTER”键，完成创建新程序。使用计算机键盘也可以完成（参考前面讲过的虚拟示教器按键对应的键盘快捷键）。显示或隐藏键盘对话框，按“/”键或单击图标。

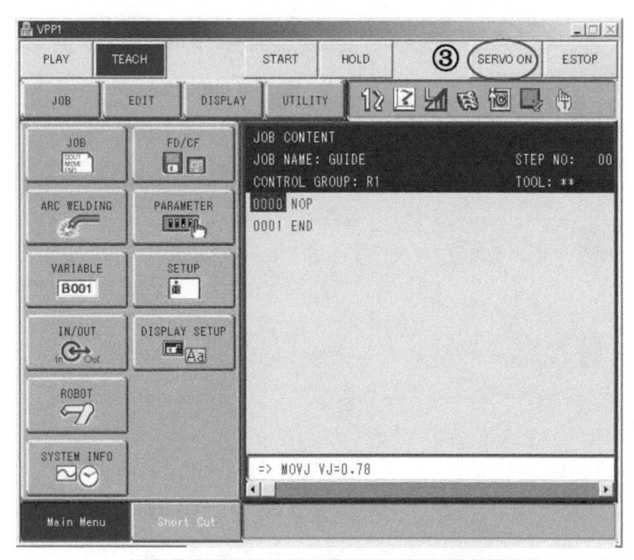

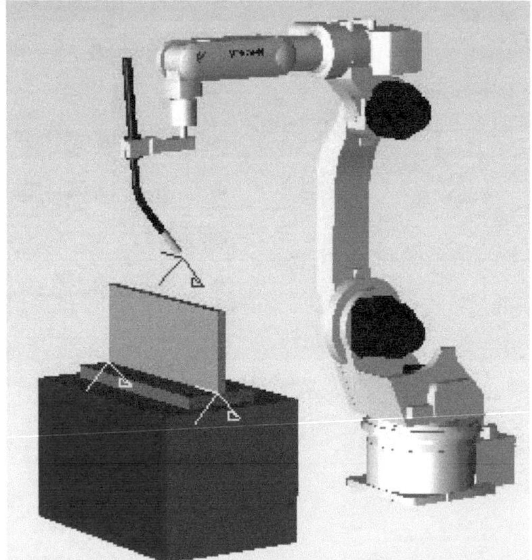

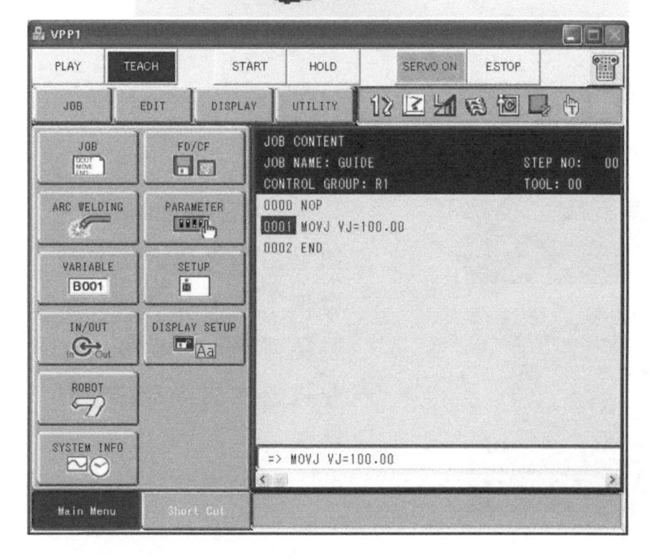

③单击“SERVO ON”按钮。伺服电源被激活后，工业机器人移动到左图所示的备用位置（通过使用虚拟示教器轴键），单击“INSERT”键，再单击“ENTER”键写入工业机器人当前位置的运动指令，与实际编程操作一致。

④ 选择“Home”菜单中的“Teaching”，单击“OLP”按钮来显示OLP对话框。

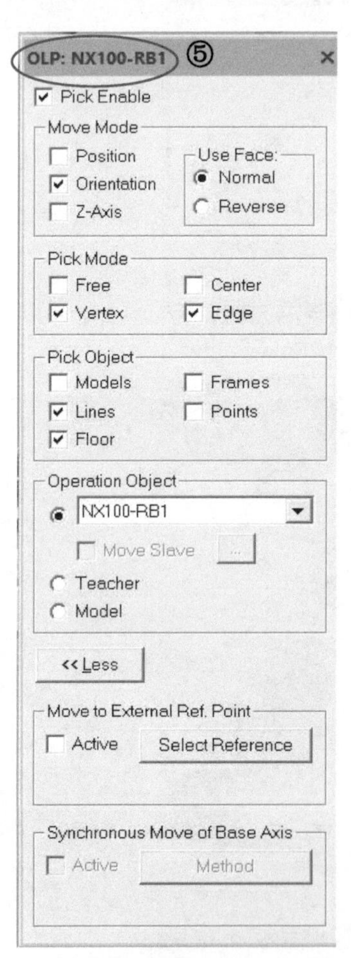

⑤ 选择OLP对话框，OLP的设置应如下：

- OLP活跃：选中的。
- 传送方式：位置、方向。
- 选择模式：顶点。
- 选择物体：框架（坐标系）。
- 操作对象：机器人名称。

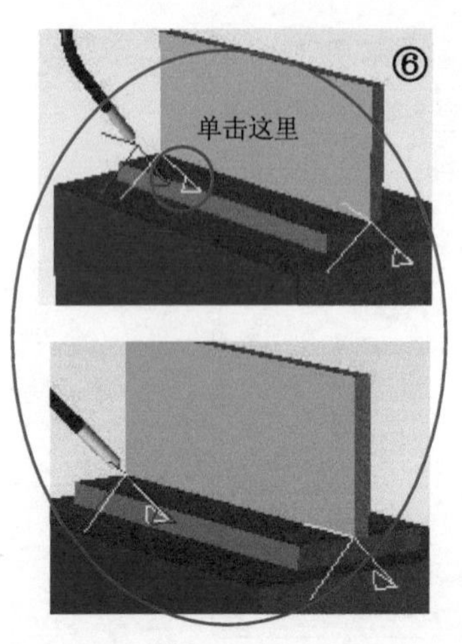

⑥ 单击AXIS6（用该工具调整AXIS6的角度）。如果由于不当的工具角度使工具碰撞工件，为避免碰撞，手动复位工业机器人的提示错误对话框。

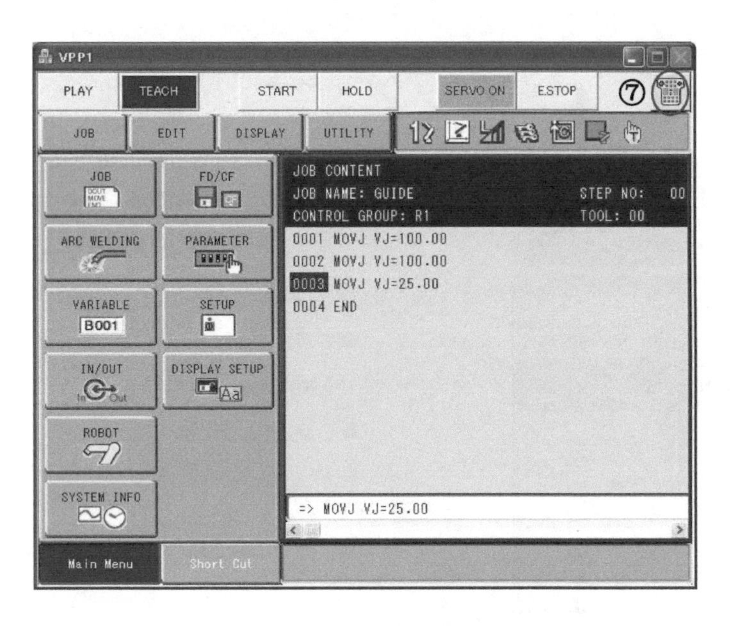

⑦ 在虚拟示教器单击“INSERT”，再单击“ENTER”键写入工业机器人当前位置的运动指令，完成示教焊接起始点位置。

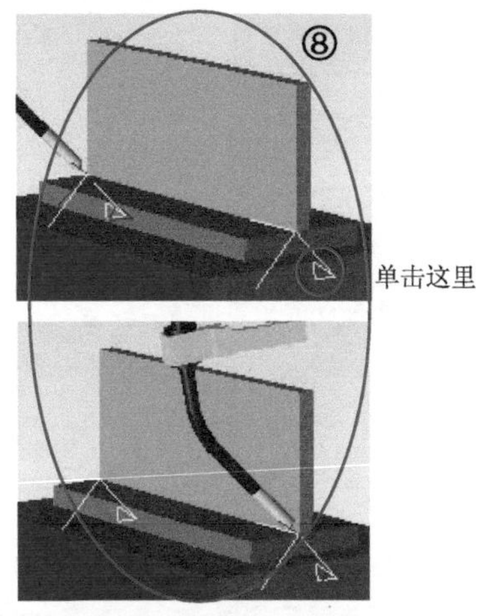

⑧ 使用 OLP 功能和单击 AXIS6 尾部，添加位置点，并设置运动：

- 类型：直线运动（MOVL）。
- 速度：558mm/min。

完成示教焊接终点位置。

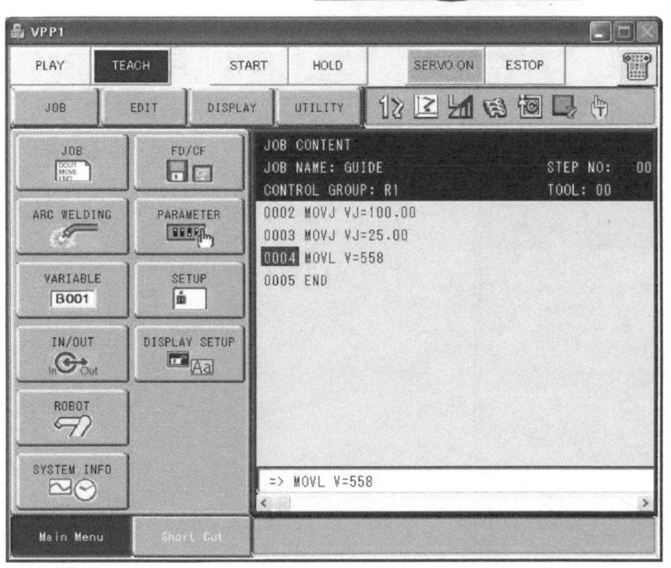

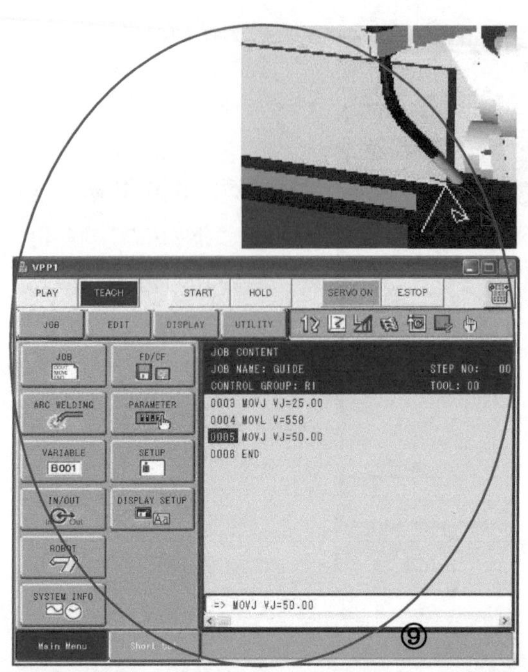

⑨ 使用虚拟示教器轴键来移动工业机器人远离焊缝，设置运动：

- 类型：关节运动（MOVJ）。
- 速度：50%。

完成示教焊枪收枪。

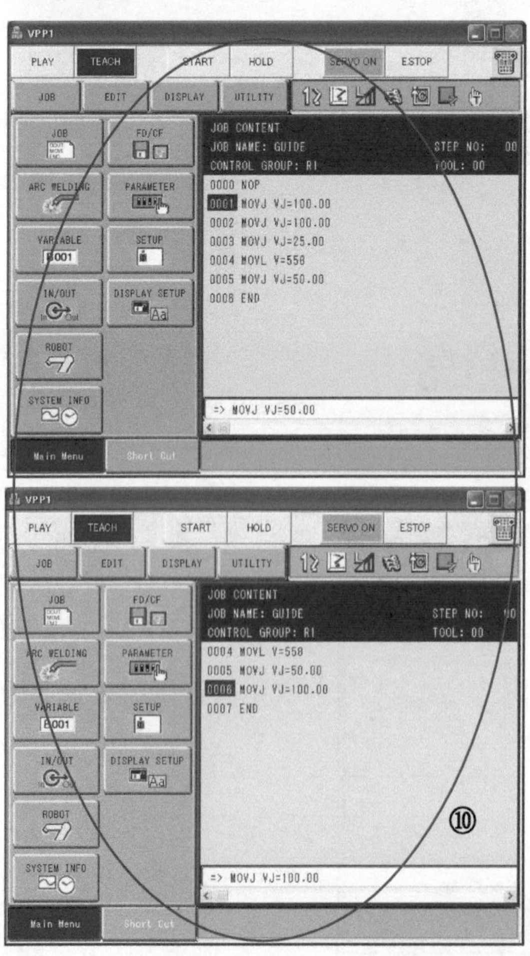

⑩ 使用虚拟示教器移动光标至工作的第一步，工业机器人回到备用位置，将备用位置添加至程序中，完成返回备用位置示教。

程序点完成编写，需要验证。在虚拟示教器中，移动光标至工作的第一步，按住虚拟示教器键盘的“FWD”键，工业机器人即开始移动到这个程序点的位置，当工业机器人到达位置，工业机器人将会停止，光标将停止闪烁，释放“FWD”键，然后移动到下一行工作，重复直到到达工作的结束点。

3）如果觉得不合适，可以修改，下面具体介绍：

位置修改步骤：

①将光标移动到要修改的程序点。

②移动工业机器人所需的修改位置（使用虚拟示教器或 MotoSimEG-VRC 功能的 OLP、位置面板等）

③在虚拟示教器中，单击“MODIFY”键和“ENTER”键。

位置添加步骤：

①移动光标至需要插入程序点前的位置。

②移动工业机器人所需的添加位置（使用虚拟示教器或 MotoSimEG-VRC 功能的 OLP、位置面板等）。

③设置运动类型和运动速度。

④在虚拟示教器中，单击“INSERT”键和“ENTER”键。

删除点或指令的步骤：

①如果是指令，将光标移动到指令行，使用下面③的步骤进行删除。

②如果是点，移动工业机器人位置，按住“FWD”键直到工业机器人停止移动。

③在虚拟示教器中，单击“DELETE”键，然后单击“ENTER”键。

扫一扫看视频

第 5 章 Simulation 菜单中的工具使用

Simulation 菜单在仿真中用于监控、导出文件、在线功能及动画输出等，其界面如图 5-1 所示。

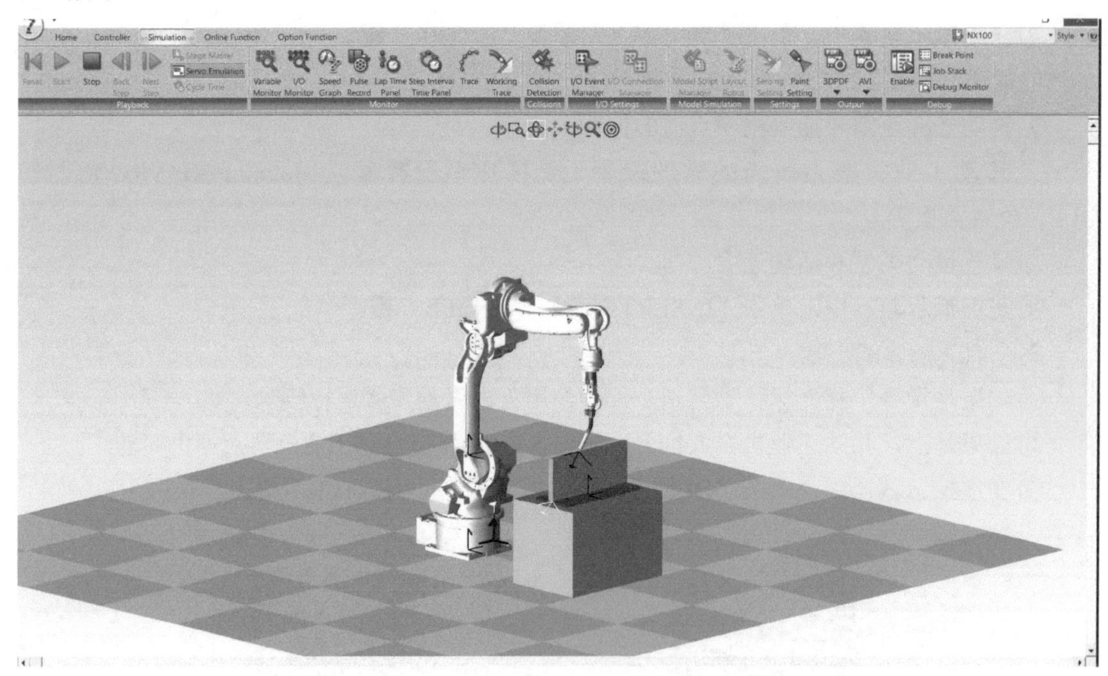

图 5-1

5.1 播放工具

播放工具可用于播放工业机器人的仿真动画效果，如图 5-2 所示。

图 5-2

1）播放功能。功能介绍见表 5-1。

表 5-1

功能名称	功能介绍
Reset	单击⏮按钮，工业机器人将回到程序中第一个点的位置
Start	单击▶按钮，工业机器人从当前位置开始运行程序
Stop	单击■按钮，工业机器人在当前位置停止
Back Step	单击◀按钮，工业机器人回到上一个点
Next Step	单击▶按钮，工业机器人回到下一个点

2）主站功能。单击按钮，弹出“STAGE-MASTER”对话框，如图 5-3 所示。

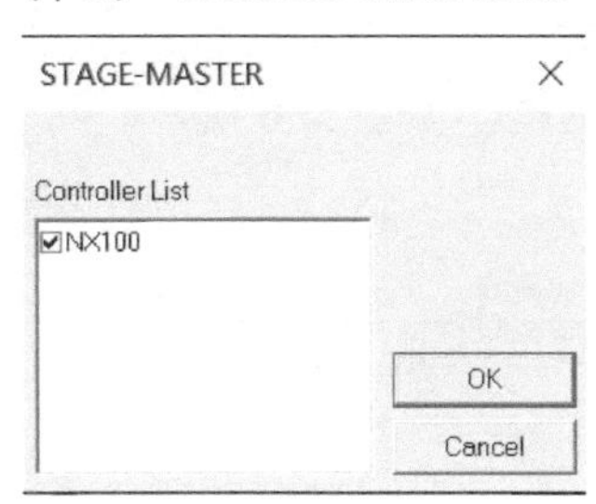

图 5-3

对于多个工业机器人或工业机器人相关的控制，主站功能可以剥离出来单独动作，选择某一控制系统，使用播放功能，只会播放选中的系统动作。

3）伺服功能。单击按钮就会选中。选择这个功能就是不考虑伺服电动机给工业机器人带来的滞后性。

4）节拍时间功能。单击按钮，弹出“Cycle Time”对话框，如图 5-4 所示。

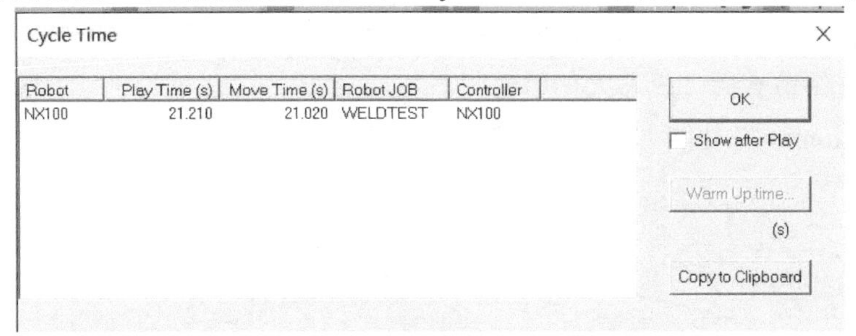

图 5-4

“Cycle Time”对话框显示的是工作仿真的节拍，说明见表 5-2。

表 5-2

功能名称	说明
Robot	播放动画中的工业机器人
Play Time	播放整个动画的时间
Move Time	工业机器人移动动作用的时间
Robot JOB	播放动画的工业机器人程序
Controller	使用的工业机器人控制器
Show after Play	勾选此项，每次播放完会自动弹出对话框

5.2 I/O 变量等监视工具

Monitor 工具按中文解释叫 I/O 变量等监视工具，如图 5-5 所示。

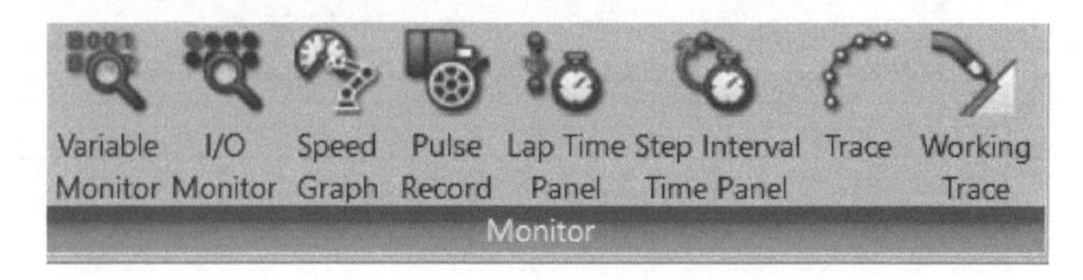

图 5-5

1）“Variable Monitor”功能。用来对工业机器人变量进行编辑，单击按钮，弹出“NX100: Variable Monitor”对话框，如图 5-6 所示。

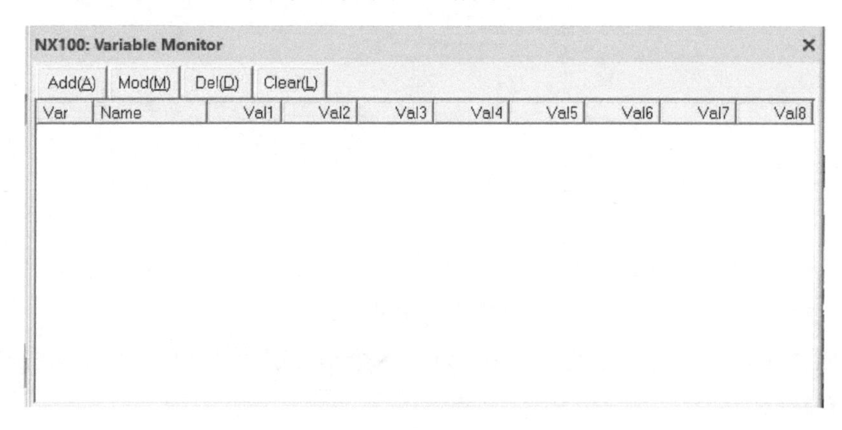

图 5-6

这个对话框用来对工业机器人控制器中的变量进行添加、修改、部分删除或全部删除。机器人变量的介绍请查阅“机器人使用说明书”。

2）“I/O Monitor”功能。用来监控工业机器人的 I/O 信号，如图 5-7 所示。

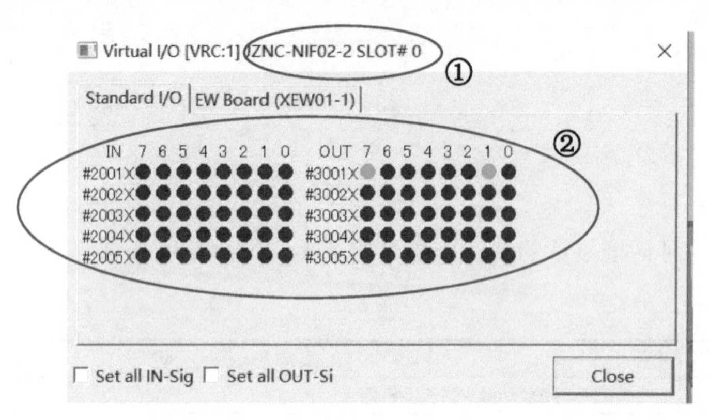

图 5-7

图 5-7 所示对话框中，序号①的位置是板卡的型号，这里是标准板卡（JZNC-NIF02-2），就是工业机器人本身自带的输入输出；序号②是对板卡信号进行关闭和打开，绿色打开，黑色关闭，单击即可完成操作。

焊接时用焊接板卡，同步带跟踪用同步板卡。焊接板卡如图 5-8 所示。

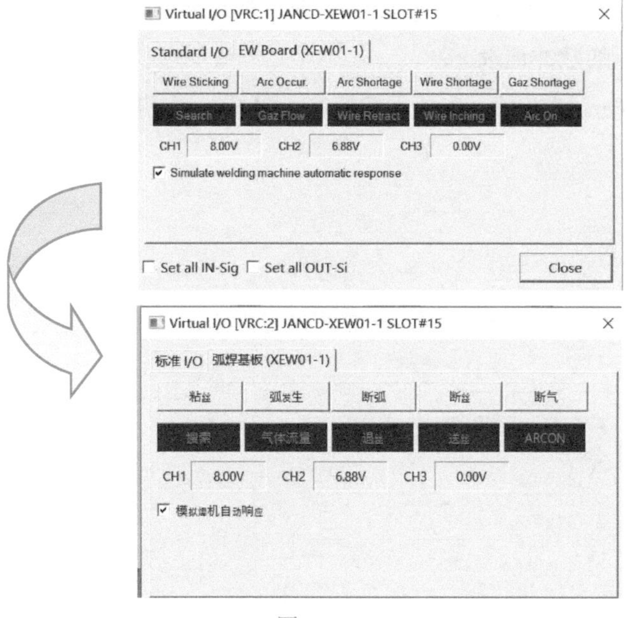

图 5-8

这是弧焊基板（JANCD-XEW01-1）带的 I/O 信号，与前面标准基板操作一致。不同的板卡存在差异，在维护模式下配置板卡配置，与实际工业机器人一致。

3）“Speed Graph”功能。就是对工业机器人的速度进行监控。图 5-9 为对某一运动的工业机器人的速度的监控曲线。

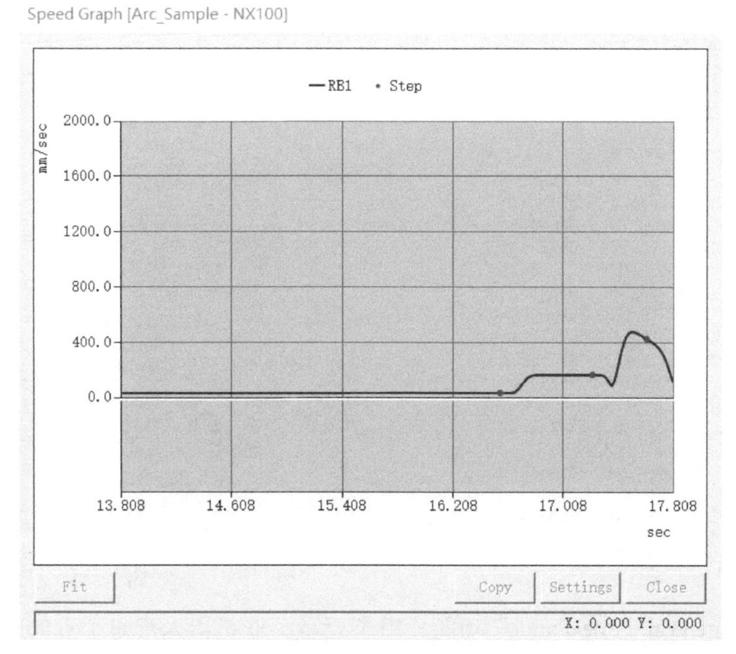

图 5-9

4）“Pulse Record”功能。以 0.014s 为单位。工业机器人在程序中运行路径，每隔 0.014s 显示一处脉冲记录，如图 5-10 所示，鼠标选择哪个位置点，工业机器人对应移动到该点，也是工业机器人该点的脉冲记录。

5）“Lap Time Panel”功能。也是周期计算，图 5-11 为机器人 4 ～ 8 号位置移动的时间。

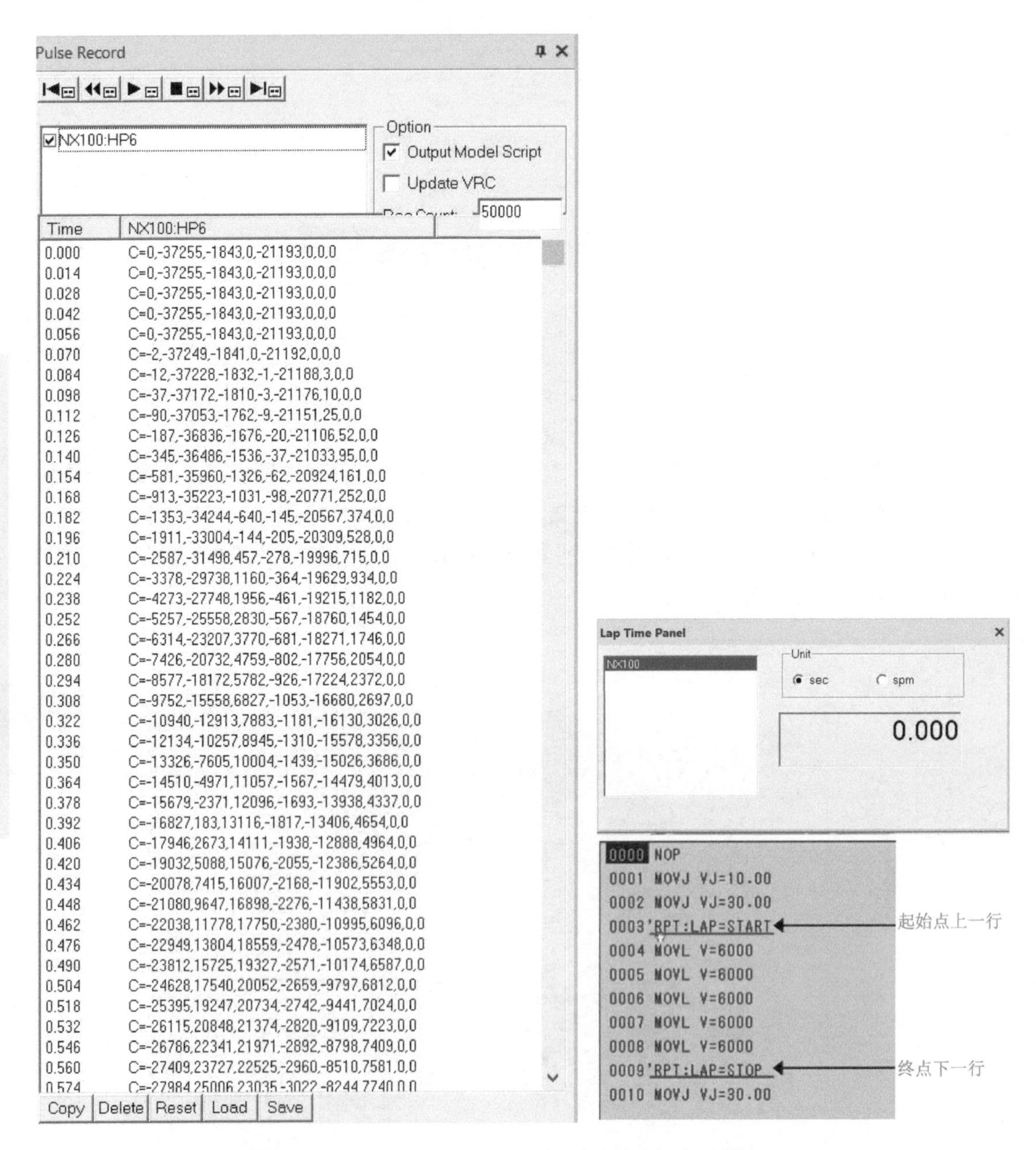

图 5-10　　　　图 5-11

6）“Step Interval Time Panel”功能。用来查看工业机器人走每个点的时间，如图 5-12 所示，与程序相对应。

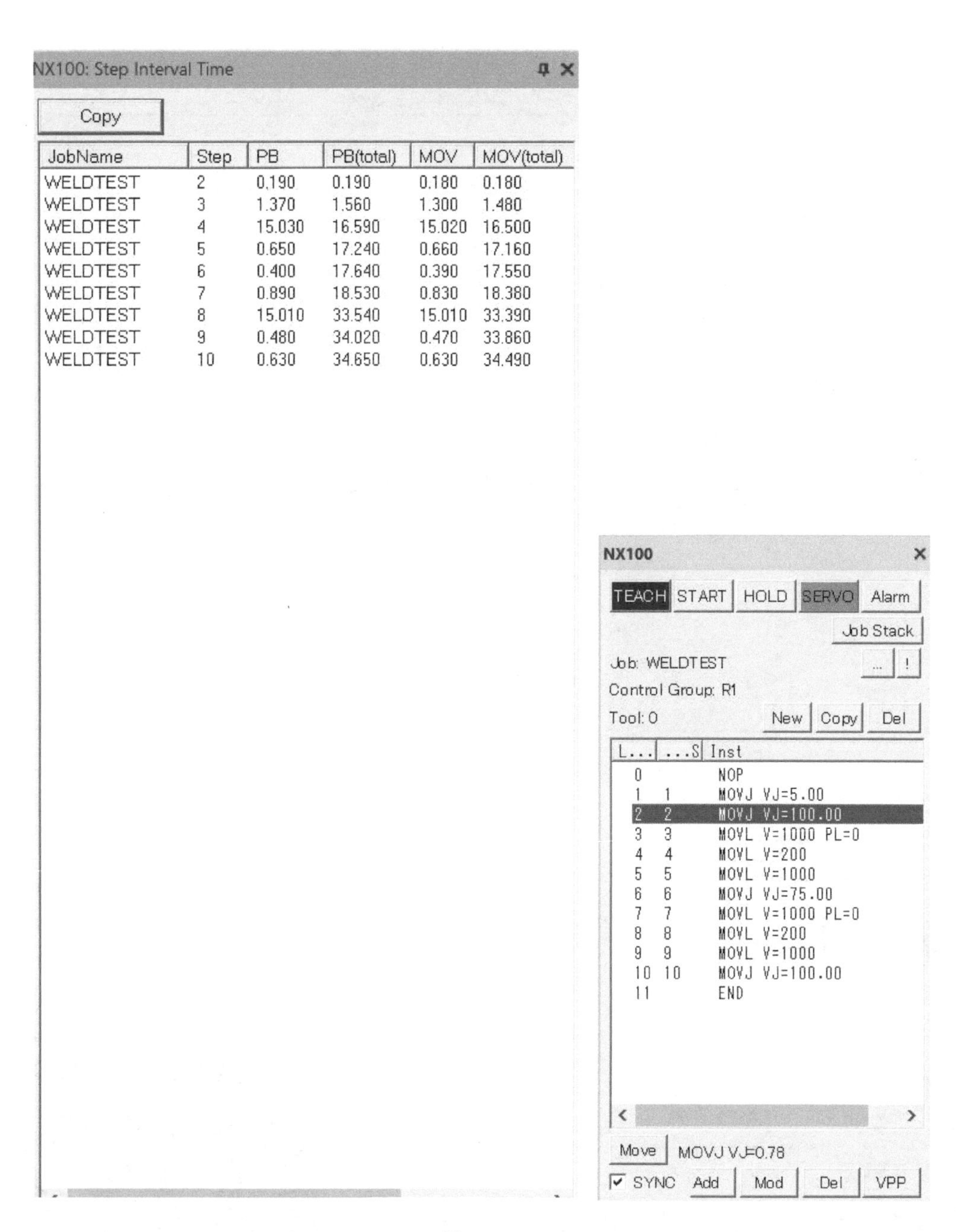

图 5-12

7）“Trace”功能。工业机器人运动的轨迹管理功能，一般用于查看工业机器人动作的连贯性，如图 5-13 所示。

8）“Working Trace”功能。用于管理工业机器人的作业轨迹，一般用于更直观地展现作业，如图 5-14 所示。

以弧焊为例，开启作业轨迹，可以清楚地看见焊接的焊道，如图 5-15 所示。

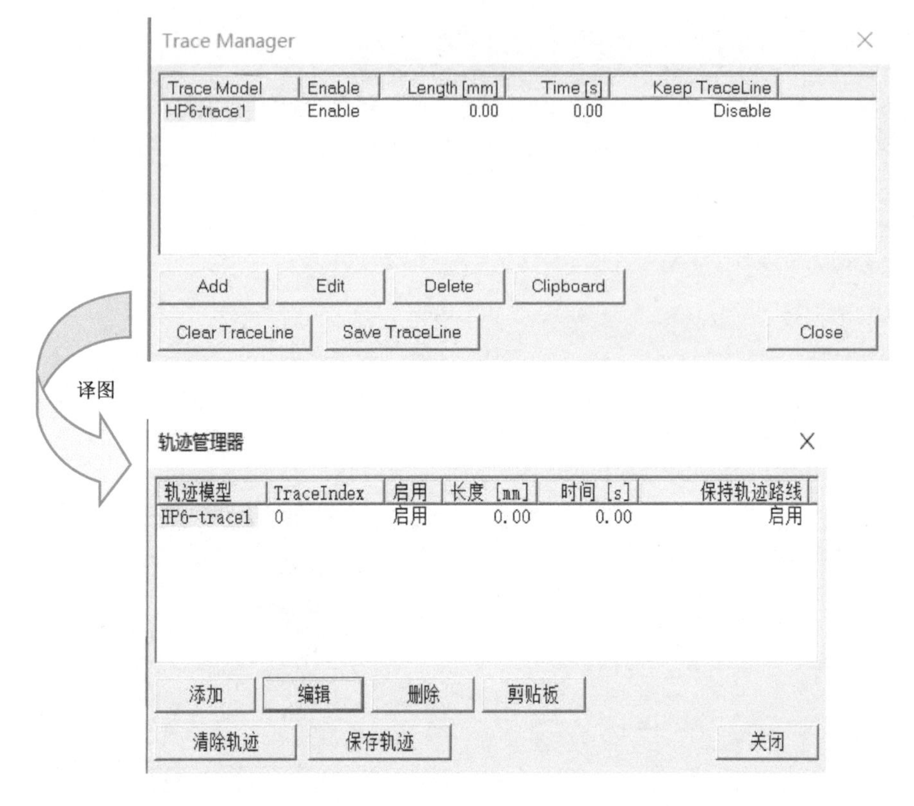

图 5-13

Working Trace Manager

Display	Enable	Working Trace Name	Length [mm]	Time [s]
☑	Disable	WT1	0.00	0.00

Edit　Add　Delete

Clear WorkingTrace　Save WorkingTrace　Close

译图

作业轨迹管理器

显示	启用	作业轨迹名称	长度 [mm]	时间 [s]
☑	禁用	WT1	0.00	0.00

编辑　添加　删除

清除作业轨迹　保存作业轨迹　关闭

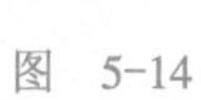

图 5-14

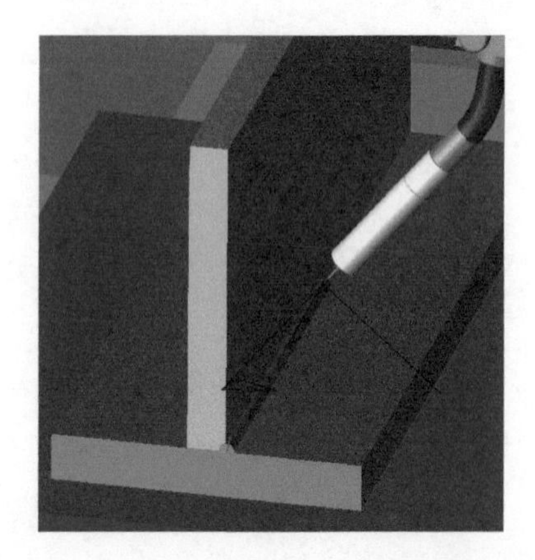

图 5-15

5.3 碰撞检测工具

碰撞检测工具 Collisions 里面只有一个“Collision Detection”功能，如图 5-16 所示，用于检测工业机器人和工件的碰撞与干涉。

单击按钮，弹出对话框，如图 5-17 所示。

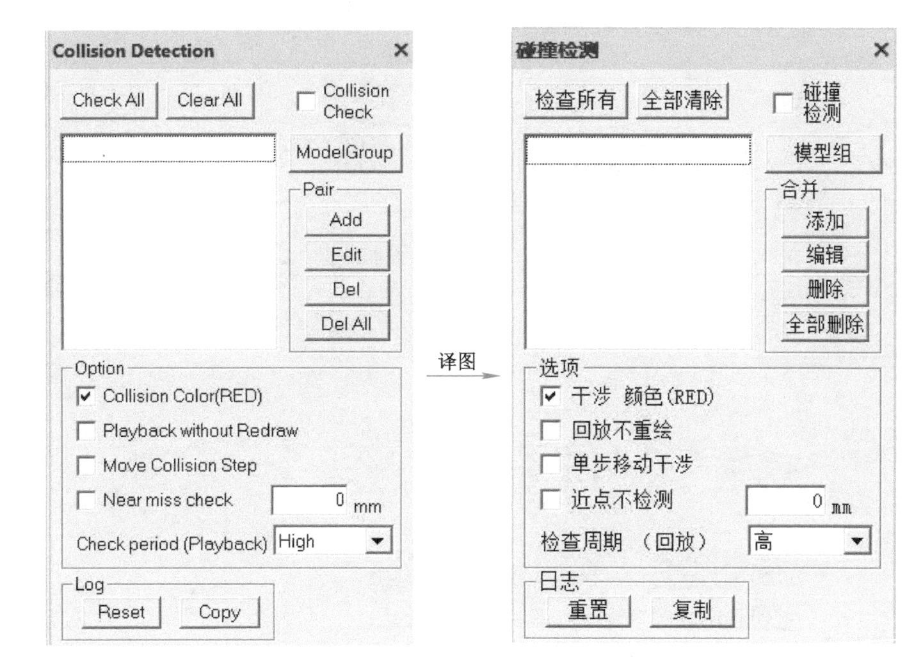

图 5-16　　　　图 5-17

以前面建立的焊接机器人工作站为例讲解操作步骤。

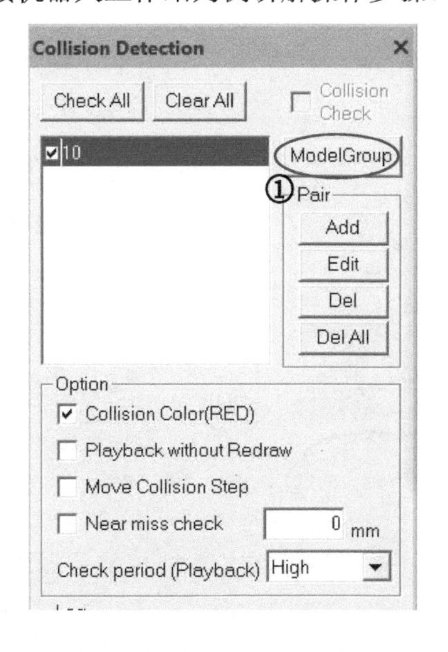

①单击“ModelGroup”，弹出对话框。

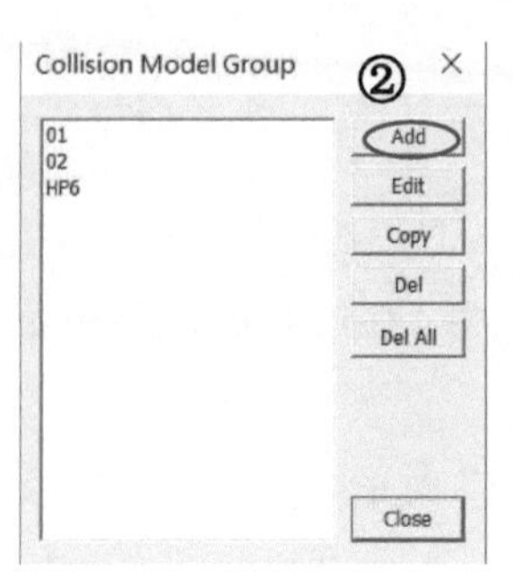

② 单击“Add”，弹出对话框，这里01和02都是已经建立好的。

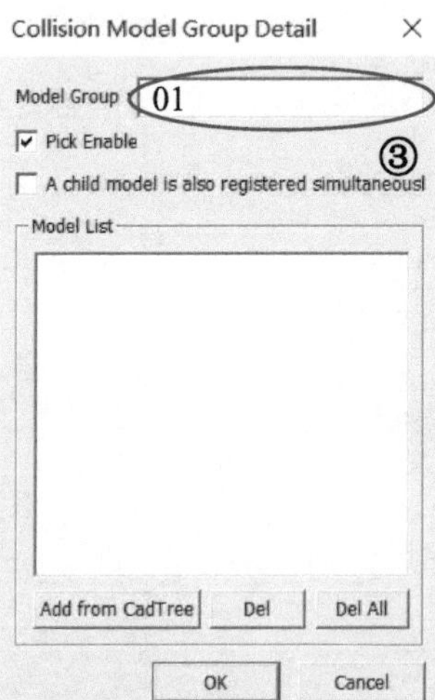

③将01填入命名框。

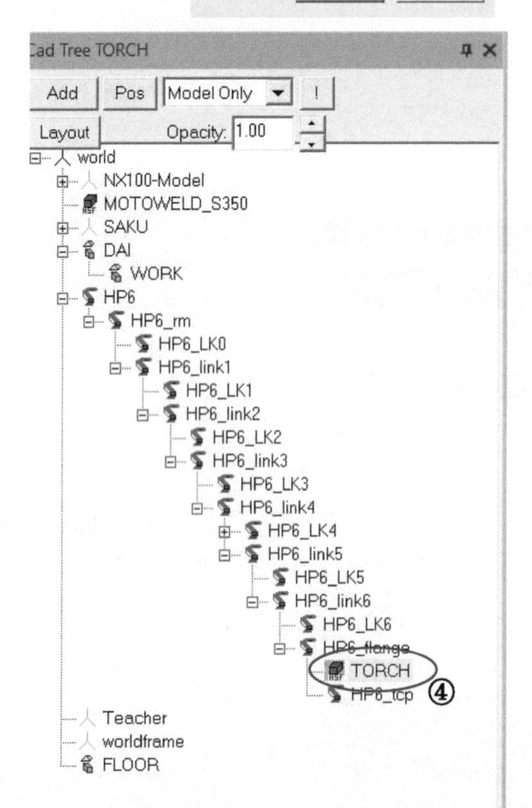

④ 打开Cad Tree，选择“TORCH”。

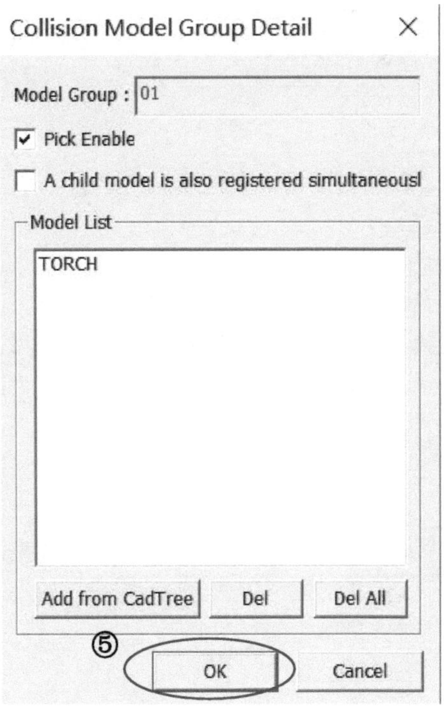

⑤ 选 择“Add from CadTree”，单击“OK”。

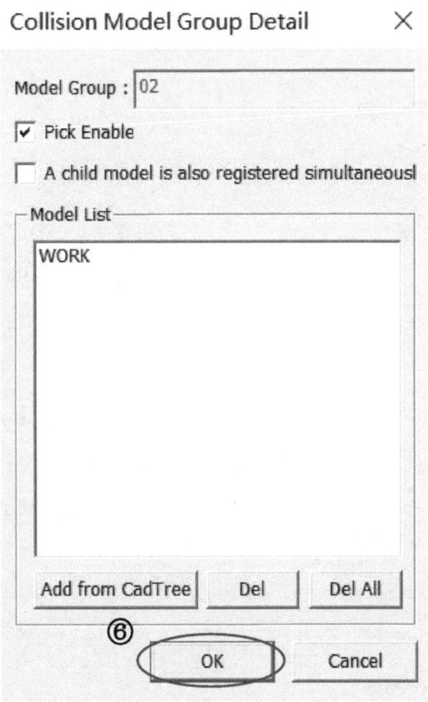

⑥ 重复上述步骤，添加工件“WORK”，编号为 02，单击“OK”。

⑦ 单击“Add”，弹出对话框。

⑧添加一个名称，再将焊枪（01）选择“Master”，工件模型（02）选择“Slave”，勾选“Play back stop by collision detection”（再碰撞就停止播放），单击“Register”。

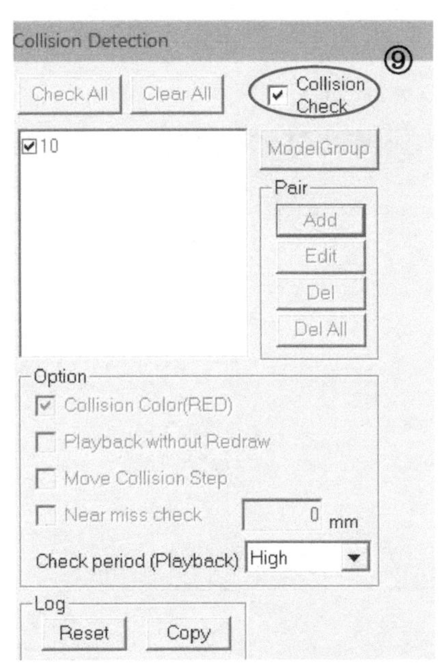

⑨将注册好的组别“10”勾选后，再勾选“Collision Check” 完成。

一旦工业机器人焊枪与工件有碰撞或干涉，如图 5-18 所示。

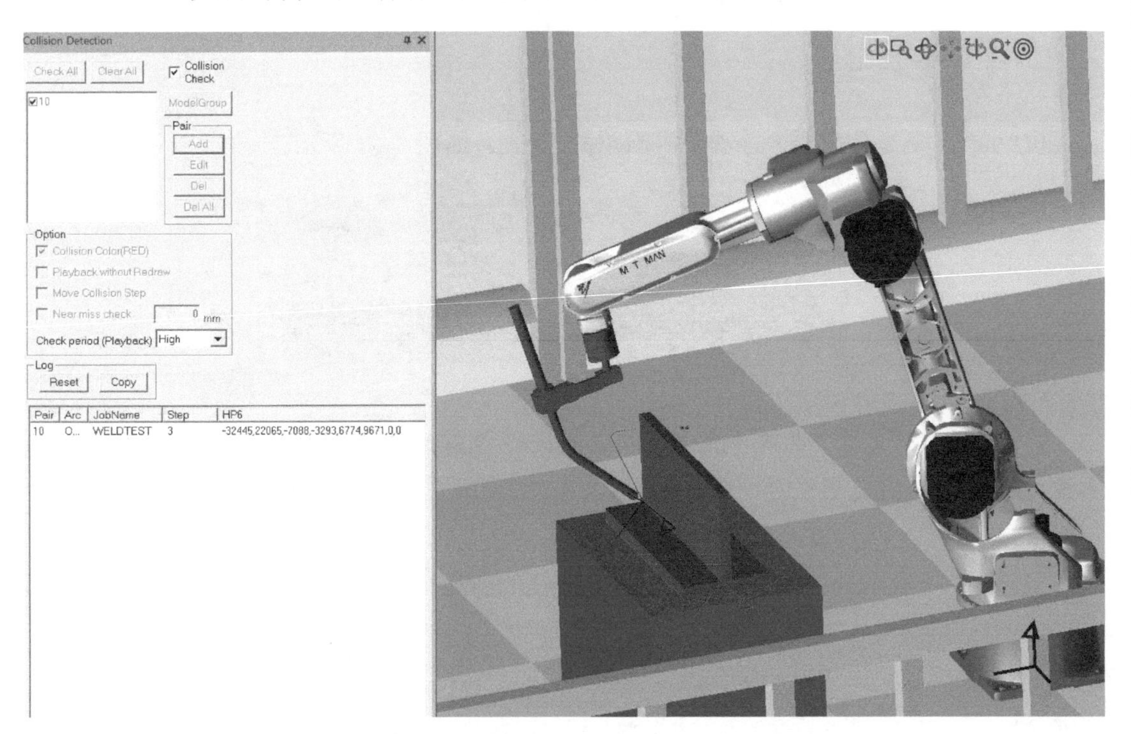

图 5-18

5.4 脚本管理工具

脚本管理工具就是通过脚本语言编程方式，使模型文件隐藏或显示，如图 5-19 所示，一般配合 I/O 事件工具使用。

单击按钮，弹出对话框，如图 5-20 所示（脚本语言详细参考软件说明书）。

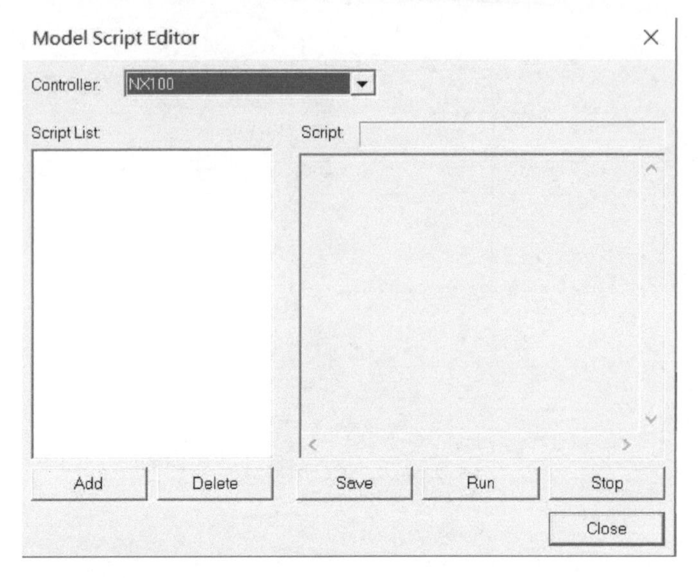

图 5-19　　　　图 5-20

5.5 I/O 事件工具

I/O 事件工具是使用 I/O 信号将模型动作放进来，如图 5-21 所示。

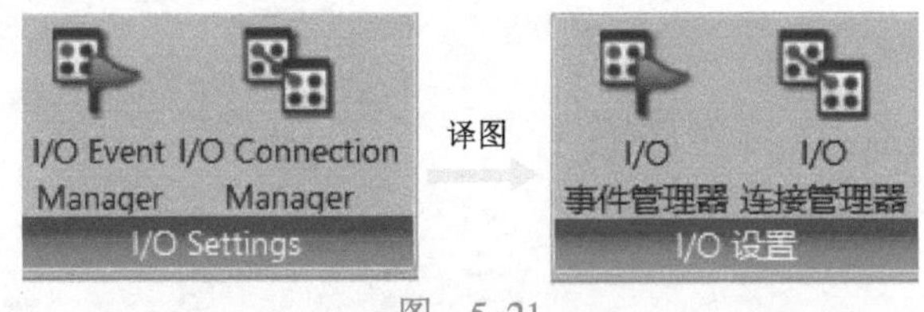

图 5-21

1）I/O 事件管理器。单击“I/O Event Manager”图标，弹出对话框，如图 5-22 所示。简单说，当发生某个 I/O 事件时，需要执行脚本语言中的动作，后面的 6.6 节会做详细的讲解。

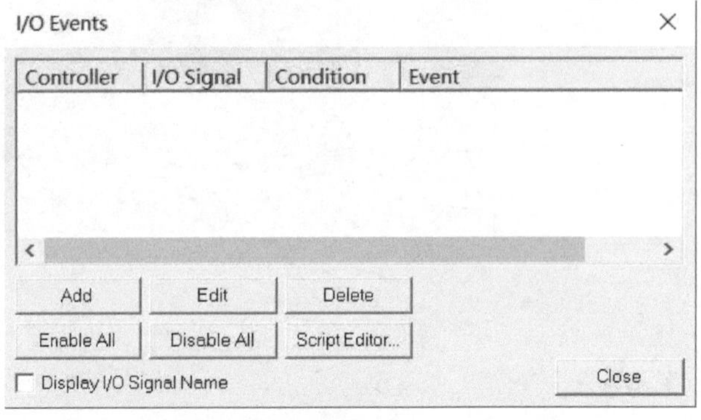

图 5-22

2）I/O 连接管理器。单击“I/O Connection Manager”图标，弹出对话框，如图 5-23 所示。

简单说，当多个工业机器人控制器或工业机器人和 PLC 及其他控制器之间发生信号传递时，需要通过信号连接。

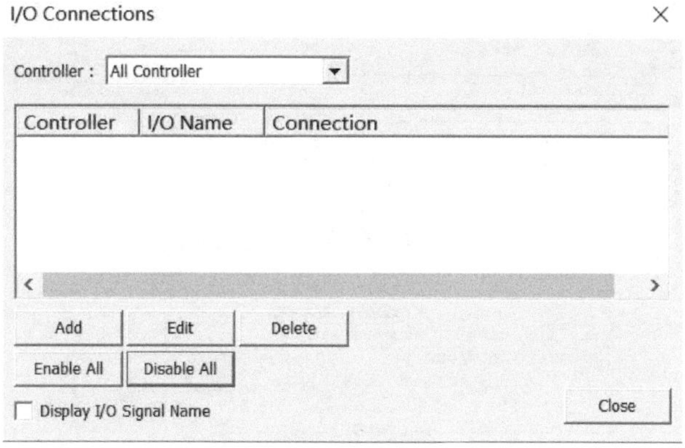

I/O Connections
Controller : All Controller
Controller | I/O Name | Connection
Add Edit Delete
Enable All Disable All
Display I/O Signal Name
Close

图 5-23

I/O 连接管理器功能的使用下面举例加以说明。

先添加一个连接，单击“Add”按钮，弹出“I/O Connection Setting”对话框，选择控制器、信号及相应时间，选择逻辑关系（取正或取反等），如图 5-24 所示。

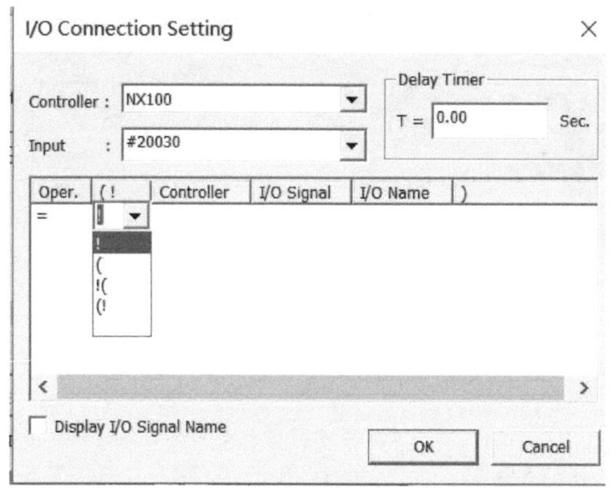

图 5-24

选择要连接的控制器或 PLC，如图 5-25 所示。

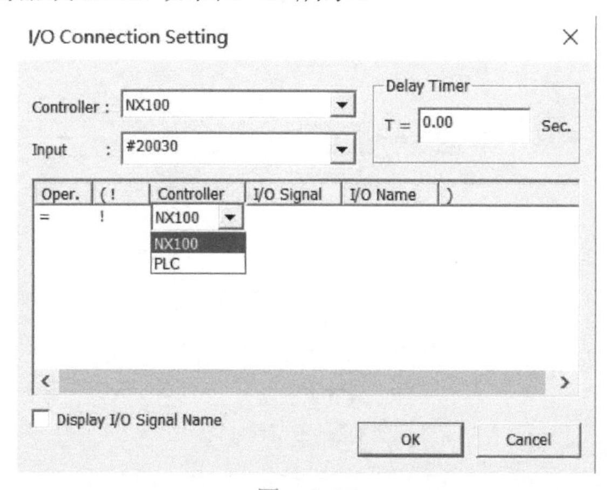

图 5-25

选择连接的信号，如图 5-26 所示。

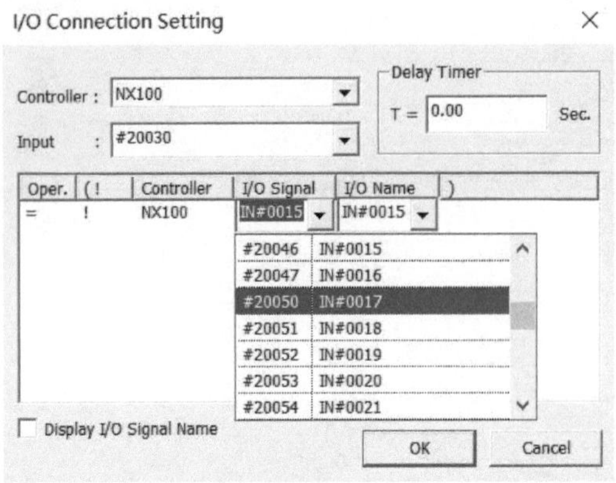

I/O Connection Setting
Controller : NX100
Input : #20030
Delay Timer
T = 0.00 Sec.
Oper. (! Controller I/O Signal I/O Name)
= ! NX100 IN#0015 IN#0015
#20046 IN#0015
#20047 IN#0016
#20050 IN#0017
#20051 IN#0018
#20052 IN#0019
#20053 IN#0020
#20054 IN#0021
Display I/O Signal Name
OK Cancel

图 5-26

如果需要再并一个信号，则需添加两个信号之间的逻辑关系，如图 5-27 所示。

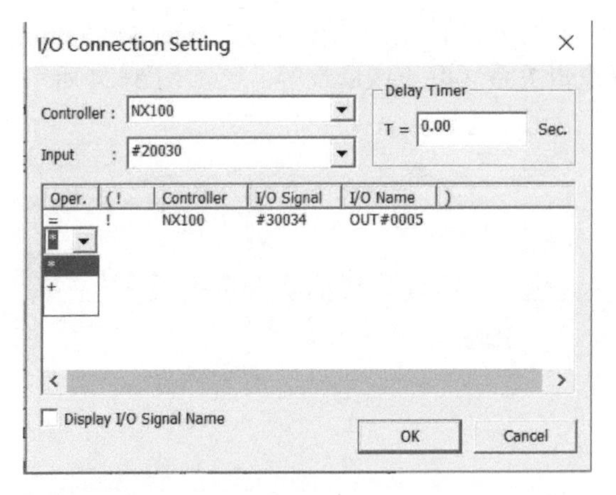

图 5-27

最后连接所有信号，选择括号，完成设置单击“OK”，如图 5-28 所示。

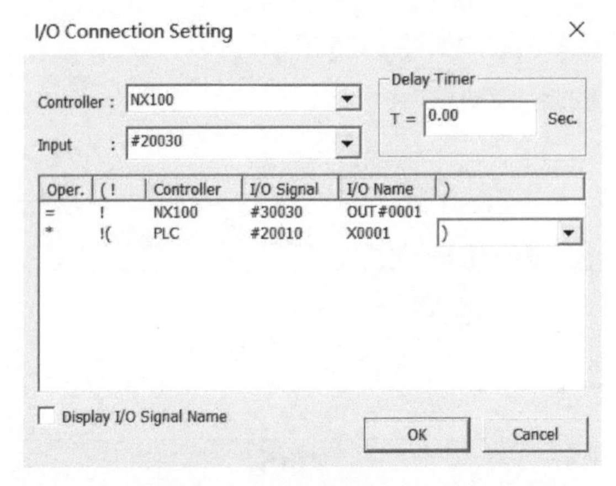

图 5-28

如果不需要多信号做并集，则可以直接加括号完成操作。

5.6 喷涂设置工具

喷涂设置工具中有两个功能，一个是传感器设置功能；另一个是喷涂喷头设置功能，如图 5-29 所示。

图 5-29

1）传感器设置功能。是焊接起始点检测设置，但是不支持 FS100 控制器使用。使用传感器设置功能需要在维护模式下打开此选项，同时关闭不考虑伺服滞后选项，具体使用步骤如下：

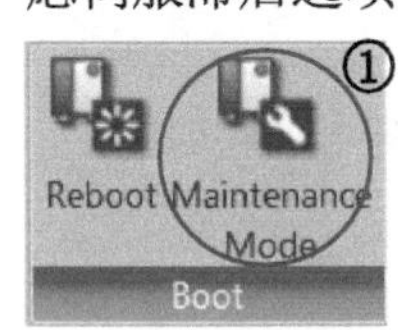

① 单击“Maintenance Mode”，进入维护模式。

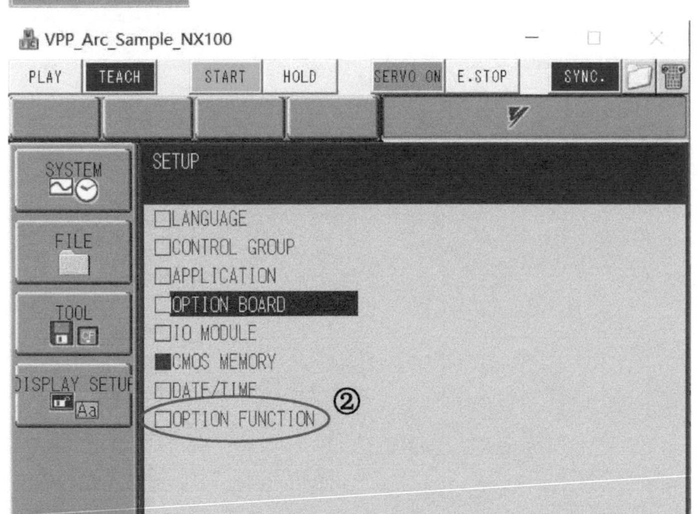

② 选择“OPTION FUNCTION”，进入选项功能。

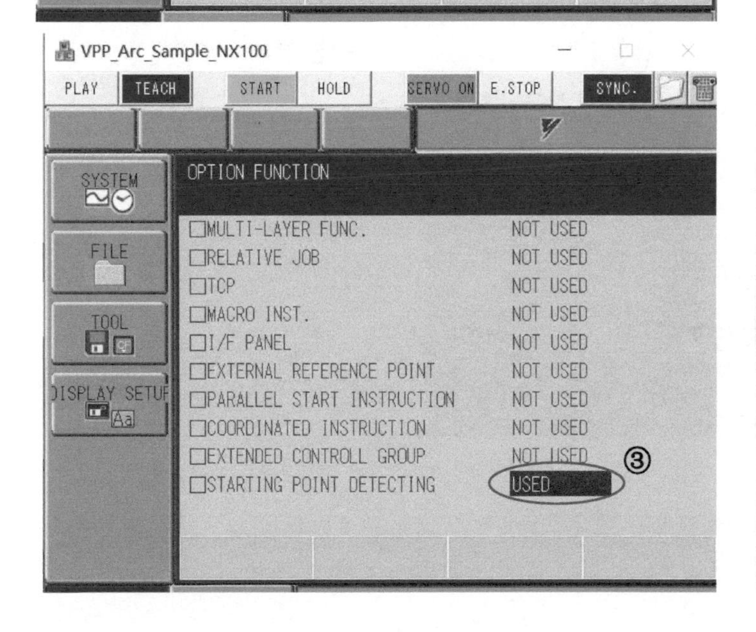

③将“STARTING POIN T DETECTING”改为“USED”。

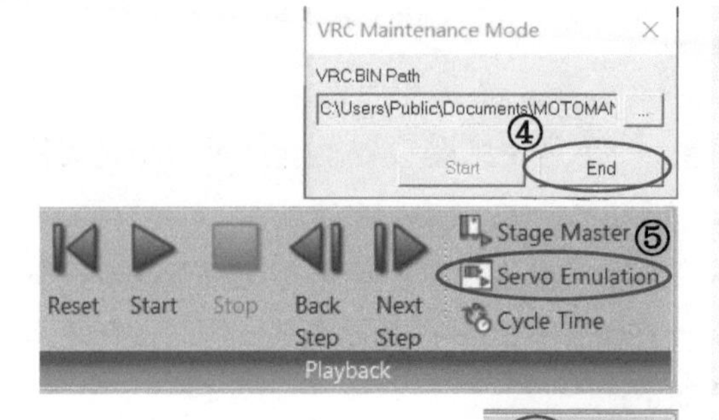

④单击“End”，退出维护模式。

⑤关闭“Servo Emulation”。

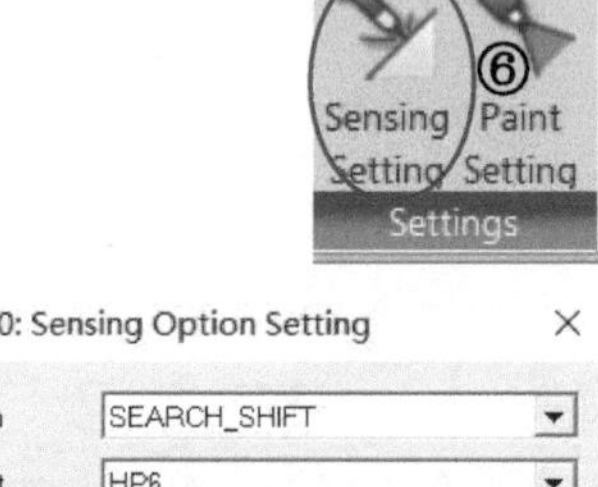

⑥单击“Sensing Setting”，弹出对话框。

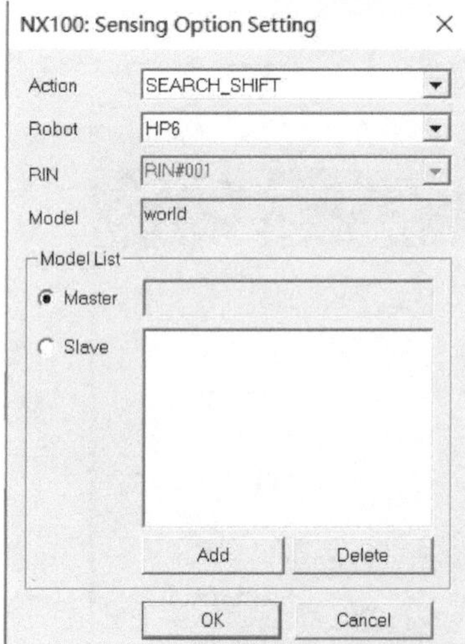

⑦单击“Select Model”，单击焊枪，在对话框中选择“Master”，单击“Add”；再单击工件，在对话框中选择“Slave”，单击“Add”完成设置。

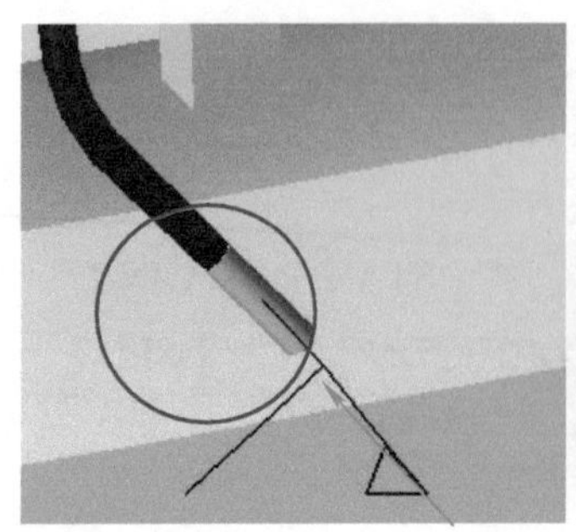

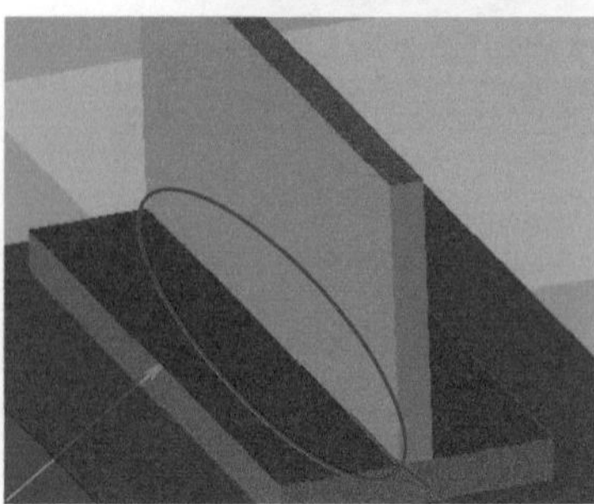

单击这里

完成设置后得到图 5-30 所示对话框，单击“OK”，就完成了以焊枪为主站、工件为从站的检测设置。

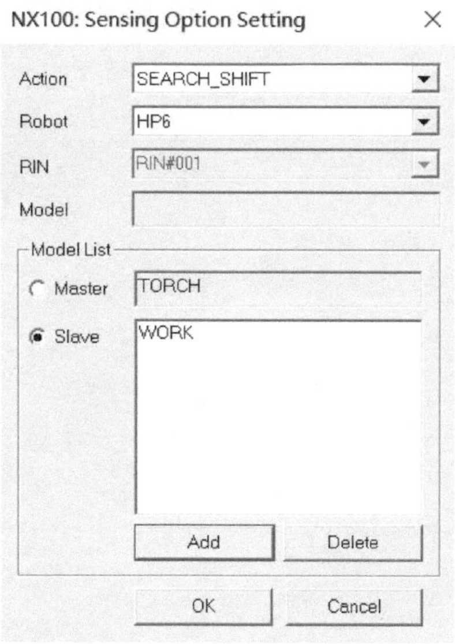

NX100: Sensing Option Setting
Action SEARCH_SHIFT
Robot HP6
RIN RIN#001
Model
Model List
Master TORCH
Slave WORK
Add Delete
OK Cancel

图 5-30

2）喷涂喷头设置功能。主要对喷枪进行设置，单击“Paint Setting”按钮，弹出“Paint Panel”对话框，按图 5-31 所示设置即可。

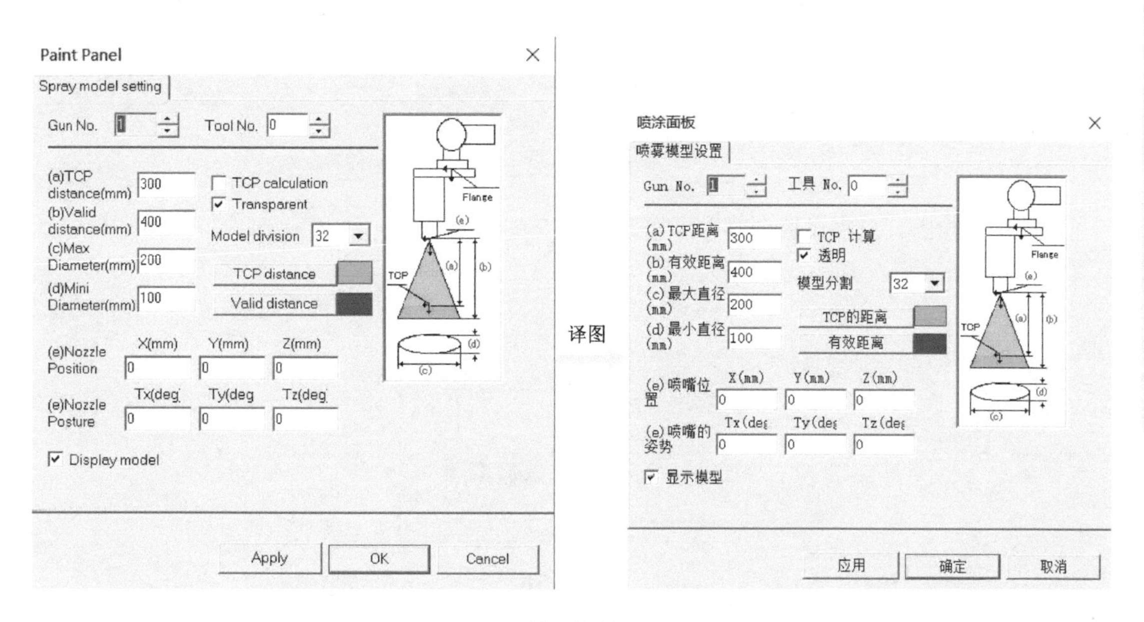

图 5-31

5.7 动画输出工具

动画输出工具有两个功能，一个是 3DPDF 格式输出；另一个是 AVI 视屏格式输出，如图 5-32 所示。

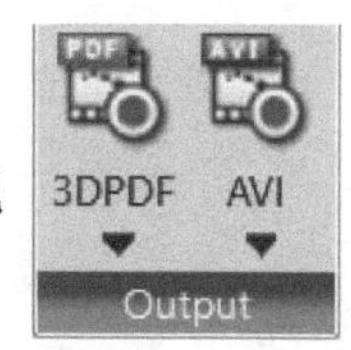

图 5-32

1）3DPDF 输出。设置如图 5-33 所示。

译图

图 5-33

2）AVI 输出。只需设置分辨率即可，如图 5-34 所示。

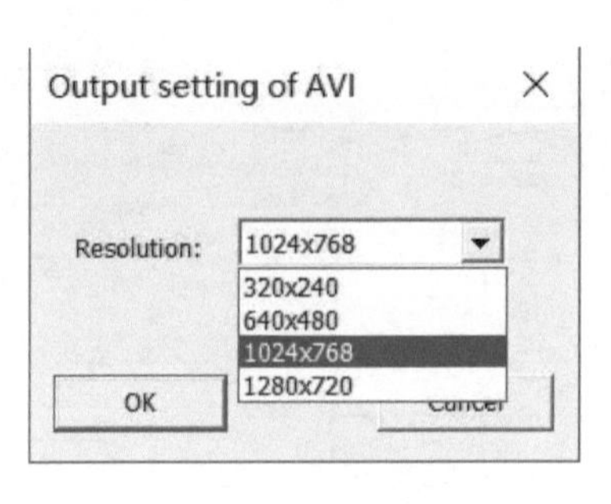

图 5-34

5.8 调试工具

调试工具中有 4 个功能用于程序调试，如图 5-35 所示。

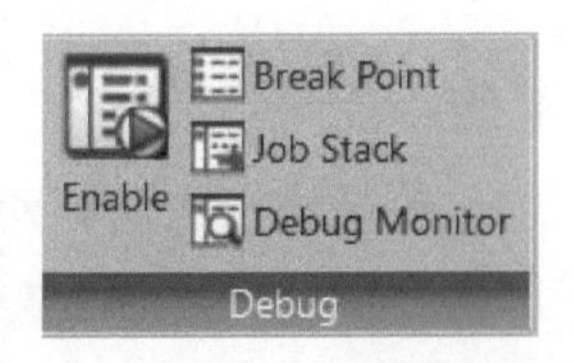

图 5-35

下面以一个程序为例来讲解这些功能。首先打开一个做好的程序，在程序第 5 行，右击选择“Setting BreakPoint”，设置第 5 行程序为断点，如图 5-36 所示。

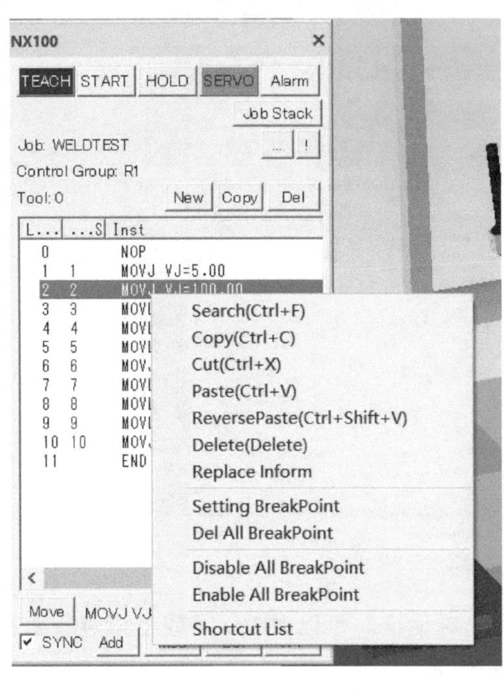

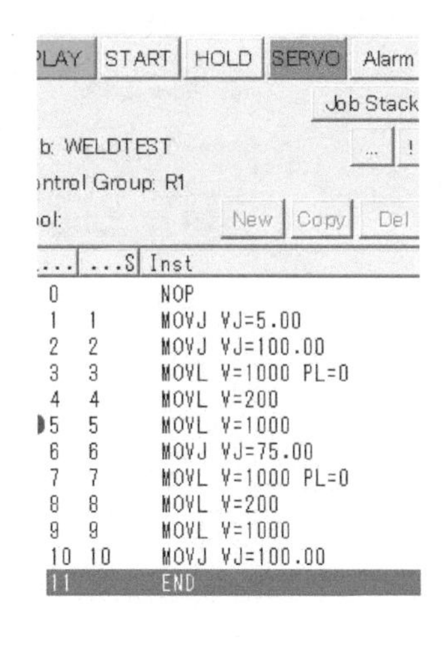

图 5-36

单击“Enable”按钮，状态改变，断点停止运行，工业机器人在自动运行的状态下第5行停止运行，如图5-37所示。

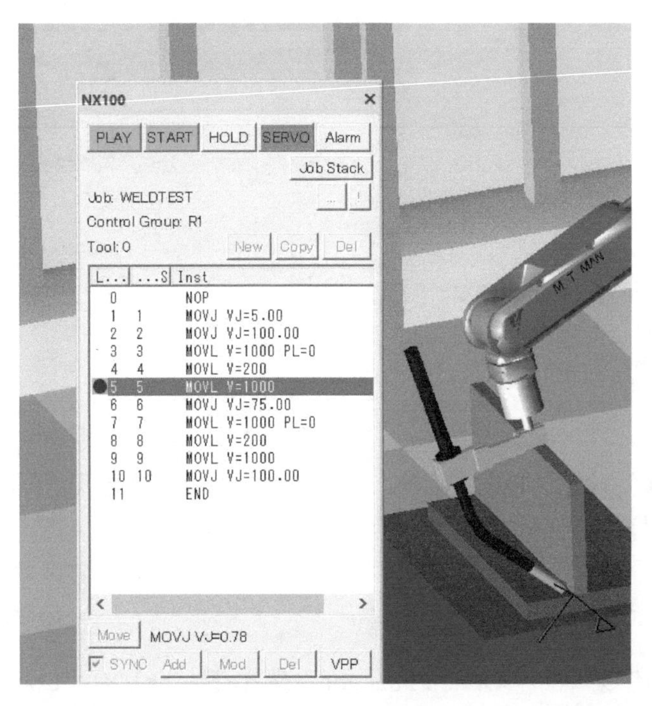

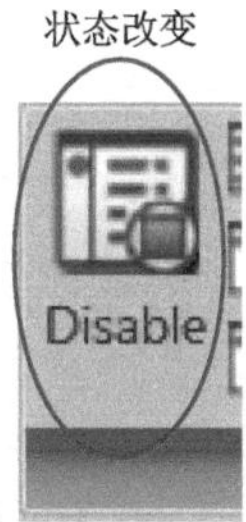

图 5-37

单击“Break Point”按钮，弹出对话框，可以对断点进行设置，如图 5-38 所示。

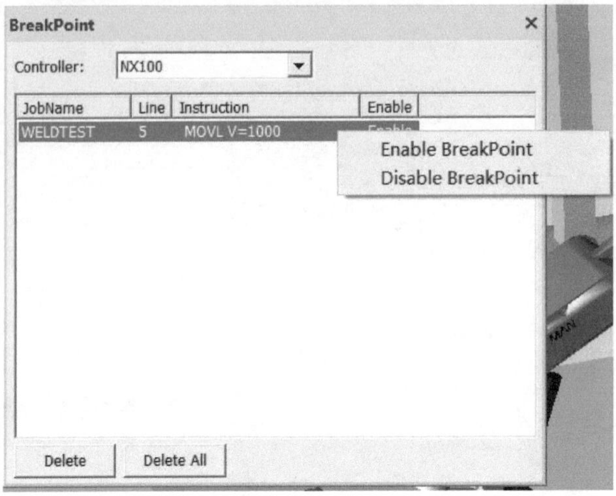

图 5-38

单击“Debug Monitor”按钮，弹出对话框，可以对 I/O 点或变量进行监控，监控一个添加一个，单击“Add”添加，如图 5-39 所示。

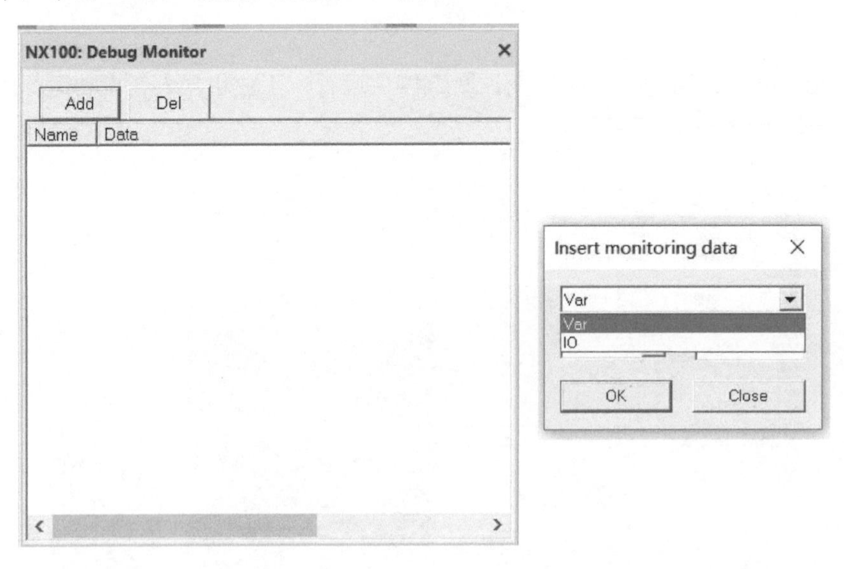

图 5-39

还有一个“Job Stack”功能，叫程序堆栈，作用是把从原程序跳进其他程序之前的数据保存在一个数据区，如果再次回到原程序中，数据区释放原程序的数据。

5.9 在线功能工具

在“Online Function”菜单和“Option Function”菜单下，分别有“Connect”工具和“Estimate”工具，每个工具下有两个功能，这里放在一起介绍，如图 5-40 所示。

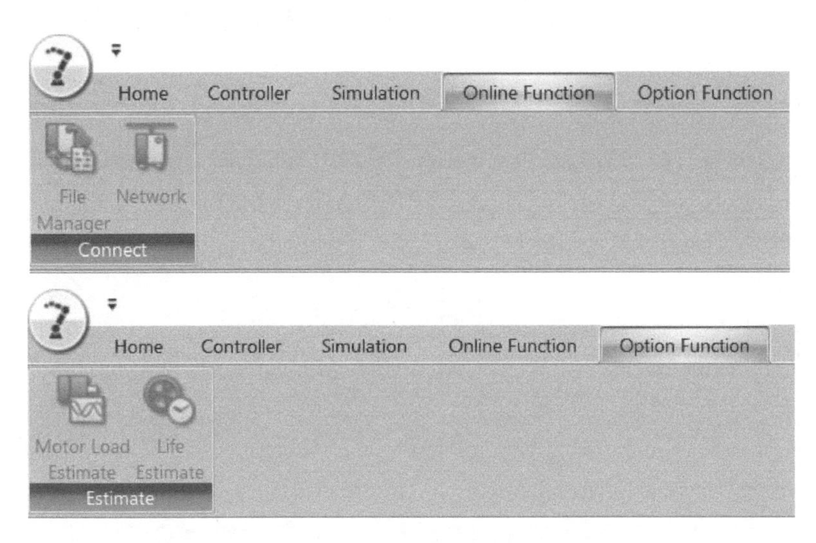

图 5-40

1）“Online Function”菜单。在以太网和软件连接的情况下，实现各个数据的互传等。

①“File Manager”功能。将有以太网功能的控制器与工业机器人相连接，进行程序、参数等互交，对话框如图 5-41 所示。

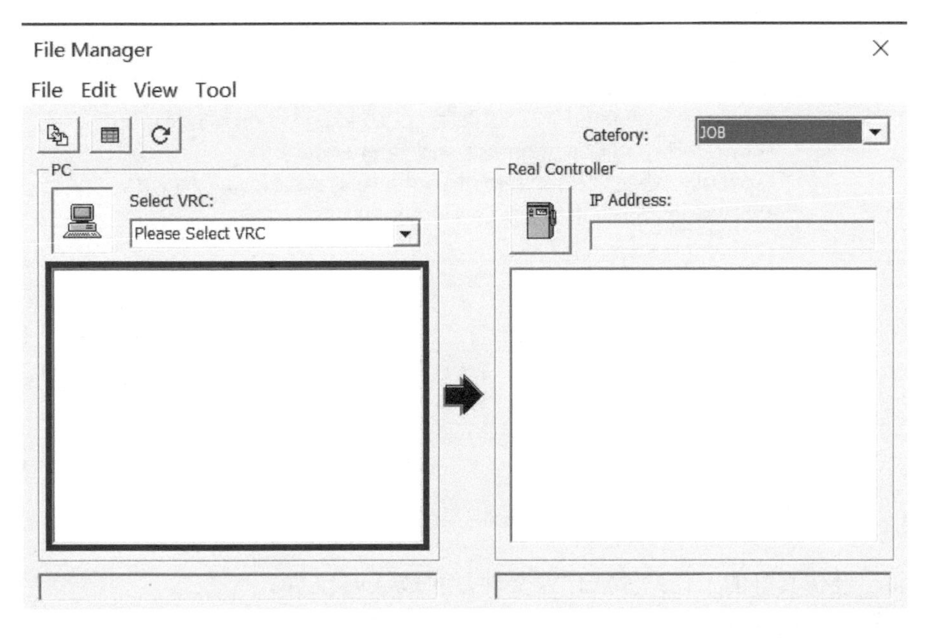

图 5-41

②“Network”功能。在软件与工业机器人网络连接的情况下，控制通断，对话框如图 5-42 所示。

2）“Option Function”菜单。对工业机器人减速机进行评估，与实际控制器中减速机评估功能一致。

单击“Motor Load Estimate”或“Life Estimate”，弹出提示框，如图 5-43 所示。

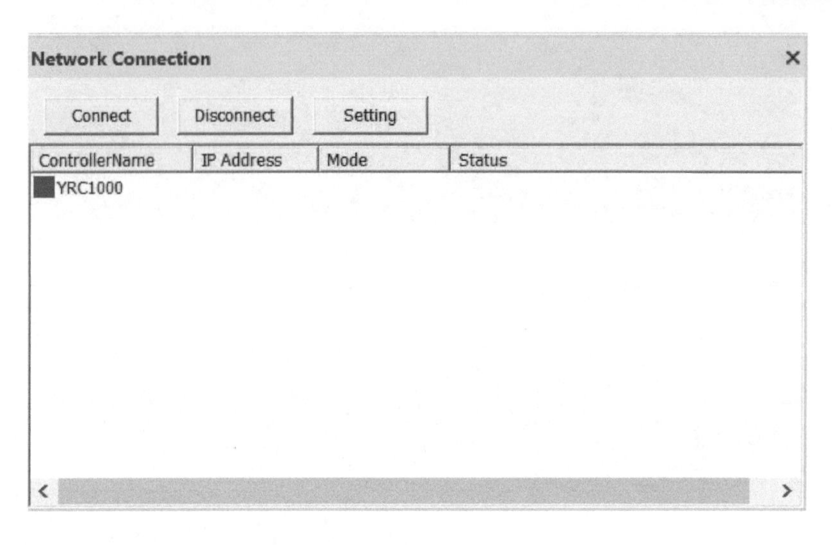

图 5-42

图 5-43

学习检测

1. 将已经仿真好的工作站添加作业文件，生成 AVI 文件。
2. 将程序导出软件。

学习检测参考答案

1. 第 4 章已经完成焊接路径规划，直接在起弧、熄弧位置添加作业指令，需要注意的是熄弧时需做停留，否则会有焊坑。与实际使用工业机器人现场调试一致，导出程序，可以用更短时间在现场完成调试，最后生成视频。

2. 与实际示教器一致，保存程序，按以下步骤操作。

首先在虚拟示教器中选择“FD/CF”，选择“SAVE”，如图 5-44 所示。

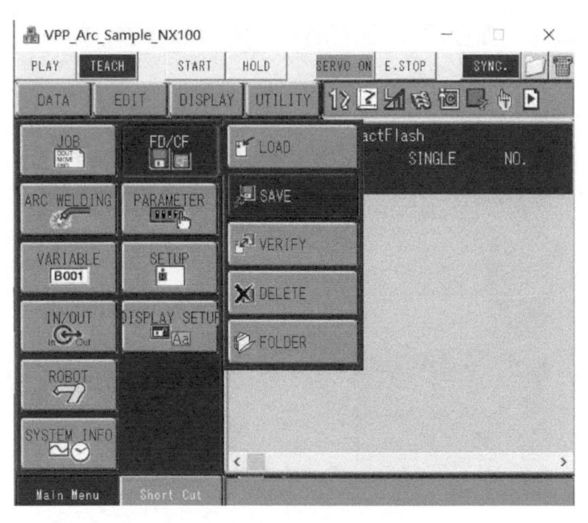

图 5-44

选择文件的保存类型，选择“JOB”，如图 5-45 所示。

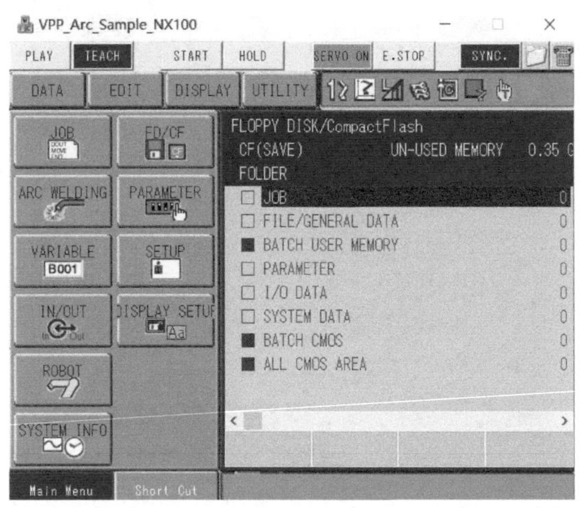

图 5-45

选择需要保存的程序，选择完成会有五角星，如图 5-46 所示。

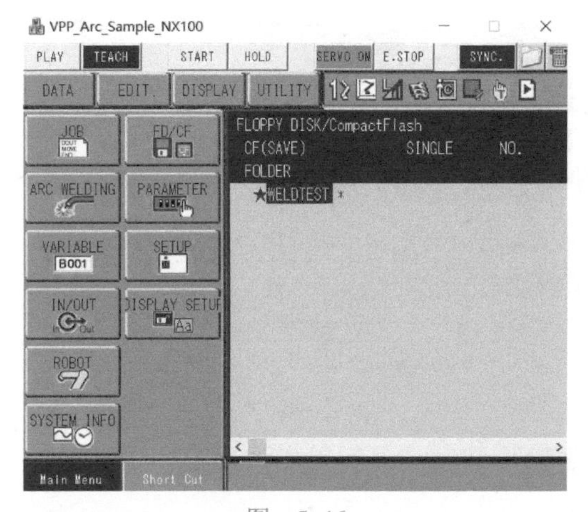

图 5-46

弹出确认对话框，单击“YES”，如图 5-47 所示。

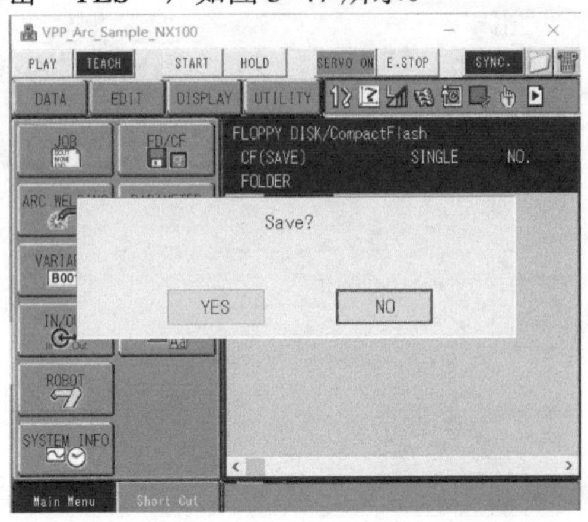

图 5-47

JOB 有数字 1 说明已经成功保存了一个程序，如图 5-48 所示。

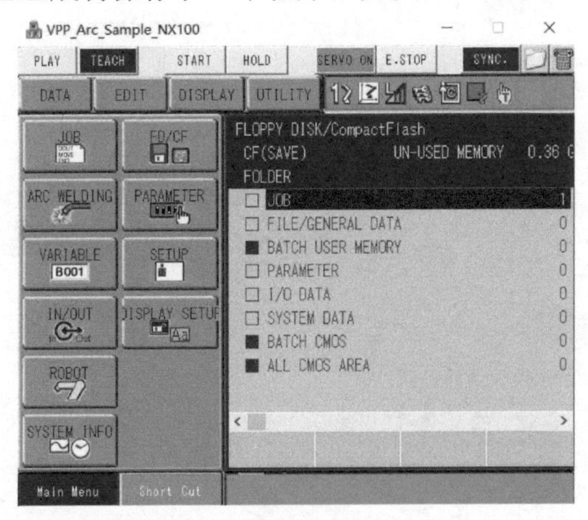

图 5-48

单击文件夹图标，保存的程序就在里面，可以复制进实际工业机器人，其他参数操作方式一样，如图 5-49 所示。

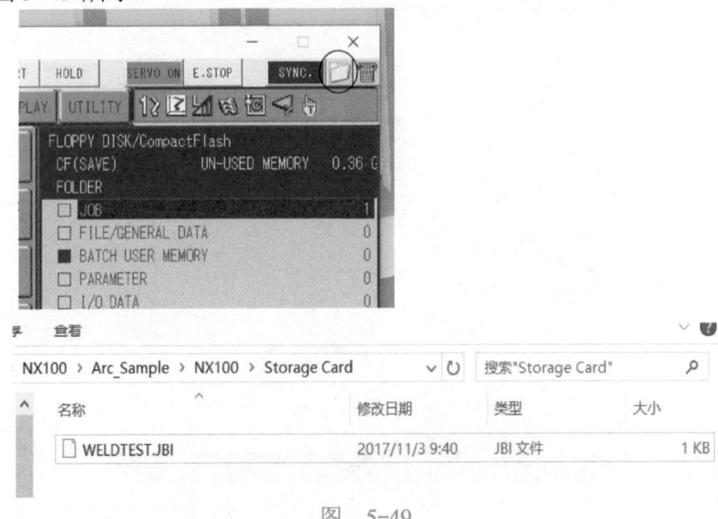

图 5-49

也可以在功能中选择 CF 工具，如图 5-50 所示。

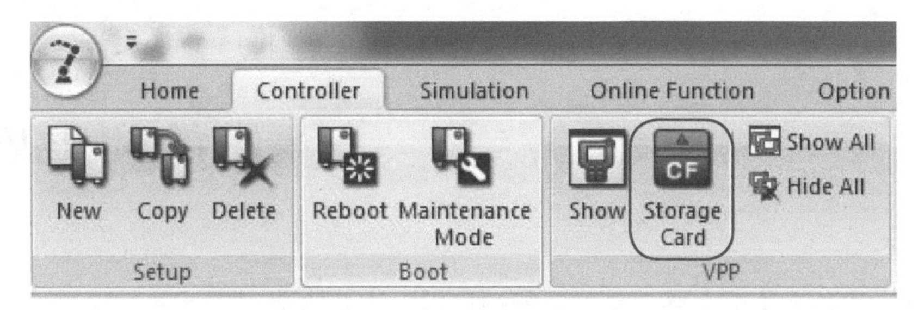

图 5-50

扫一扫看视频

第6章 系统的创建及应用

前面学习了各个菜单主要工具的功能和使用，本章将通过实际的仿真过程学习软件在各个应用中如何使用，完成一个完整的仿真。在各个应用中，我们不单单需要了解工业机器人，了解选项功能的应用，比如运用同步跟踪功能、添加外部轴等，如图6-1所示。

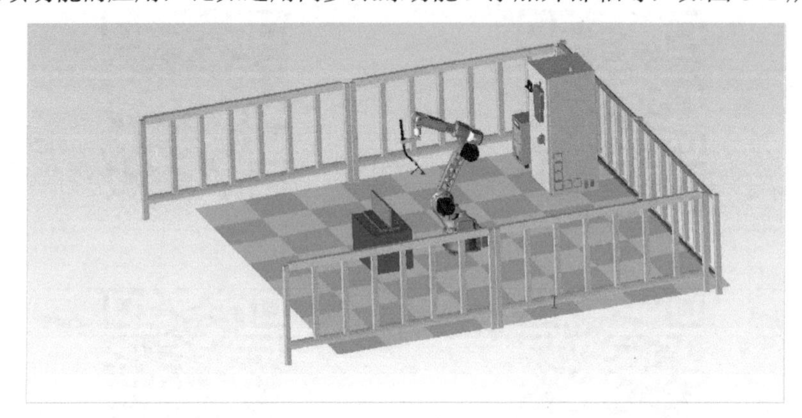

图 6-1

6.1 创建带导轨及外部轴的工业机器人系统

带导轨的工业机器人系统，顾名思义就是工业机器人增加了行走轴，使其移动，从而满足技术要求；外部轴指旋转轴，将工件旋转，协同或单独配合工业机器人进行工作，用来补充工业机器人作业范围不足的问题，如图6-2所示。

图 6-2

创建一个带地轨及变位机的工业机器人系统步骤如下：

1）创建一个工业机器人，如图 6-3 所示。

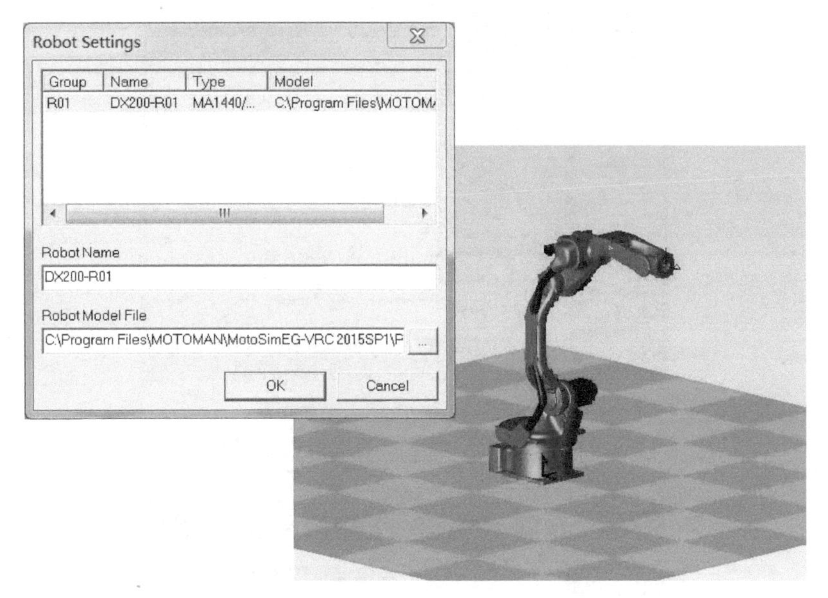

图 6-3

2）进入维护模式，如图 6-4 所示。

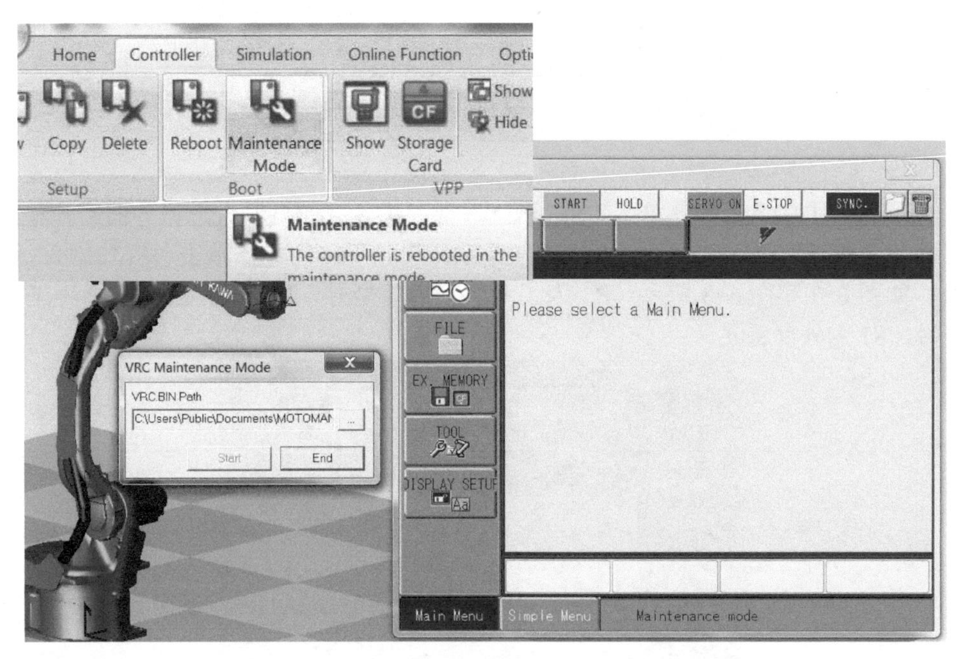

图 6-4

3）选择“SYSTEM”，再选择“INITIALIZE”，如图 6-5 所示。

4）单击“SELECT”键进入语言选项，然后单击键盘上的“→”键，选中“ENGLISH”，单击“SELECT”键，同理第二项改为 ENGLISH，单击“ENTER”键进入下一页，如图 6-6 所示。

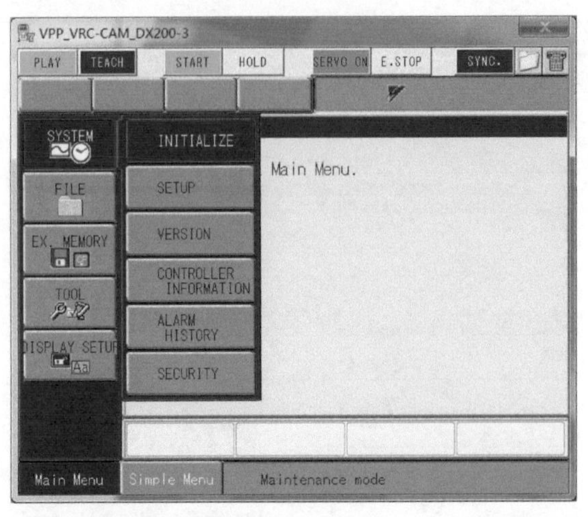

图 6-5

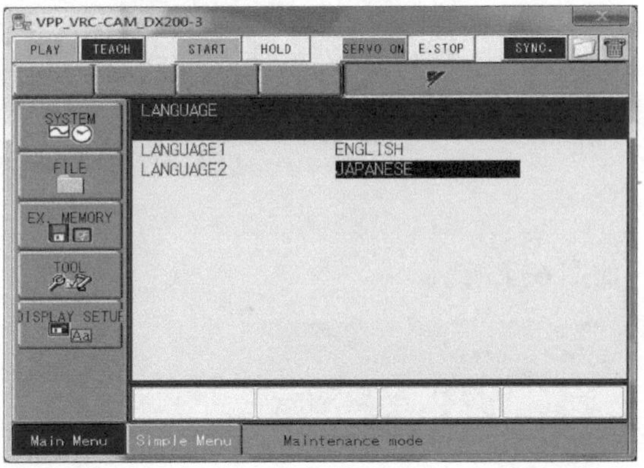

图 6-6

5）光标在“DETAIL”处单击“SELECT”键，进入工业机器人选型界面后，移动光标至所需的工业机器人类型，单击“SELECT”键，选取所需型号，单击“SELECT”键回到上一级，如图 6-7 和图 6-8 所示（R1 为工业机器人 1 型号，B1 为行走轴，R2 为工业机器人 2 型号，S1 为外部轴）。

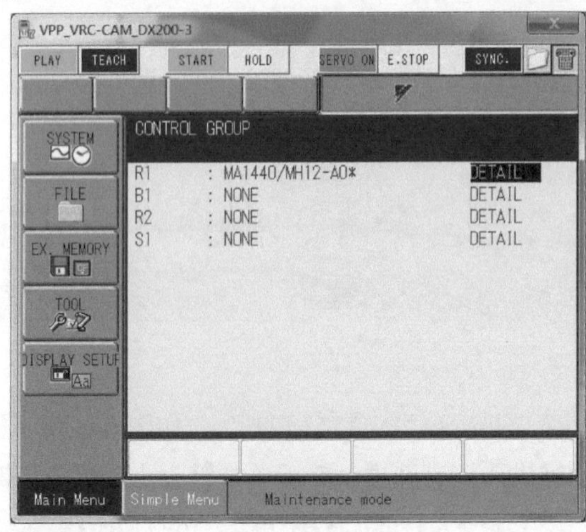

图 6-7

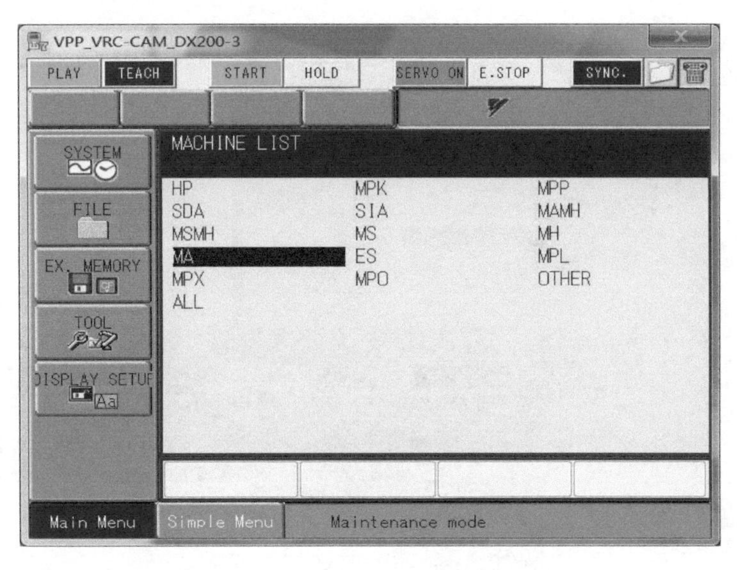

图 6-8

6）同理，添加 B1、R2、S1。如果是一个外部旋转轴 S1，一般都选“TURN-1”。S1 设好之后返回，会默认出现 S2，如果还需要一个外部旋转轴就再添加一个“TURN-1”。如果是 Motopos 类型的双机变位机，直接在 S1 里面选 D 系列的外部轴，如图 6-9 和图 6-10 所示。

7）选中“RECT-Y”，表示 Y 方向的行走。同理还有 RECT-X、RECT-Z 或者 2、3 个方向的行走等，单击“ENTER”键进入下一界面，该界面不用修改，直接单击“ENTER”键，进入下一界面，如图 6-11 所示。

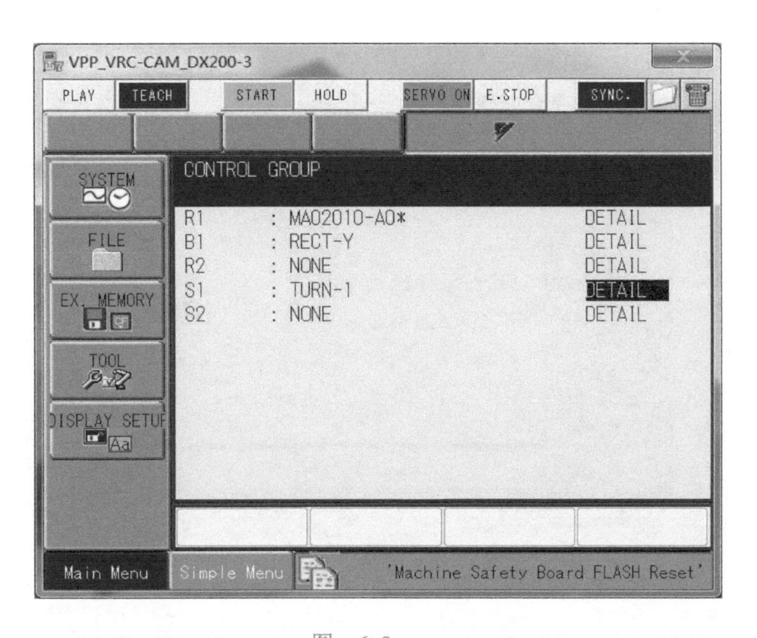

图 6-9

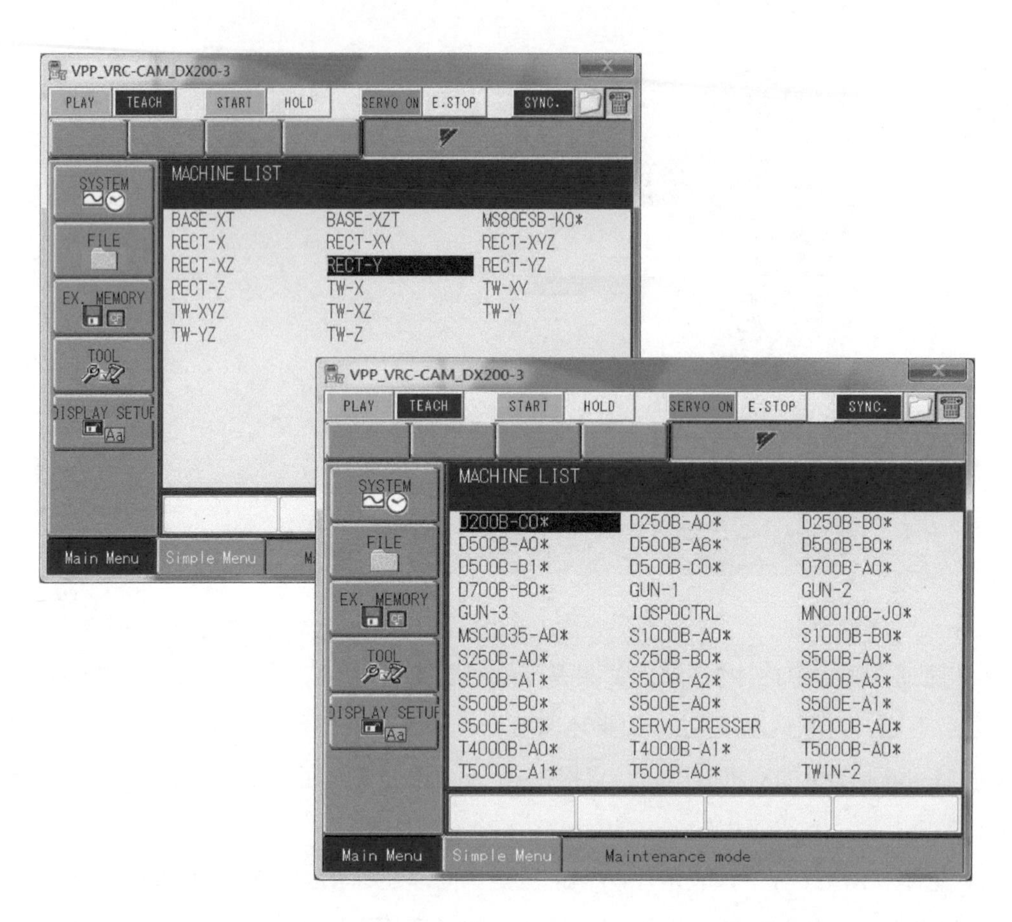

图 6-10

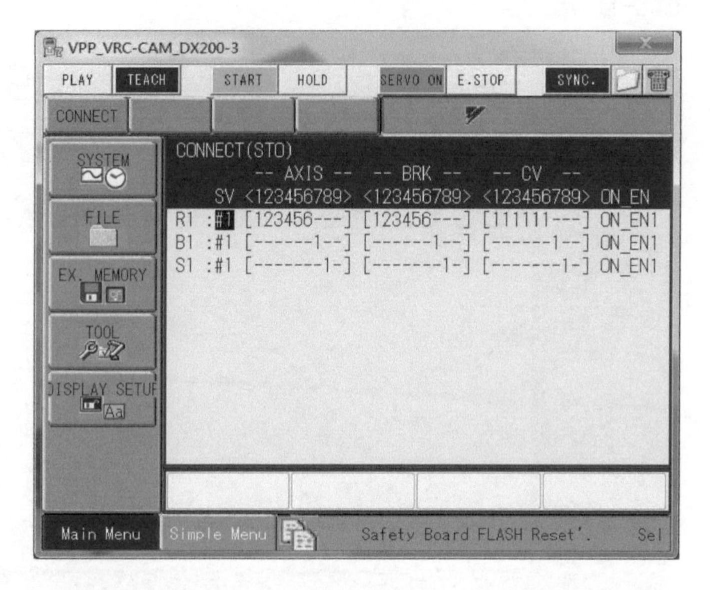

图 6-11

8）行走机构的驱动方式选为“RACK&PINION”齿轮齿条，如图 6-12 所示。

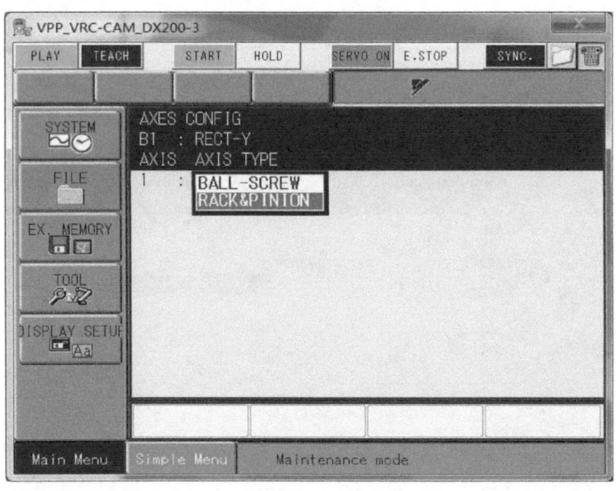

图 6-12

9）单击“ENTER”键进入下一界面，该界面不用改，直接单击“ENTER”键，如图 6-13 所示。

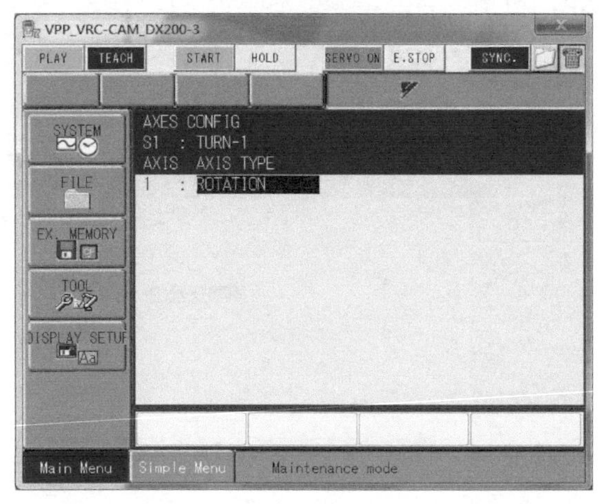

图 6-13

10）设置行走机构，设置完成单击“ENTER”键进入下一界面，如图 6-14 所示。

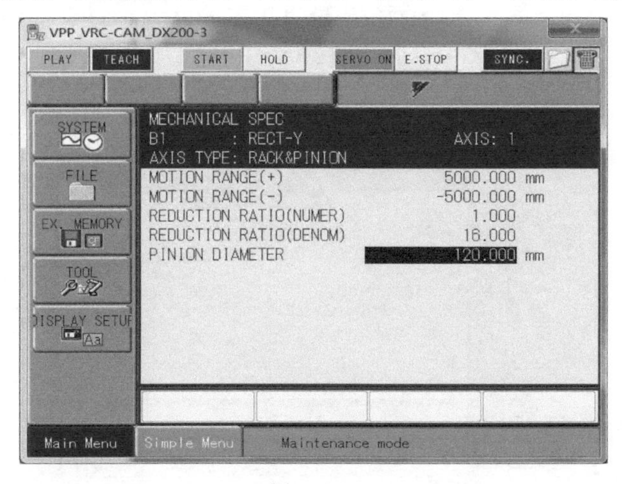

图 6-14

11）设置外部轴，设置完成后单击“ENTER”键进入下一界面，如图 6-15 所示。

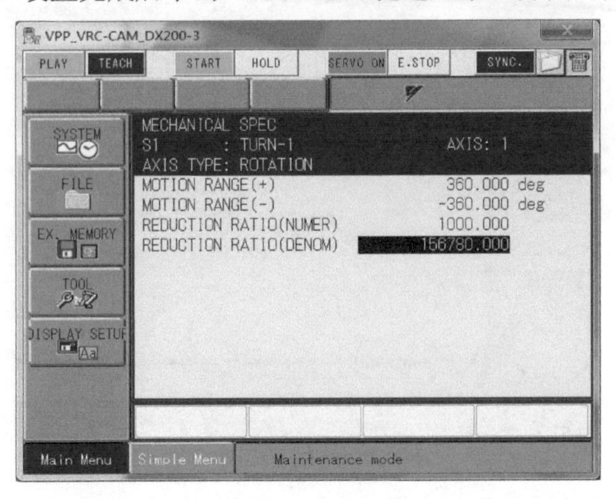

图 6-15

12）修改行走机构电动机最高转速，修改后单击“ENTER”键，如图 6-16 所示。

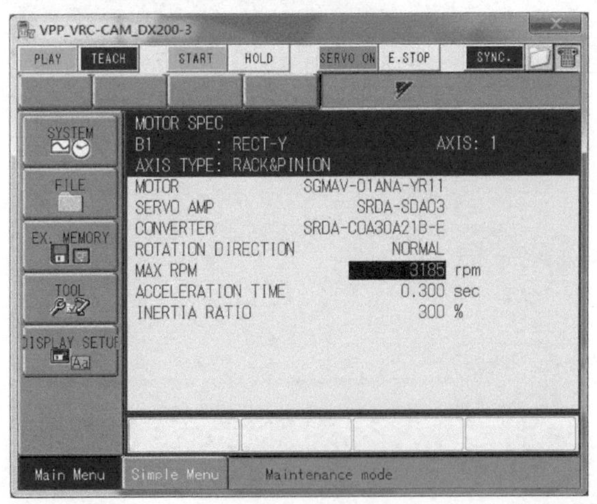

图 6-16

13）其他不需要修改，单击“ENTER”键进入下一界面，如图 6-17 所示。

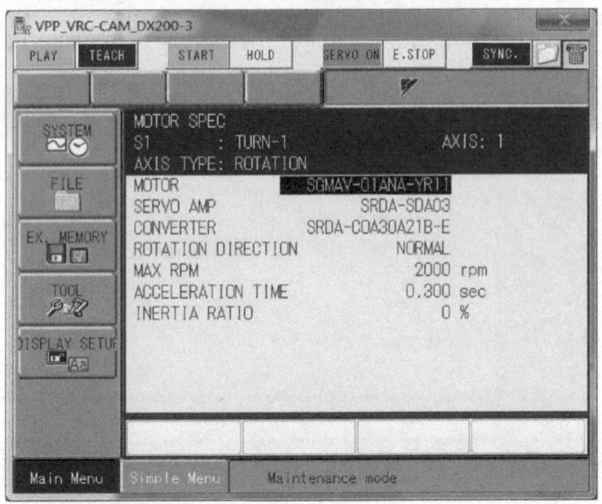

图 6-17

14）根据实际需要修改工业机器人用途，修改后单击“ENTER”键，如图 6-18 所示。

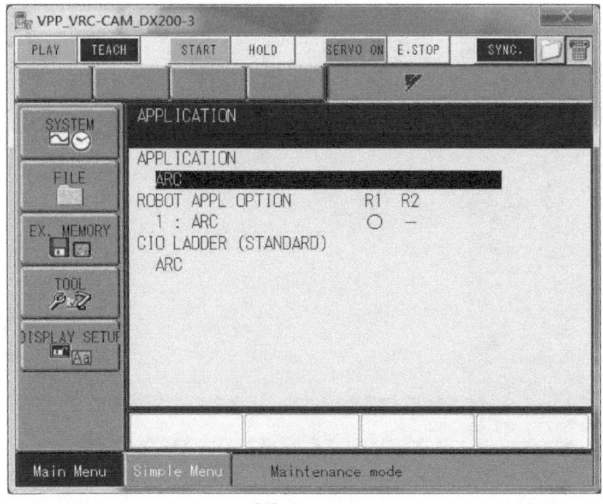

图 6-18

15）单击“ENTER”键进入下一界面，此界面不用改，如图 6-19 所示。

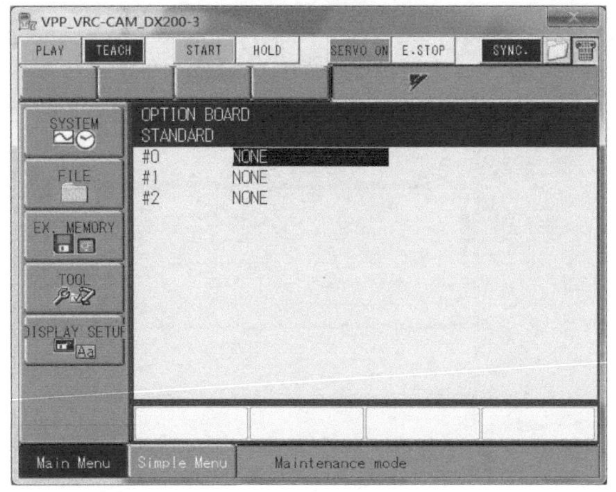

图 6-19

16）单击“ENTER”键 3 次进入下一界面，此界面不用改，如图 6-20 所示。

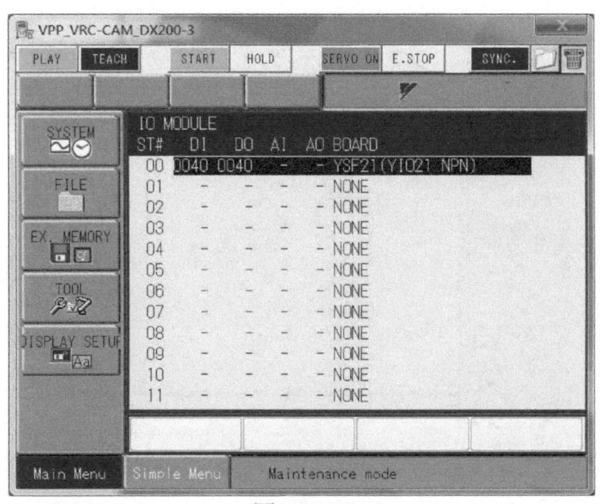

图 6-20

17）单击“ENTER”键进入下一界面，此界面不用改，如图 6-21 所示。

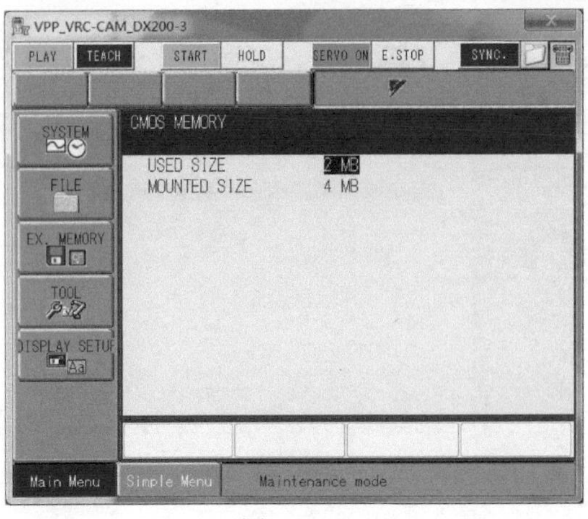

图 6-21

18）单击“ENTER”键进入下一界面，单击“YSE”如图 6-22 所示。

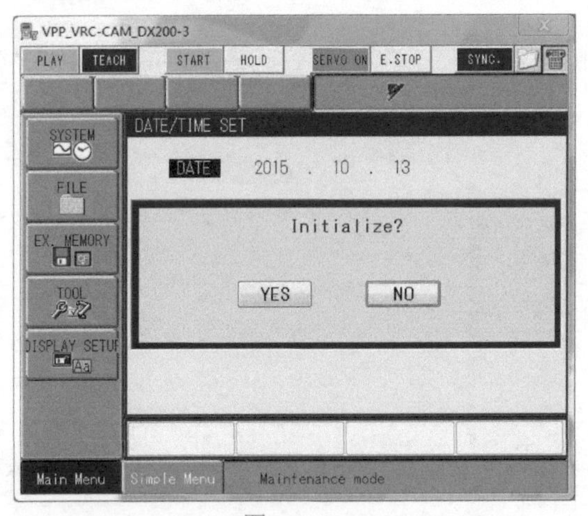

图 6-22

19）弹出如图 6-23 所示界面，初始化完成。

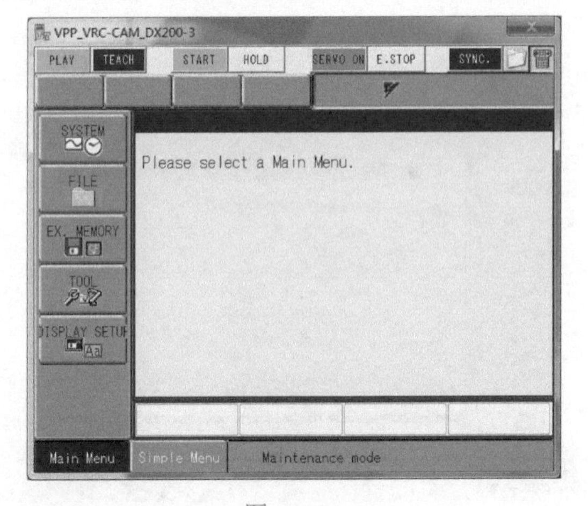

图 6-23

20）连续单击两次“Next”，如图 6-24 所示。

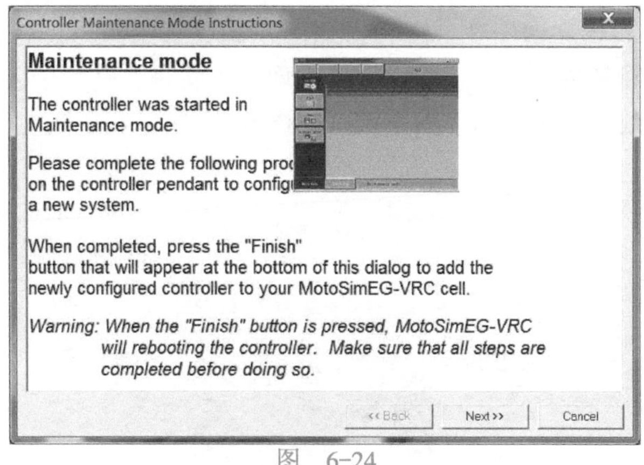

图 6-24

21）单击“Finish”，如图 6-25 所示。

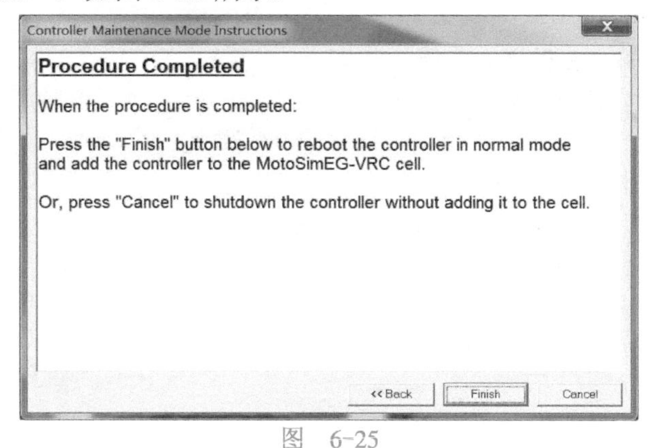

图 6-25

22）单击“OK”，完成创建带地轨及外部轴的工业机器人系统，如图 6-26 所示。

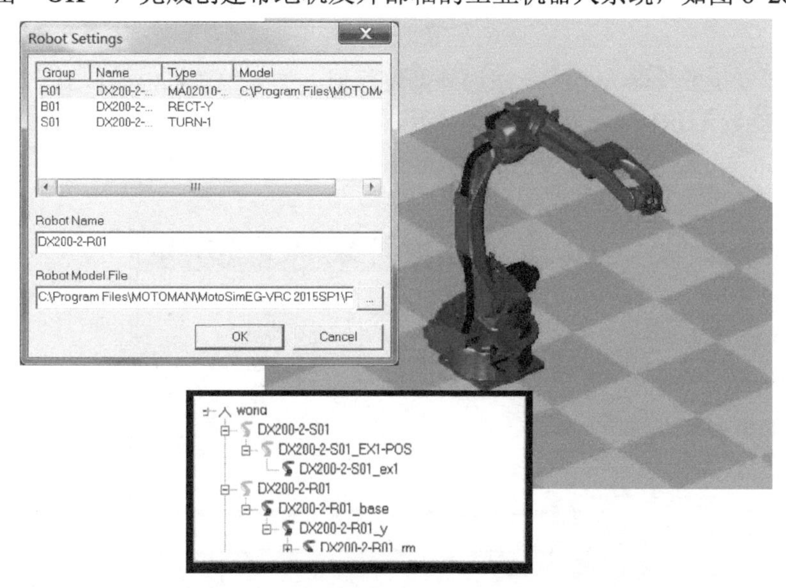

图 6-26

6.2 创建带协调的工业机器人系统

协调功能是什么？指和谐一致，配合得当，正确处理组织内外各种关系，为组织正常运转创造良好的条件和环境，促进组织目标的实现，也就是说是两个以上的个体才存在的关系，下面介绍怎么创建多工业机器人的系统，如图 6-27 所示。

图 6-27

创建一个带协调的工业机器人系统步骤如下：

1）新建工作站时，选择“Maintenance Mode Execute”，进入维护模式，如图 6-28 所示。

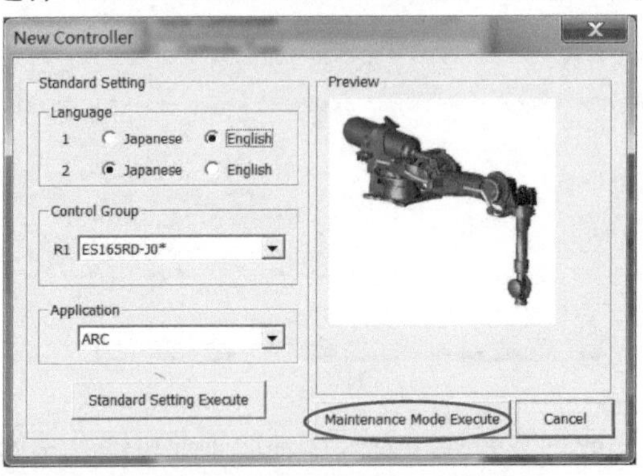

图 6-28

2）其他建立工业机器人方式与添加外部轴相似，如果做双机协调，S1 一定要选 S 开头的外部轴，不能选 TURN-1，如图 6-29 所示。

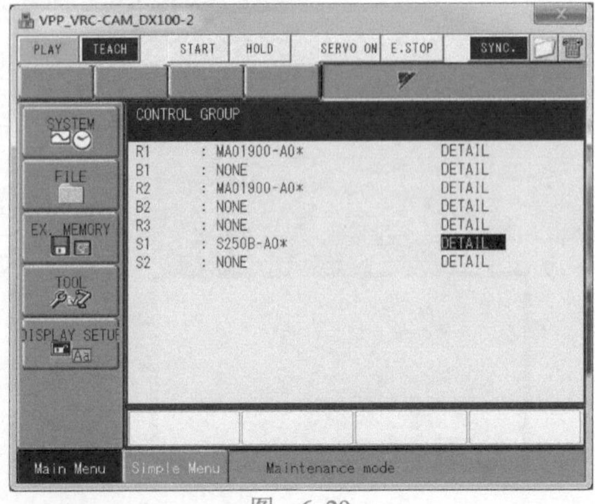

图 6-29

3）进入“OPTION FUNCTION”，如图 6-30 所示。

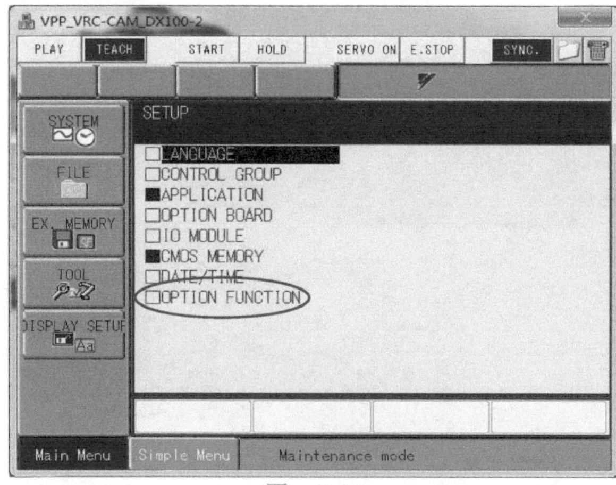

图 6-30

4）修改图 6-31 中的三项。

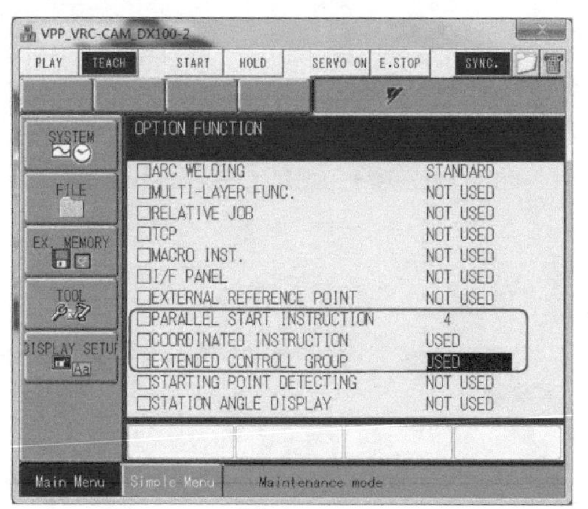

图 6-31

5）单击“End”，退出维护模式。在管理模式下，依次单击“SETUP”→“GRP COMBINATION”，如图 6-32 所示。

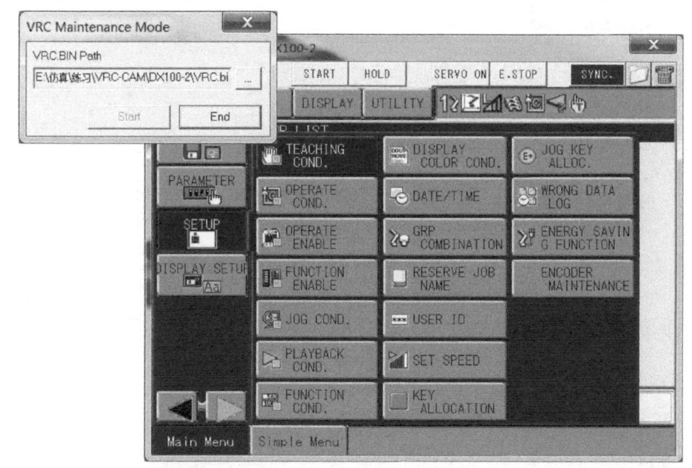

图 6-32

6）选择“R1”，单击“SELECT”键，选择“ADD GROUP”，单击“SELECT”键，如图 6-33 所示。

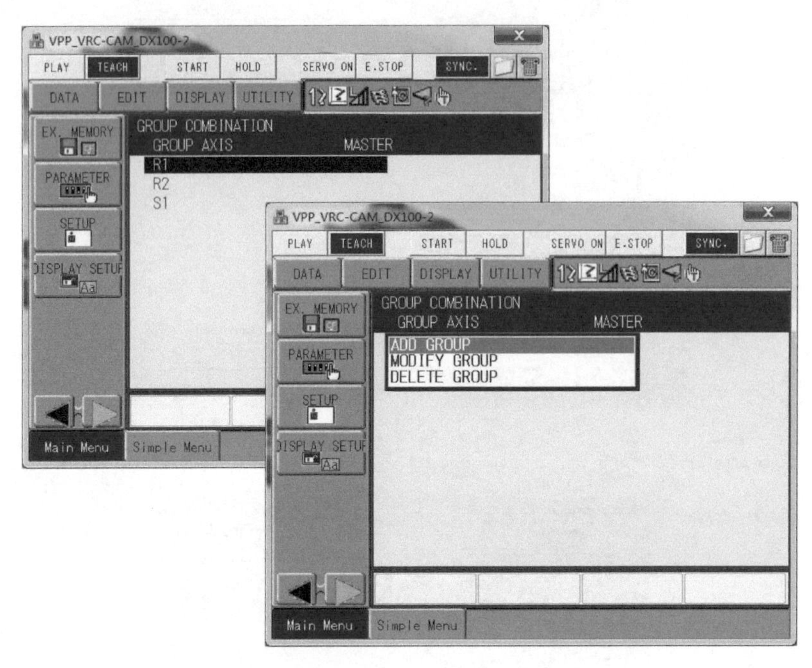

图 6-33

7）按图 6-34 所示修改，单击“EXECUTE”。

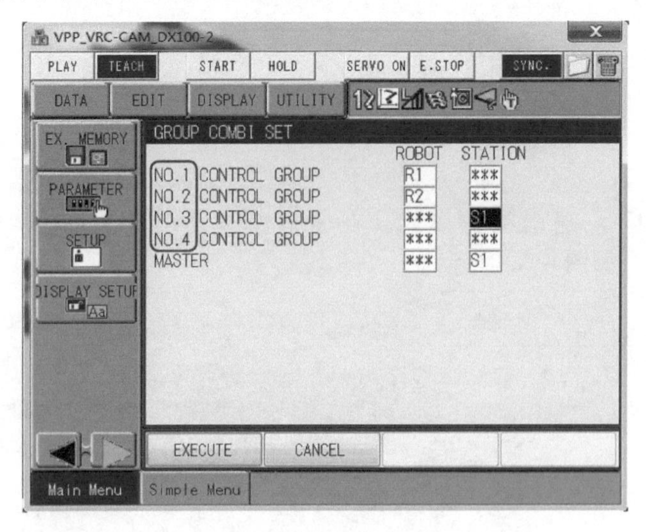

图 6-34

8）新的轴组建立完成，协调两个工业机器人和一个外部轴的工作，以外部轴为主，如图 6-35 所示。

9）新建 JOB 时要选择新建的轴组，如图 6-36 所示。

10）编程请参照实际工业机器人协调与独立的编程方式进行编程，如图 6-37 所示。

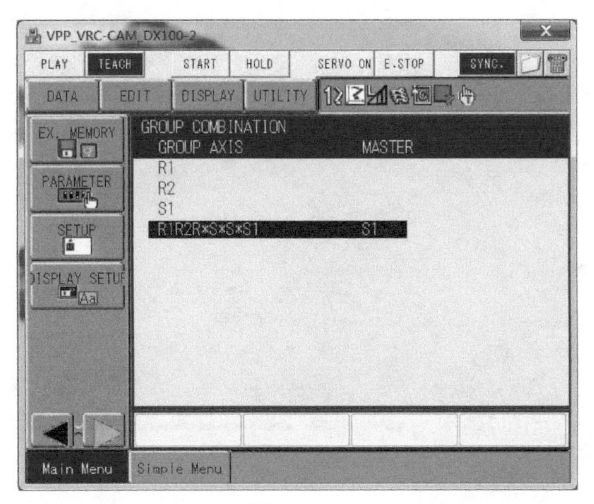

图 6-35

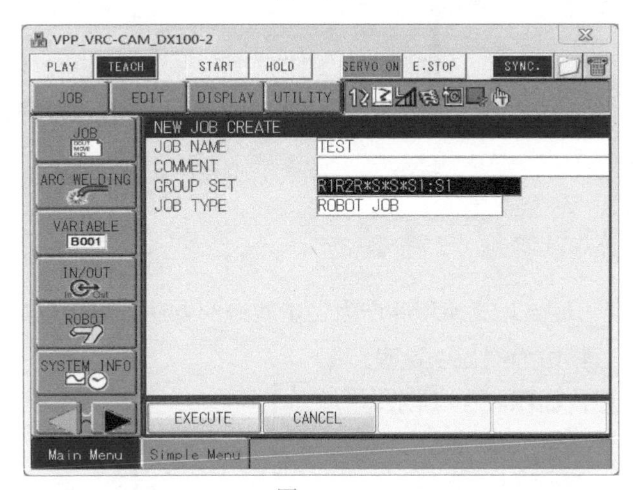

图 6-36

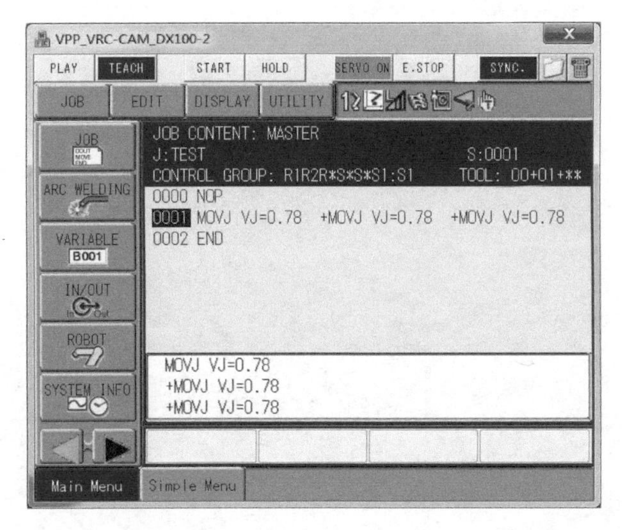

图 6-37

这样就完成了创建，如图 6-38 所示。

图 6-38

6.3 创建带CAM功能的焊接机器人系统

CAM功能是提供一种交互式编程并产生加工轨迹的方法，焊接也是一种焊接加工轨迹，下面以重新建立一个工作站为例加以说明。

打开一个空白界面，如图6-39所示。

图 6-39

创建一个带 CAM 功能的焊接机器人系统步骤如下：

1）按图 6-40 所示步骤操作，打开一个模板。

New
New
Open
Template
Template
Create the new cell from template
Save
Save As
Help
CAM Help
Options
Exit

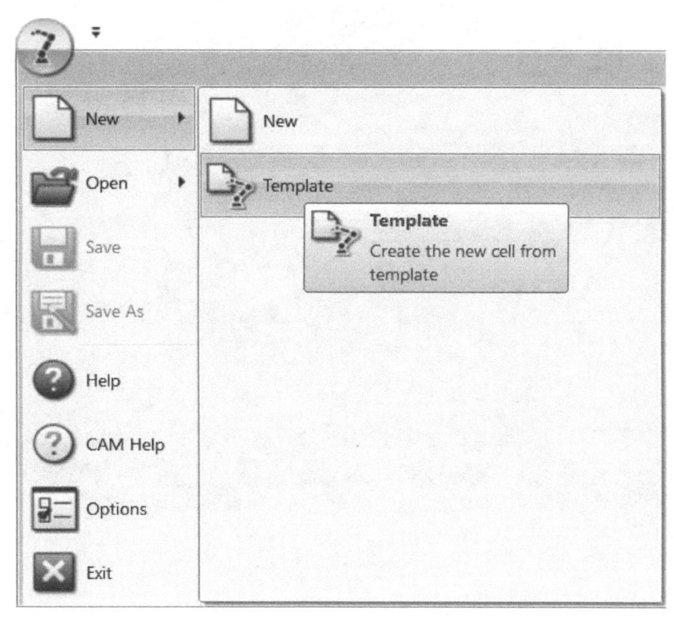

图 6-40

2）选择“Arc_R1”，输入一个工程名，单击“Create Cell”，如图 6-41 所示。

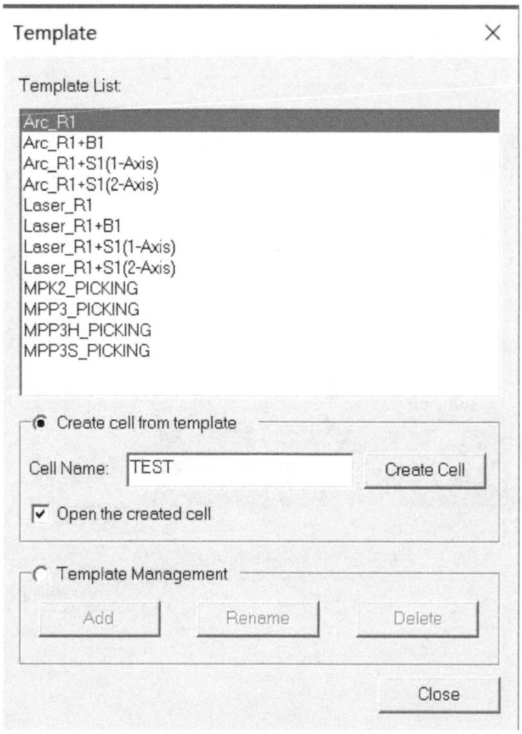

Template
Template List:
Arc_R1
Arc_R1+B1
Arc_R1+S1(1-Axis)
Arc_R1+S1(2-Axis)
Laser_R1
Laser_R1+B1
Laser_R1+S1(1-Axis)
Laser_R1+S1(2-Axis)
MPK2_PICKING
MPP3_PICKING
MPP3H_PICKING
MPP3S_PICKING
Create cell from template
Cell Name:
TEST
Create Cell
Open the created cell
Template Management
Add
Rename
Delete
Close

图 6-41

3）弹出已经打开的界面，就以这个案例来介绍这个功能，如图 6-42 所示。

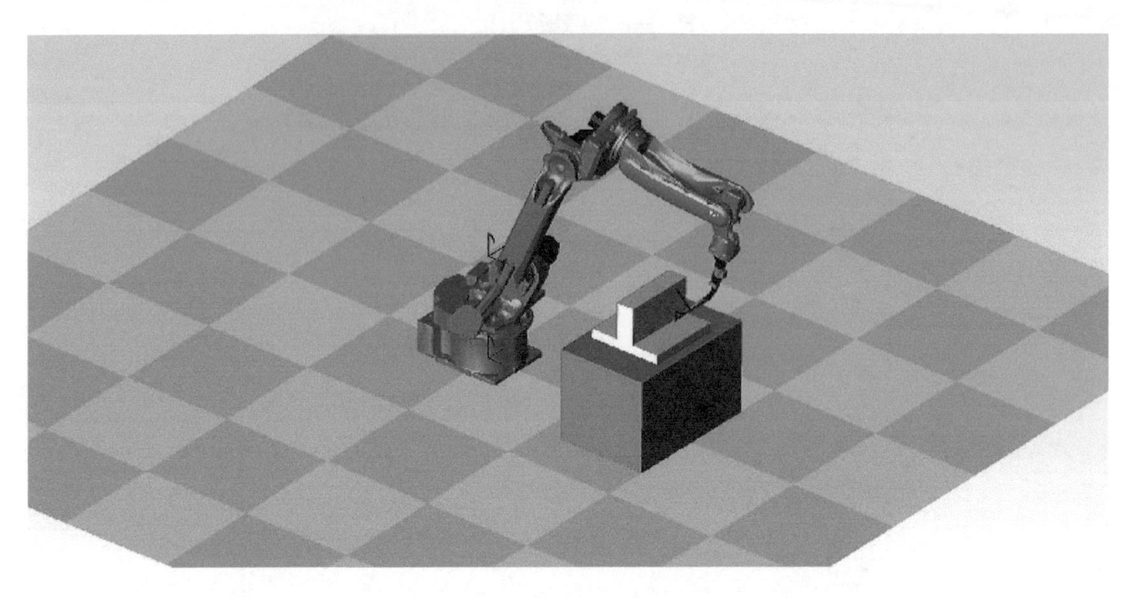

图 6-42

4）单击 CAM 功能，弹出对话框，将新建程序的名称和注释填为“TEST”（这个是自己定义的），如图 6-43 所示。

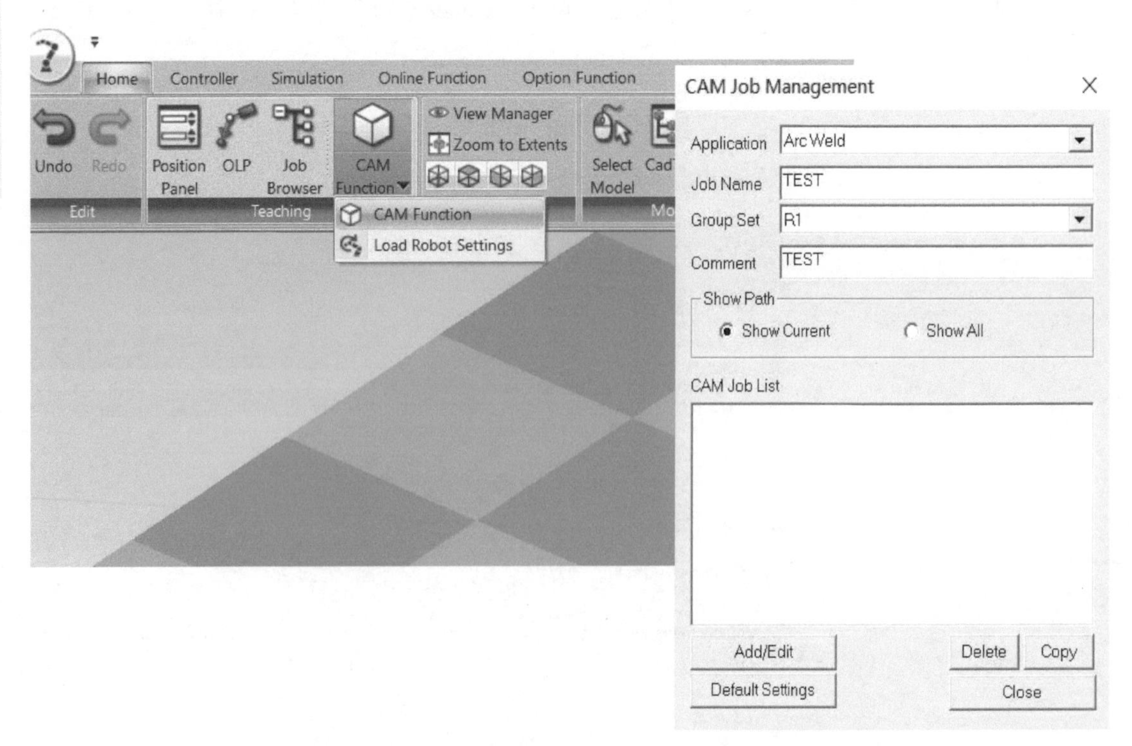

图 6-43

5）单击“Default Settings”，弹出设置对话框，根据实际情况填写，如图 6-44 所示。

CAM Default Settings
Weaving/Sensing
Weld Environment
Special
External Axis
Environment
Teaching
Approach / Retract
Torch Position
Start / End Conditions
Start Point
Motion Type
MOVL
Speed
2400.00
cm/min
PL
CONT
Offset
0.0
mm
End Point
PL
CONT
Offset
0.0
mm
Reverse Path Direction
Intermediate Point(s)
Generation Mode
Automatic (See "Special" tab)
Manual
Motion Type
MOVL
Step Pitch
0.1
mm
Number of Steps
5
Speed
600.00
cm/min
PL
CONT
End Point
Start Point
Intermediate Point(s)
<<Prev.Page
>>Next Page
Apply same settings to all following pages
OK
Cancel

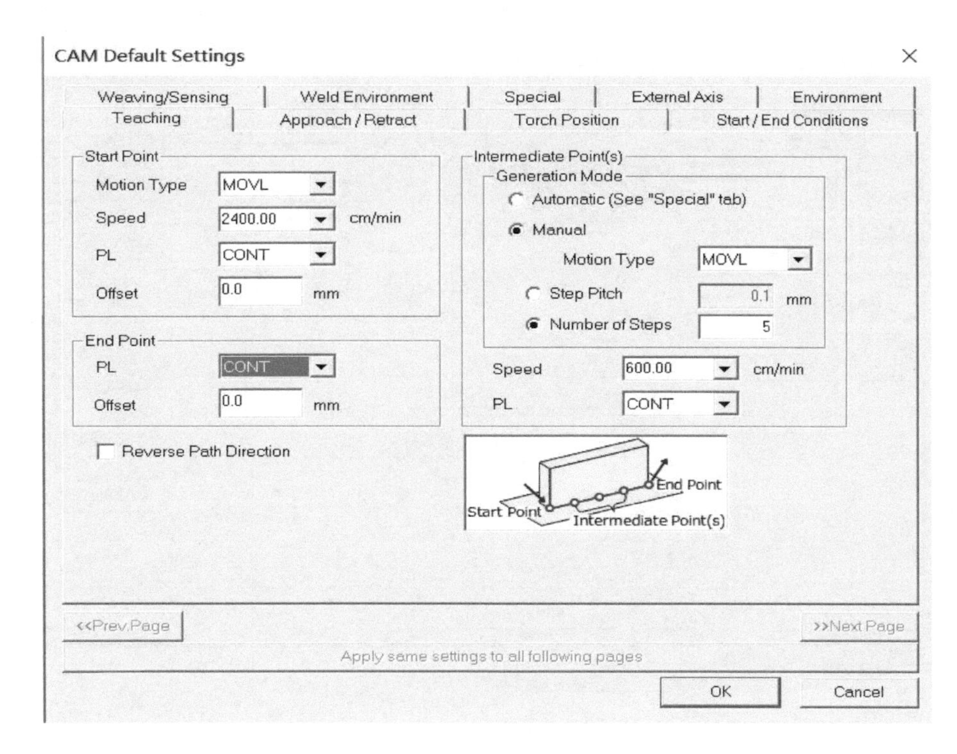

图 6-44

6）焊接角度设置 45°，单击“OK”，如图 6-45 所示。

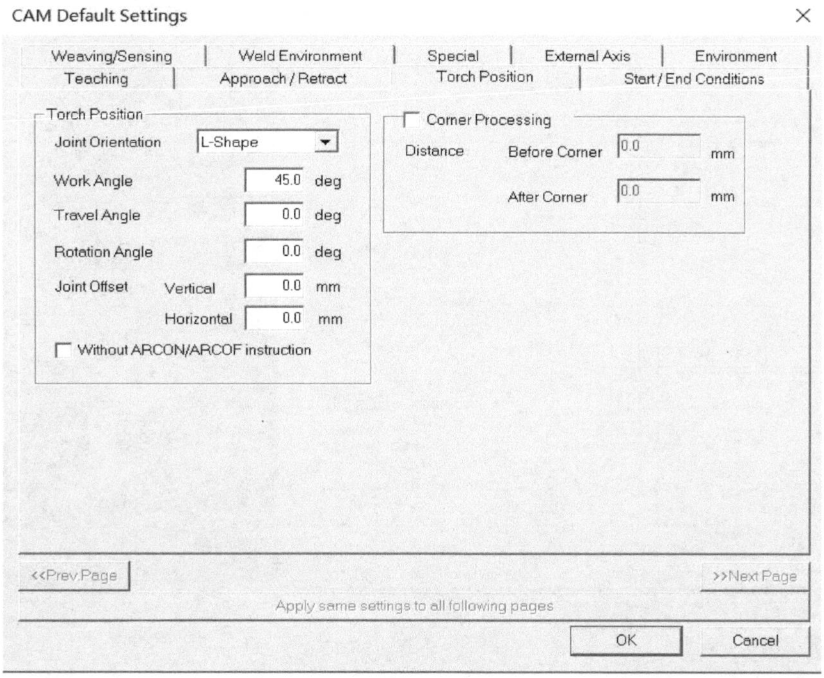

CAM Default Settings
Weaving/Sensing
Weld Environment
Special
External Axis
Environment
Teaching
Approach / Retract
Torch Position
Start / End Conditions
Torch Position
Joint Orientation
L-Shape
Work Angle
45.0
deg
Travel Angle
0.0
deg
Rotation Angle
0.0
deg
Joint Offset
Vertical
0.0
mm
Horizontal
0.0
mm
Without ARCON/ARCOF instruction
Corner Processing
Distance
Before Corner
0.0
mm
After Corner
0.0
mm
<<Prev.Page
>>Next Page
Apply same settings to all following pages
OK
Cancel

图 6-45

7）单击“Add/Edit”，弹出对话框，如图 6-46 所示。

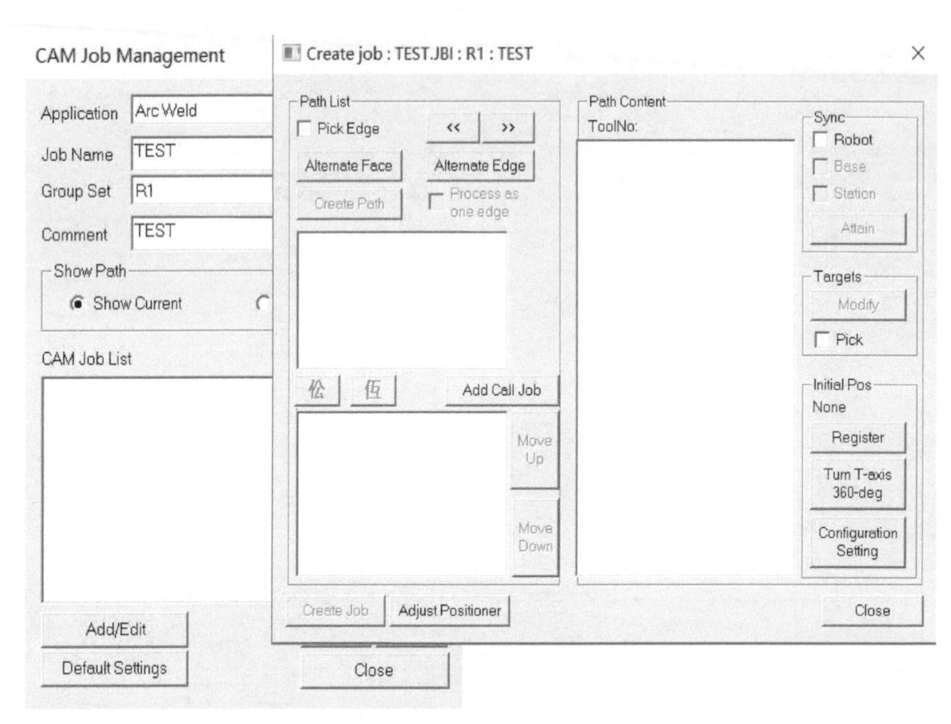

图 6-46

8）勾选“Pick Edge”，选择焊接的位置，如图 6-47 所示。

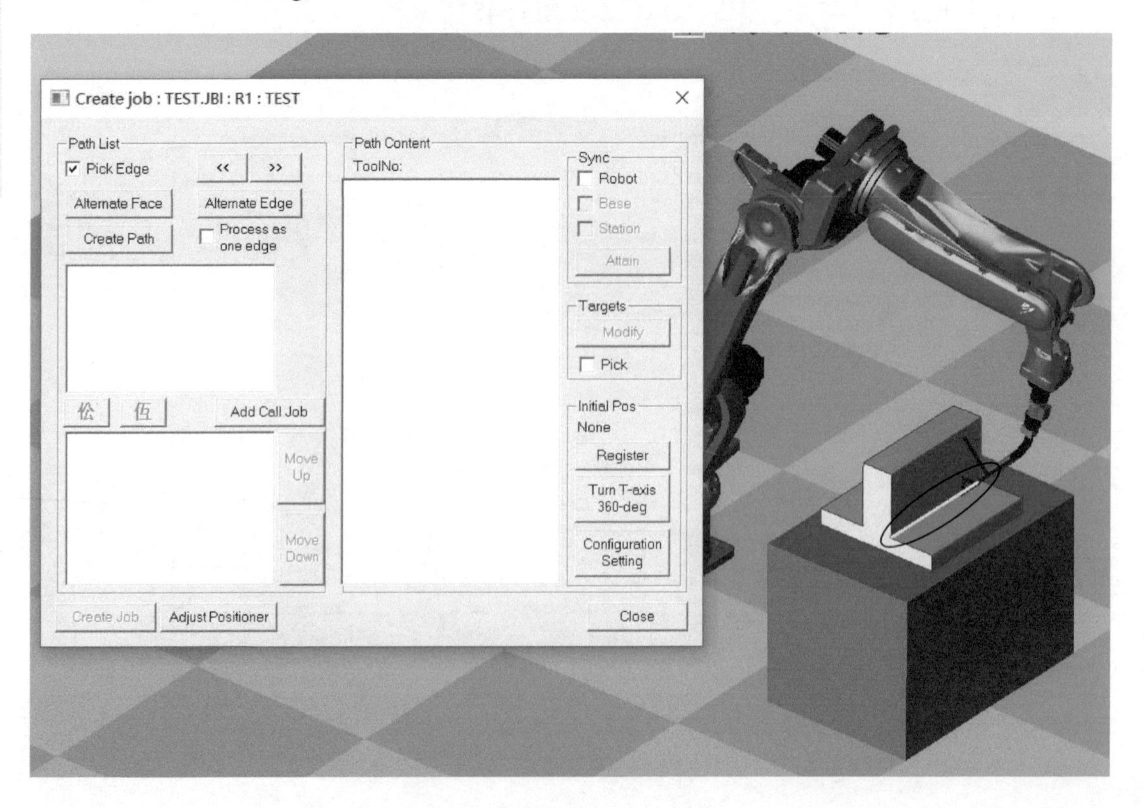

图 6-47

9）单击“Create Path”，勾选“Robot”，再单击“Attain”，最后单击“Register”，如图6-48所示。

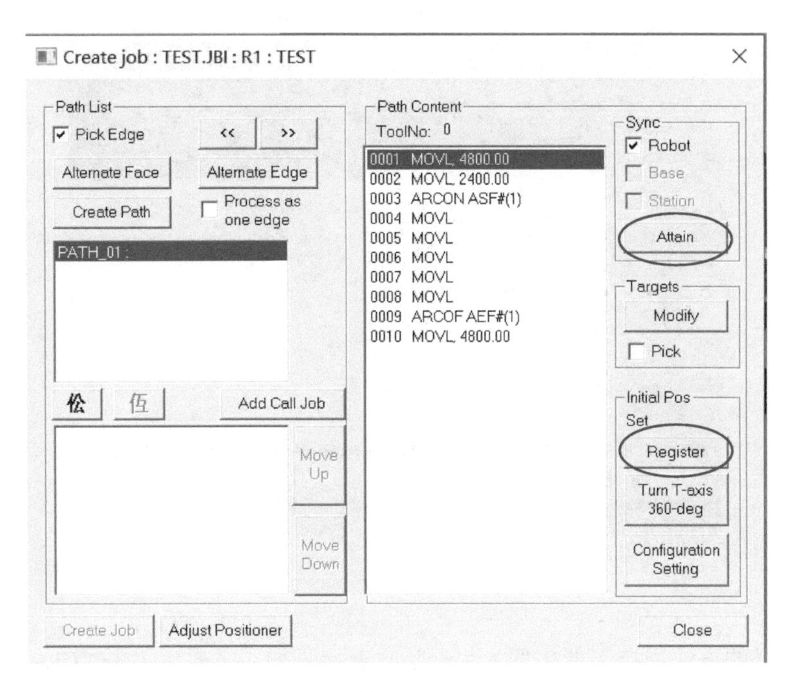

图 6-48

10）选择“PATH_01”，单击 按钮，单击“Create Job”，弹出对话框，如图6-49所示。

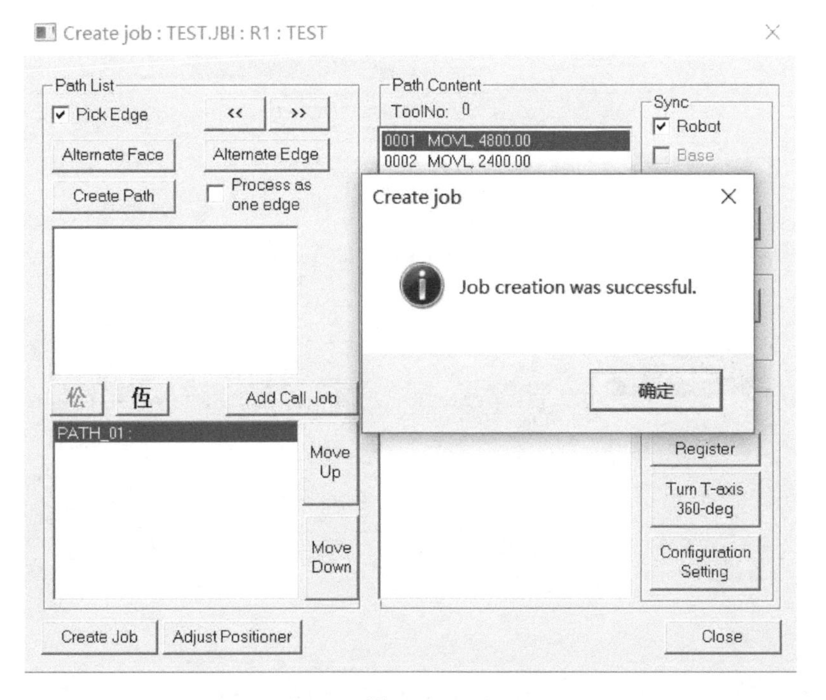

图 6-49

11）单击“Close”，打开示教器，程序已经出现在其中，如图 6-50 所示。

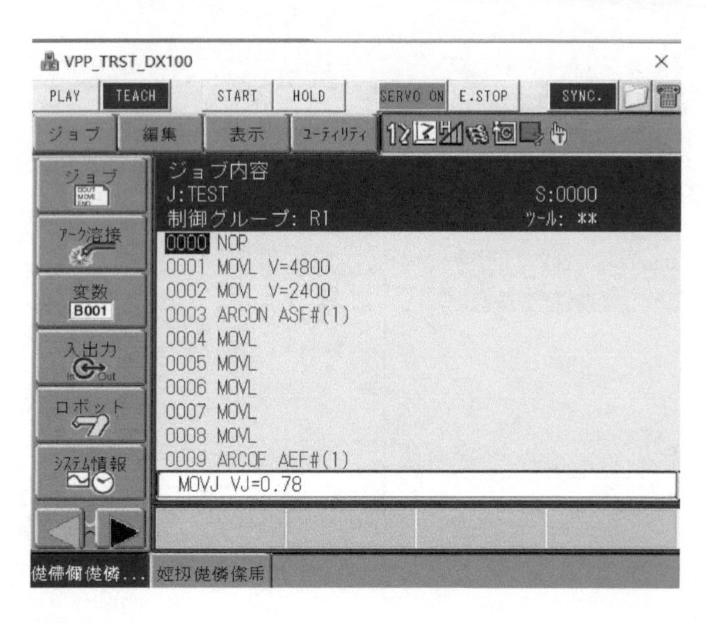

图 6-50

12）用同样的方法焊接工业机器人另一边，直接添加，完成后单击“Close”，如图 6-51 所示。

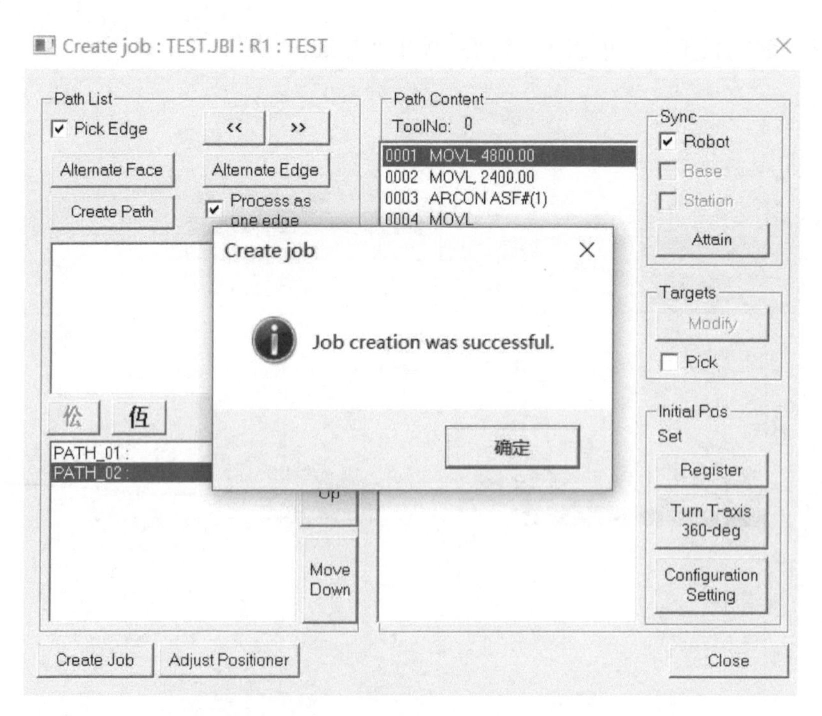

图 6-51

完成创建带 CAM 功能的焊接工业机器人系统，如图 6-52 所示。

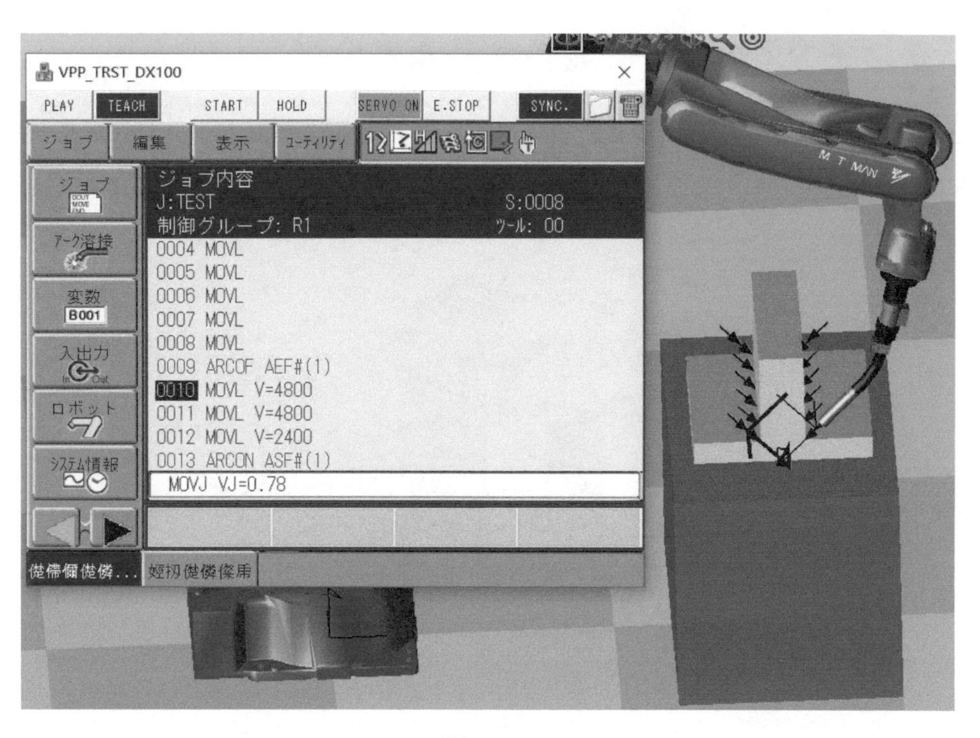

图 6-52

在正常使用中，一般都会导入工件数模，导入数模方法与添加工具方法相同，将需要仿真的数模转换成 hsf 格式后单击“Add”，将数模添加进来。需要注意的是，经 CATIA 软件转换生成的数模，单位与仿真软件 MotoSimEG-VRC 中的默认单位不一致，加入之后右击数模，选择“property”，将 scale 值由 1.000 设为 0.001，如图 6-53 所示。

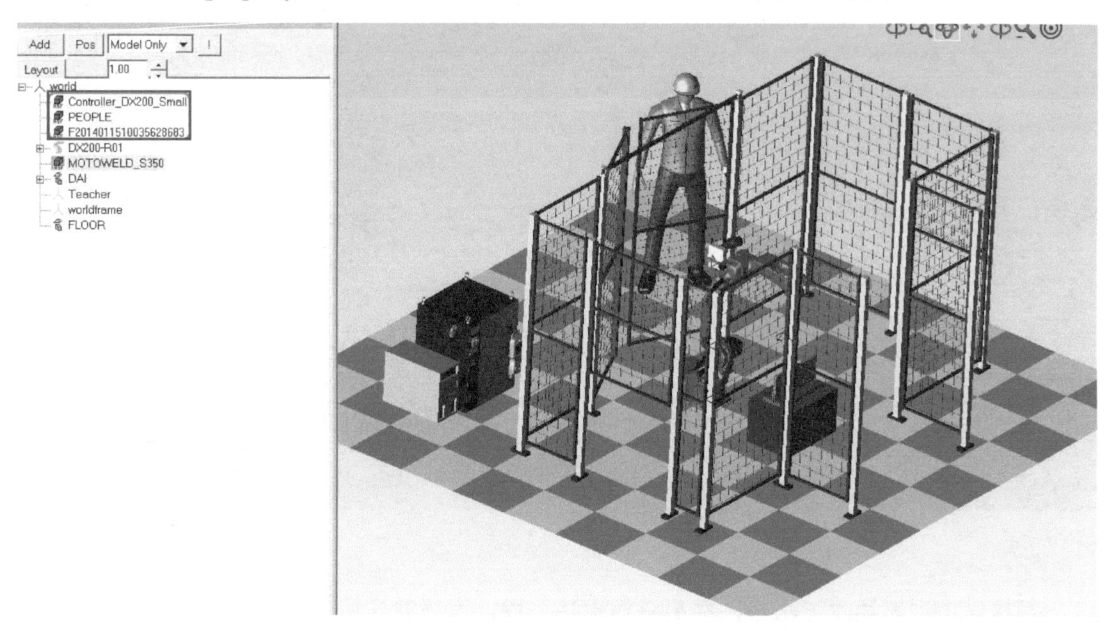

图 6-53

6.4 创建不带 CAM 功能的焊接机器人系统

创建普通不带 CAM 功能的焊接机器人系统，打开前面做好的工业机器人焊接系统工作站，如图 6-54 所示。

图 6-54

打开虚拟示教器，找到焊接起始点，添加焊接起弧指令，与实际工业机器人操作一致，如图 6-55 所示。

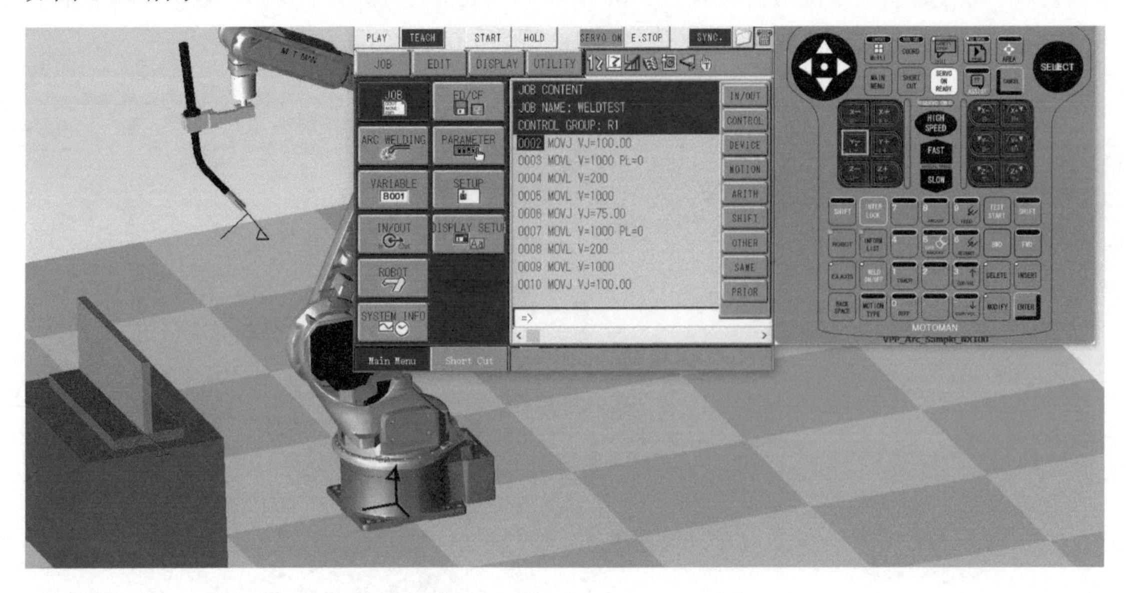

图 6-55

焊接结束点添加收弧指令，在另一边也是一样，这样就完成了不带 CAM 功能的焊接机器人系统创建，如图 6-56 所示。

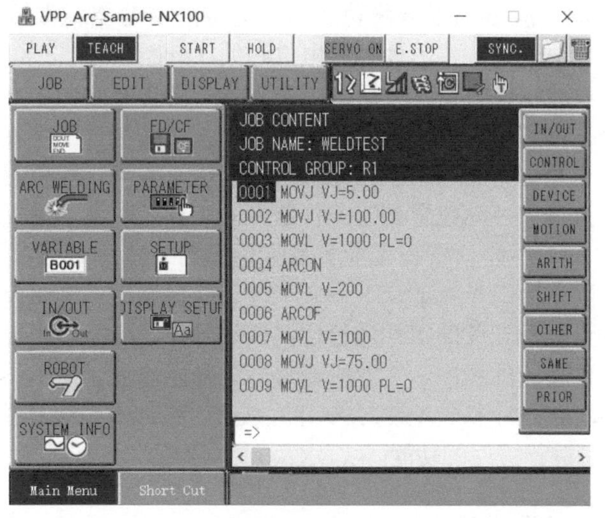

图 6-56

6.5 创建带传送带同步的工业机器人系统（喷涂）

在喷涂应用中，经常使用传送带跟踪同步功能。什么是传送带跟踪同步功能？位置跟踪型的传送带同步运行功能是指，在传送带处于静止状态下随时根据传送带的移动量对经过示教的轨迹进行编辑，同时工业机器人主动地跟踪传送的行进方向，始终使工业机器人相对于工件的速度保持示教轨迹的同步功能。传送带同步运行功能有两种情况，一种是通过工业机器人的基本轴跟踪传送带移动的工业机器人跟踪，另一种是通过行走轴（外部轴）跟踪的行走轴跟踪。以 DX200 控制器的工业机器人为例，传送带同步运行的系统构成示例图如图 6-57 所示。

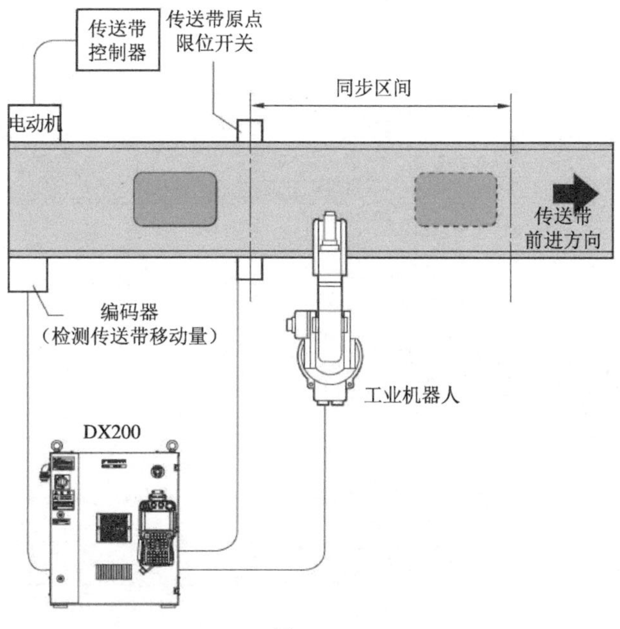

图 6-57

说到同步带跟踪，不能不说带转移功能的传送带同步功能。带转移功能的传送带同步功能是指，传送带原点限位开关、工件种类限位开关、判断工件有无的限位开关无法设置在工业机器人附近时，对通过各限位开关后到工业机器人同步开始的区间投入的所有工件信息进行管理，在第一个工件到达工业机器人启动位置时，启动与该工件相应的程序，一边进行传送带同步运行，一边开始作业的功能。此时从各限位开关到工业机器人启动位置的区间叫作转移区间，从工业机器人启动位置到工业机器人同步开始位置的区间叫作同步区间。

传送带原点限位开关不能设置在工业机器人附近时，工件通过传送带原点限位开关进入工业机器人传送带同步区间作业前，下一个工件可能会通过传送带原限位开关。此时，会对所有通过传送带原点限位开关的工件进行位置信息管理，在第一个工件到达工业机器人启动位置时，启动该工件相应的程序，工业机器人同时开始作业。

因此，启动转移功能即对多个（最大 99 件）从传送带原点限位开关到工业机器人同步对象工件的工件位置信息进行管理的功能。以 DX200 控制器的工业机器人为例，如图 6-58 所示。

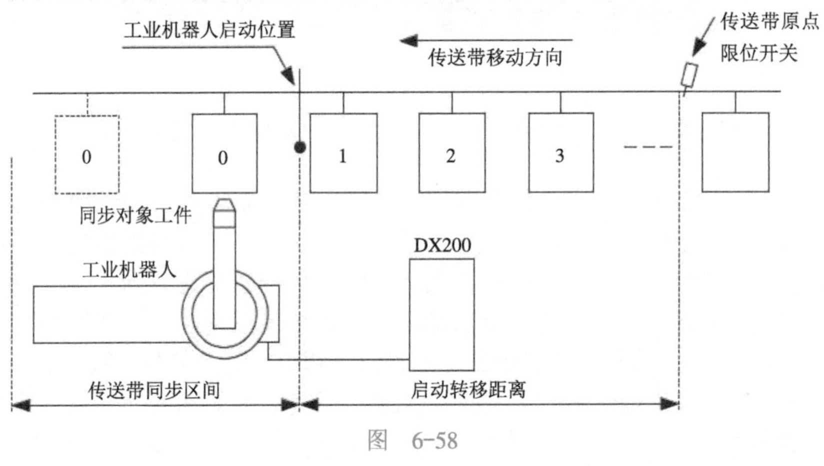

图 6-58

在仿真软件中如何创建一个带传送带同步功能的工业机器人系统，可按下面步骤操作。

1）创建一个工业机器人（DX100、DX200 的控制器），如图 6-59 所示。

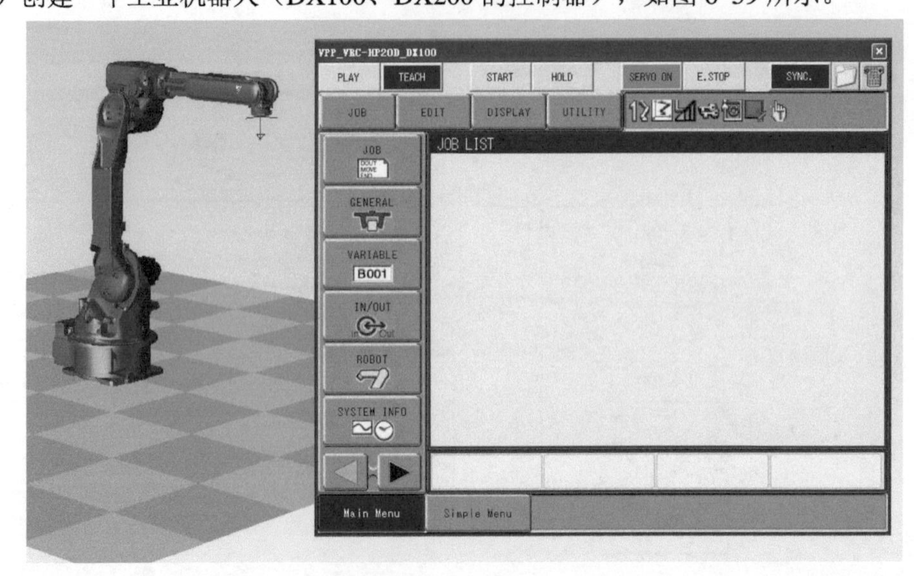

图 6-59

2）保存工作站，在工业机器人文件夹下找到图 6-60 左所示文件，用记事本打开，按图 6-60 右所示修改并保存。

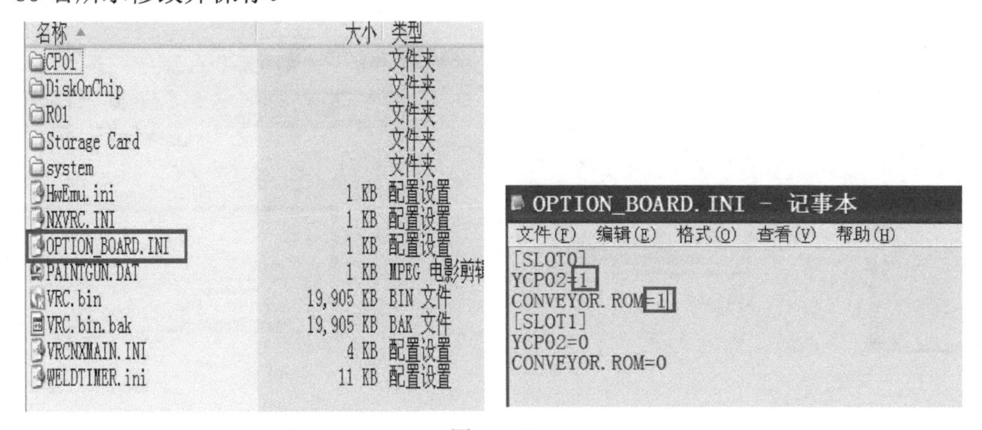

图 6-60

3）进入维护模式，如图 6-61 所示。

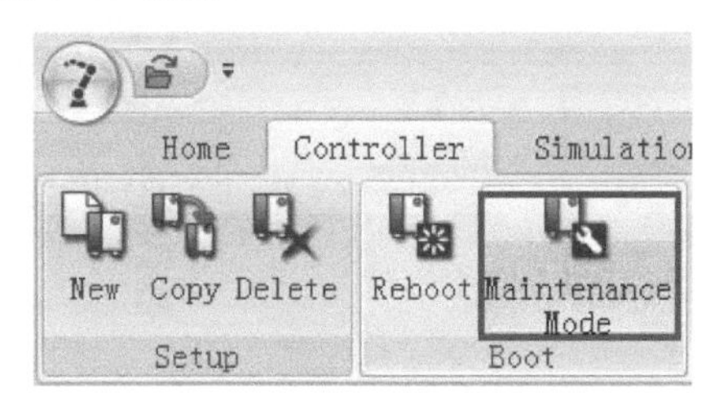

图 6-61

4）选择“SYSTEM”→“SETUP”→“OPTION BOARD”，如图 6-62 所示。

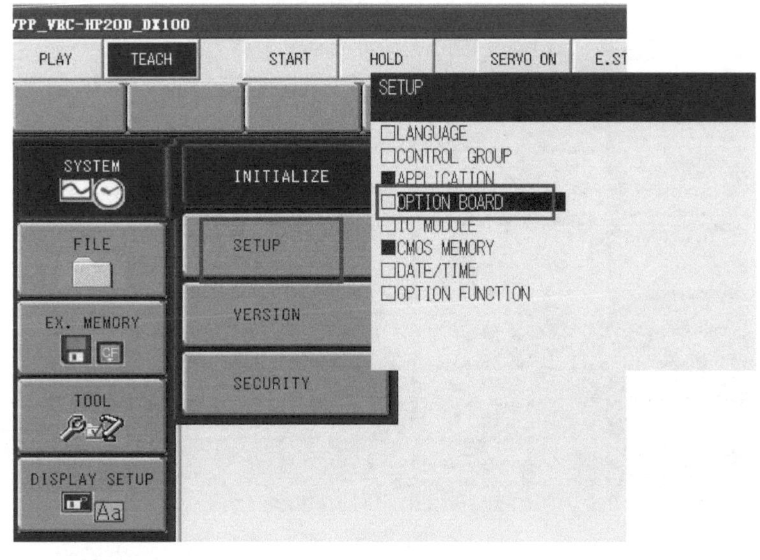

图 6-62

5）在“YCP02”处按空格键，如图 6-63 所示。

6）选择“USED”，按“ENTER”键，然后在“Modify”对话框中选择“YES”，如图6-64所示。

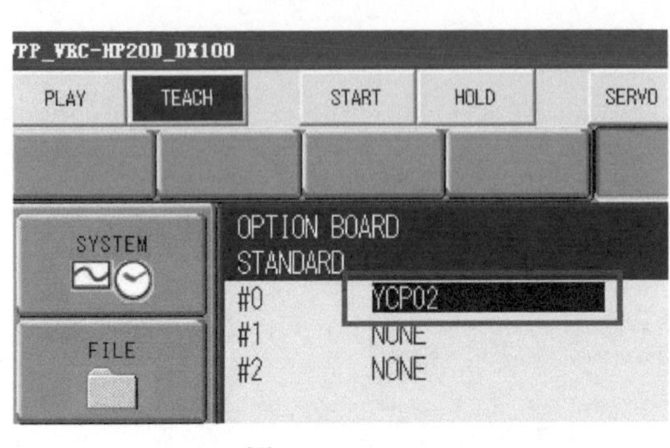

图 6-63

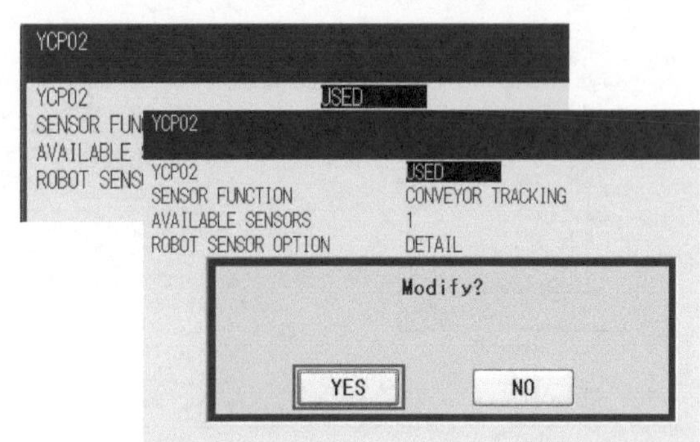

图 6-64

7）在弹出的对话框中都选“YES”，如图6-65所示。

8）完成同步基板设置，单击“End”退出维护模式，如图6-66所示。

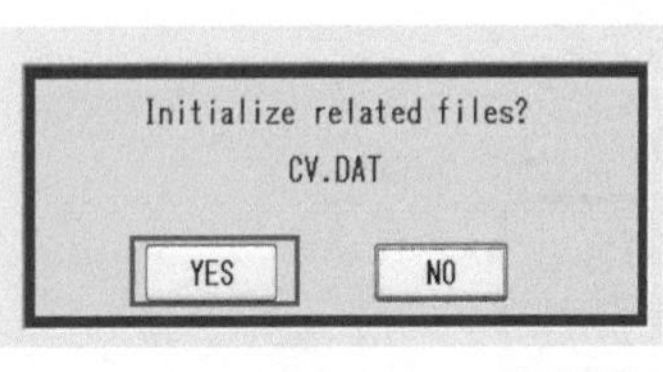

图 6-65

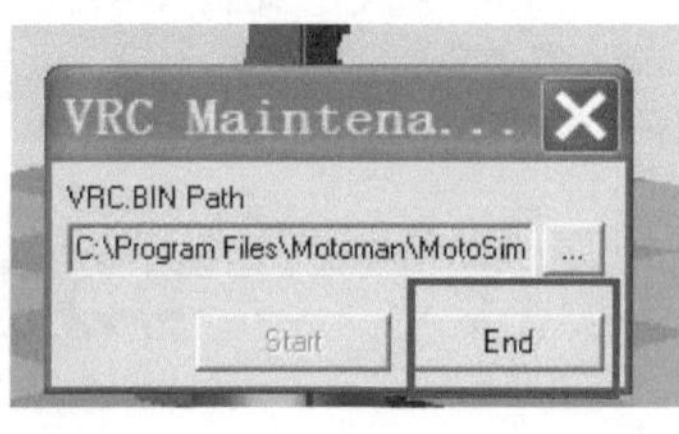

图 6-66

9）虚拟示教器重启完成后进入管理模式（密码：99999999），开始设置同步条件，如图6-67所示。

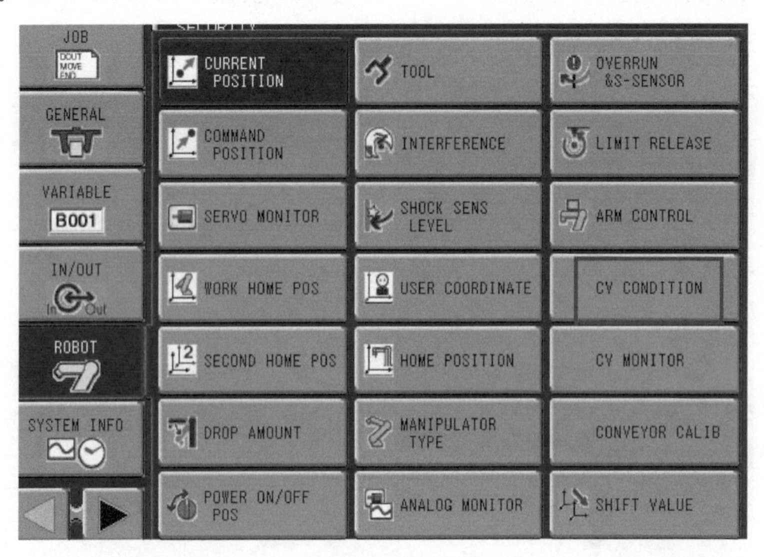

图 6-67

10）按图6-68所示设置，修改“USED STATUS”（必须在SERVO ON灯灭的状态下）。改为“USED”之后，可能弹出报警，单击“RESET”就可以了。

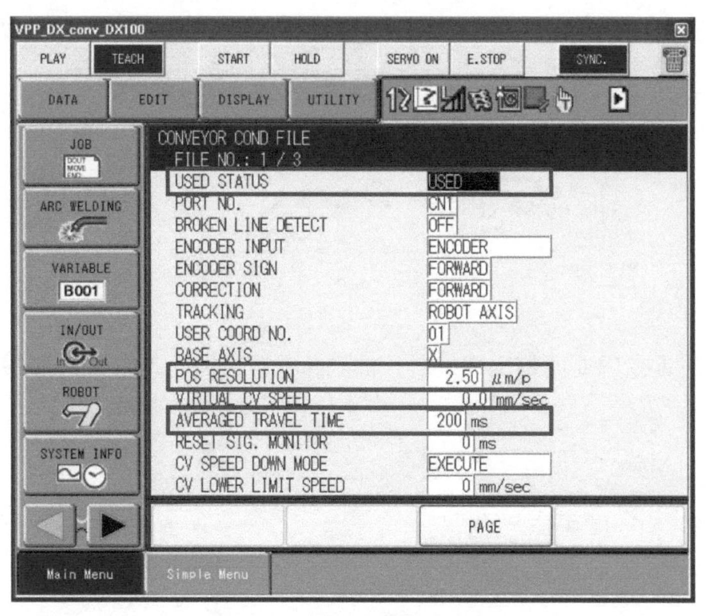

图 6-68

11）添加传送带。在软件中单击“Controller”菜单，找到对应的位置，选择创建流水线（参照前面所讲内容），如图 6-69 所示。

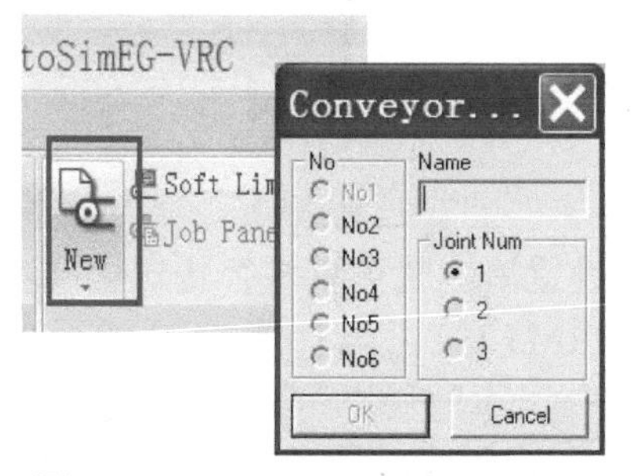

图 6-69

12）同步设置。图 6-70 中的“Conveyor Condition File”必须选，然后选择“1”。

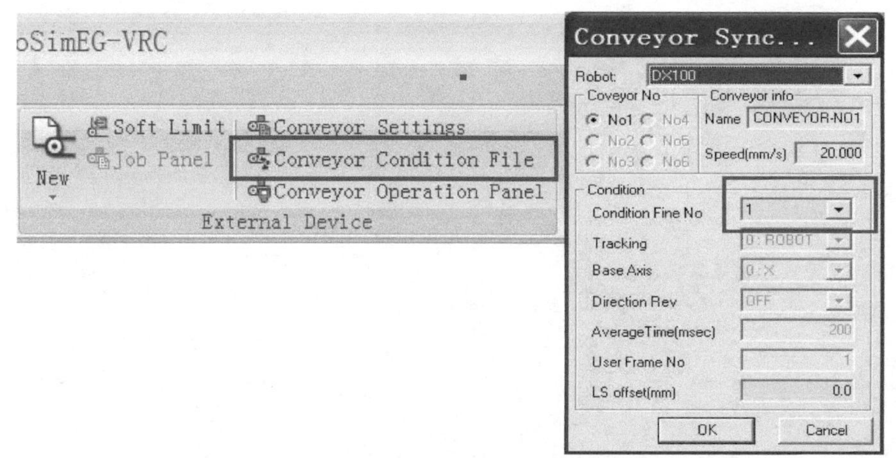

图 6-70

13）调整传送带的位置。在“Cad Tree”中选择“Pos”操作，如图 6-71 所示。

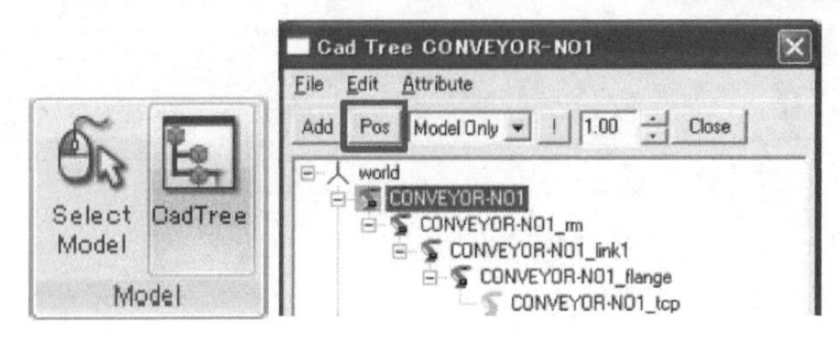

图 6-71

14）流水线设置完后要调整工件位置，放到传送带 tcp 下，如图 6-72 所示。

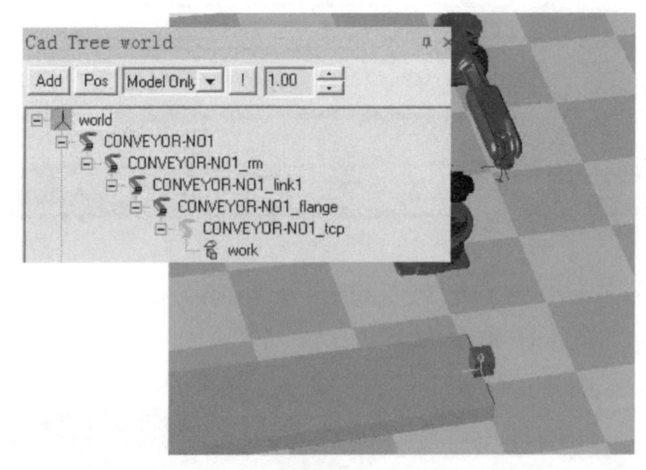

图 6-72

15）完成以上设置后，就可以进行传送带同步功能的示教了。传送带开始和结束命令在虚拟示教器 INFORM LIST 里，如图 6-73 所示。

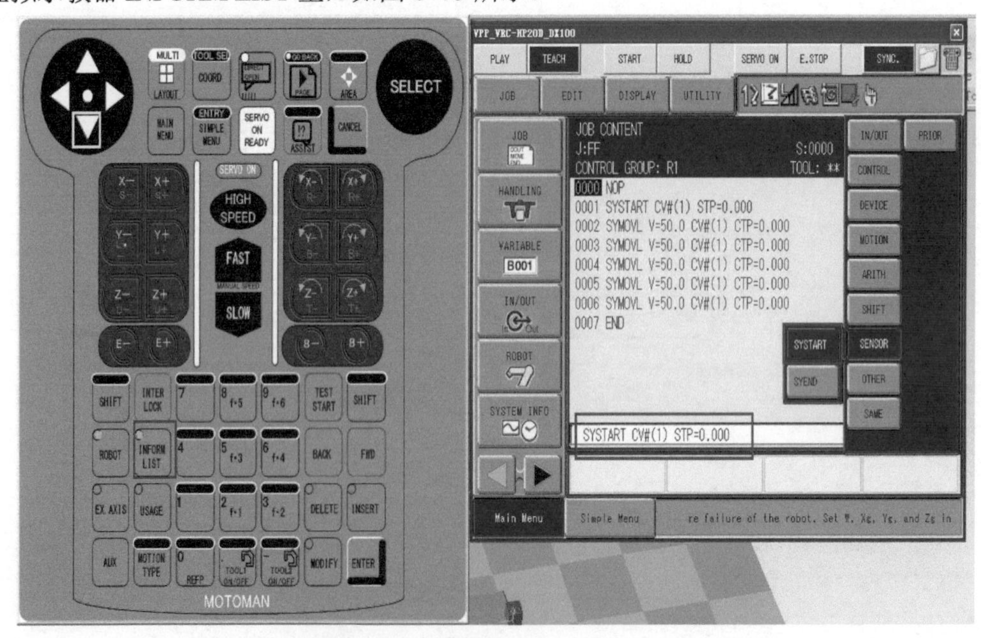

图 6-73

16）示教、捕捉命令，如图 6-74 所示。

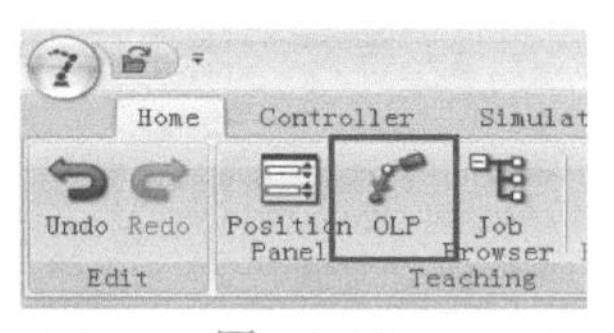

图 6-74

17）添加传送带同步移动命令。SHIFT+MOTION TYPE 键才能出现 SY 开头的传送带同步移动命令，DX100 和 DX200 的传送带同步操作基本完成，如图 6-75 所示。

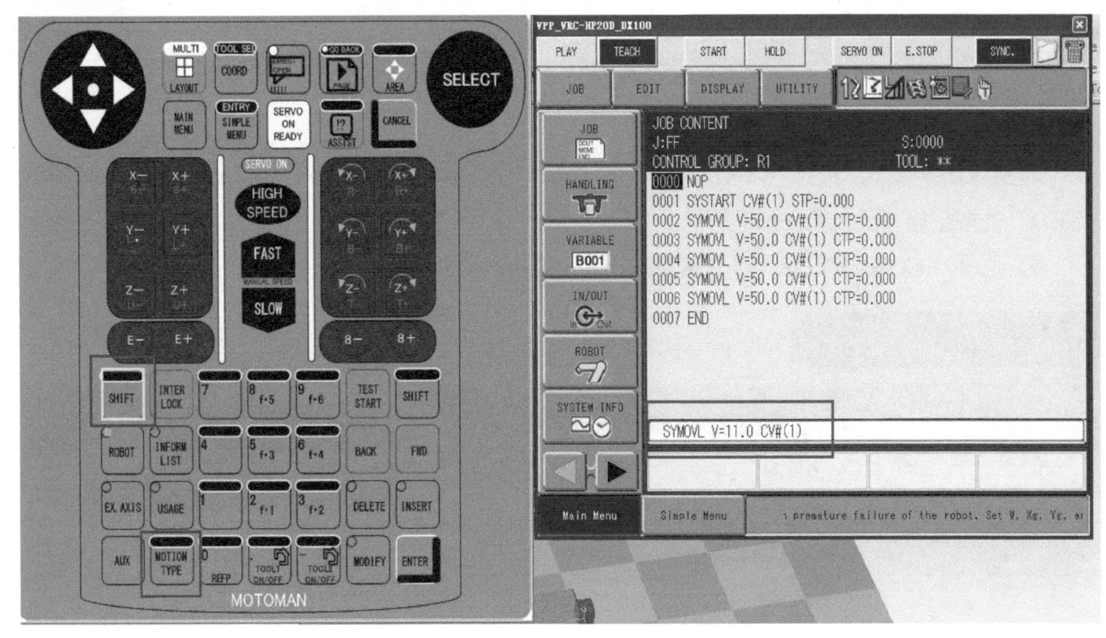

图 6-75

介绍完 DX100 和 DX200 的传送带同步操作，下面介绍 NX100 喷涂机器人的传送带同步功能的操作，具体步骤如下：

1）添加 NX100 系列的喷涂机器人，以 EPX2050 为例，应用选“general”，新建一个工业机器人系统，如图 6-76 所示。

2）保存工作站，进入工业机器人文件夹，打开文本，修改里面的值，如图 6-77 所示。

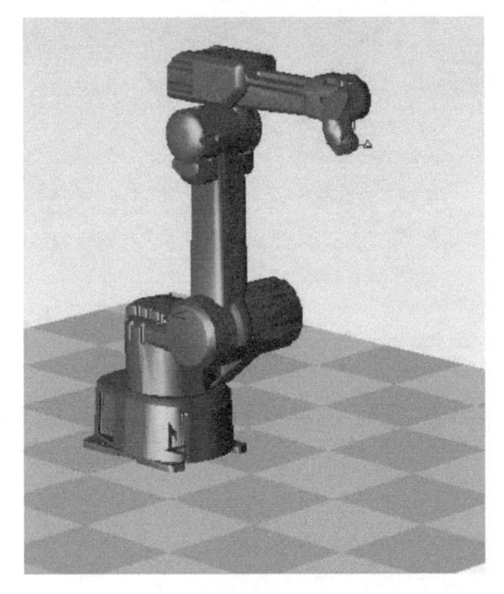

图 6-76

图 6-77

3）保存关闭之后，打开另一文本，修改里面的值，如图 6-78 所示。

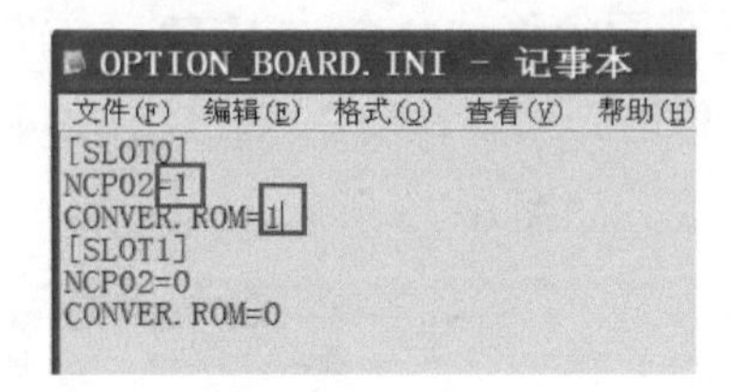

图 6-78

4）进入维护模式，选择“SYSTERM”，再选择“STEUP”，进入“OPTION BOARD”，在“NOT USED”处按空格键，如图 6-79 所示。

5）选择“CONVEYOR TRACKING”，如图 6-80 所示。

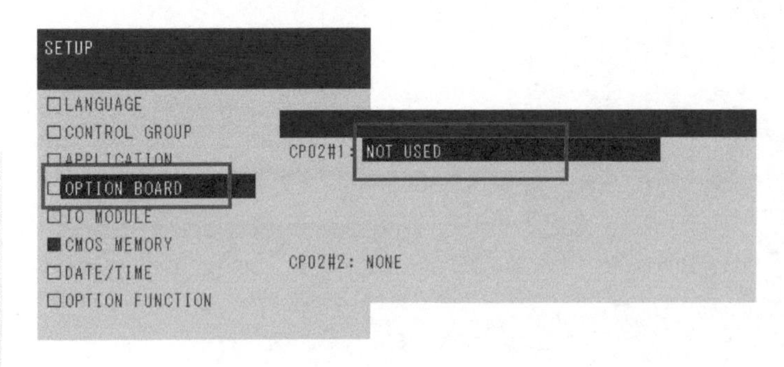

图 6-79

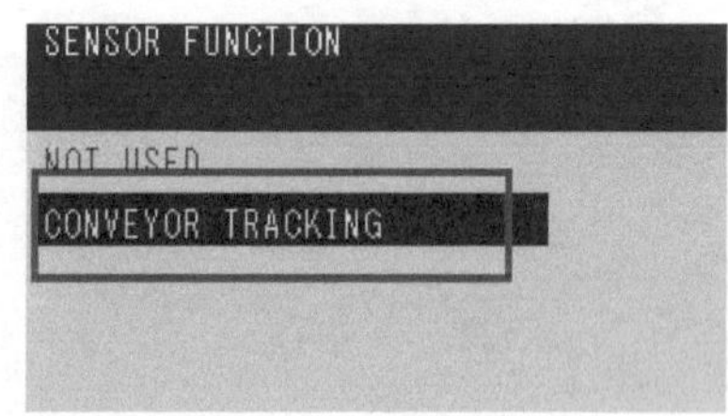

图 6-80

6）按“ENTER”键，弹出“Modify”对话框，单击“YES”（3 次），如图 6-81 所示。

7）回到 SETUP 后，选择“IO MODULE”，按空格键进入图 6-82 所示界面。

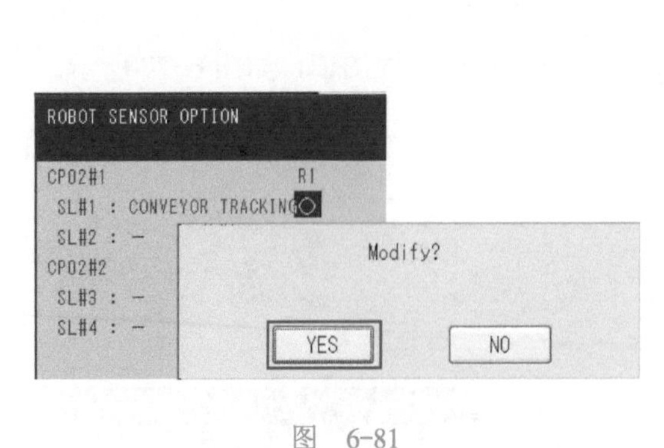

图 6-81

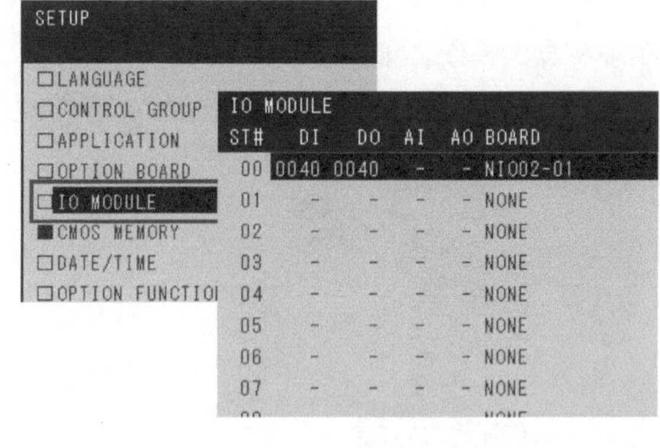

图 6-82

8）按回车键，弹出询问对话框，单击“YES”，最后单击“End”，退出维护模式，如图 6-83 所示。

9）退出维护模式之后，可能会报错，如图 6-84 所示。保存并关闭工作站，重启或是报错的话进入维护模式，重复 7）、8）的操作，多试几次就不报错了。

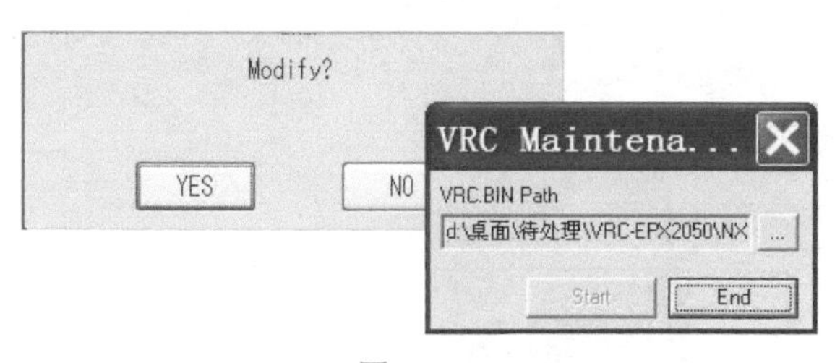

图 6-83

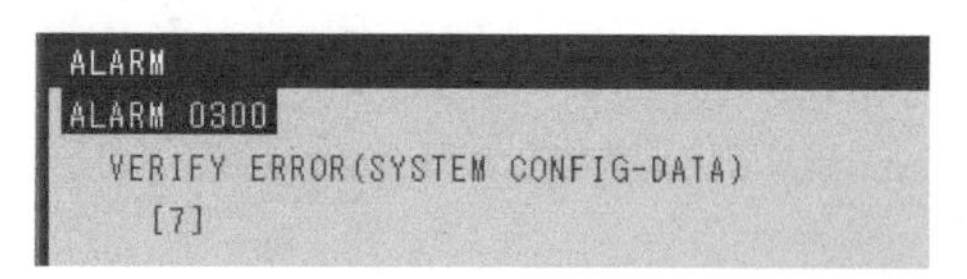

图 6-84

10）虚拟示教器重启成功后，进入管理模式，设置同步条件，此处操作和DX100/DX200的相同，如图6-85所示。

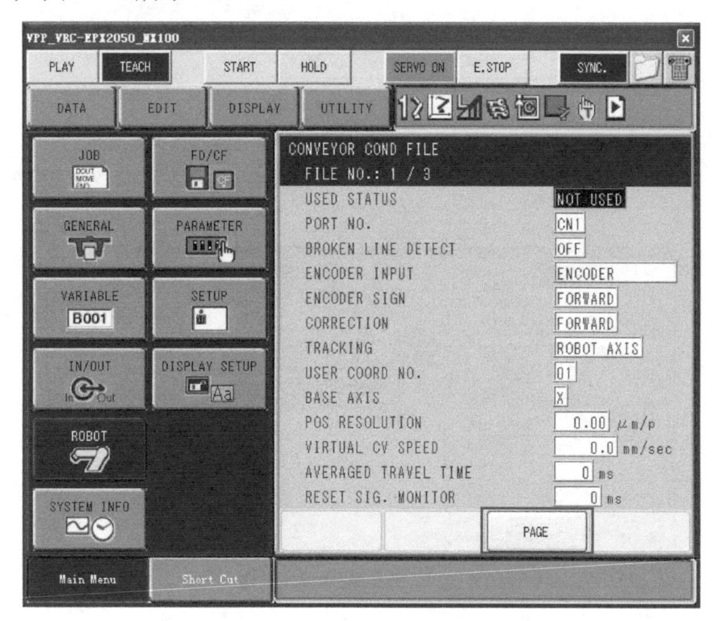

图 6-85

11）添加传送带和工件，与DX100/DX200操作相同，如图6-86所示。

图 6-86

12）设置喷涂工具，如图6-87所示。

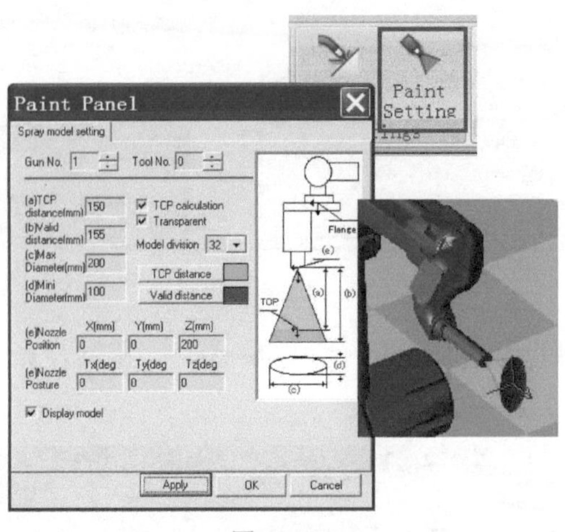

图 6-87

13）完成所有的布局及设置，示教和DX100操作相同，但是不支持使用SYMOVJ命令，如图6-88所示。

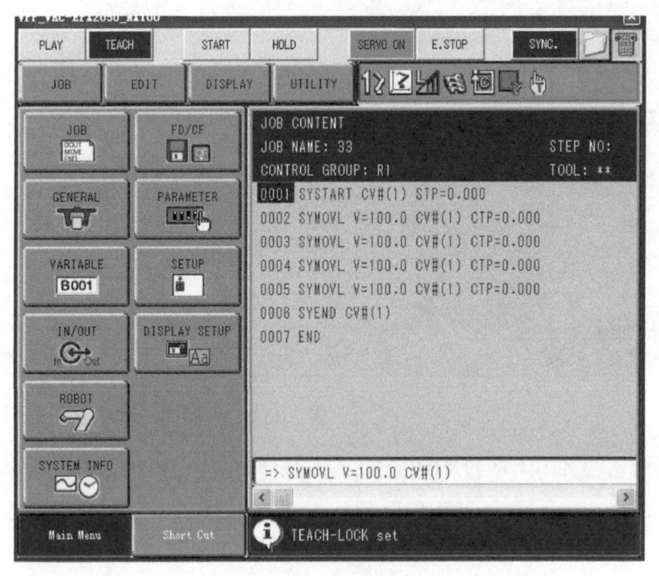

图 6-88

6.6 创建码垛机器人系统

码垛机器人可完成重物抓取、搬运、翻转、对接、微调角度等三维空间移载动作，为物料上下线和生产物品组装提供理想的搬运和组装工具。上下料码垛机械手在降低作业劳动强度，提供物料安全搬运的同时，也可为特殊环境如防爆车间、人员无法进入的危险场所提供系统解决方案。

配合各种非标夹具，机械手可以实现起吊各种形状的工件，使负载达到零重力的漂浮状态，操作者可以很轻易将负载起降、移动、旋转、前顷和侧翻等，并把负载快速、精确地放置在预先设定的位置，利用它一个工业机器人就能得心应手地操作原来几个人才能搬动的物品。

这里以一个 MPL160 工业机器人为例，和大家讲解怎么在软件中创建一个码垛的工业机器人系统，如图 6-89 所示。

图 6-89

图 6-89 中有工业机器人、流水线、工件、托盘以及吸盘类夹具，这些是怎么创建出来的？我们从“Cad Tree CONV”来一一看，如图 6-90 所示。

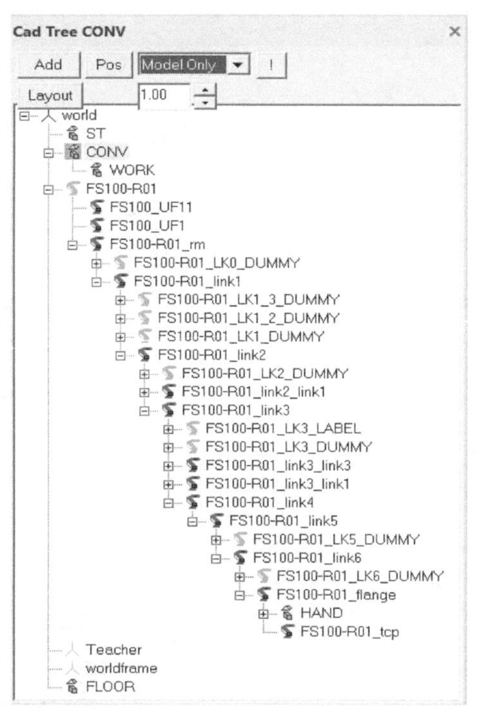

图 6-90

托盘是由 BOX 构成，如图 6-91 所示，也可以直接调用零件库。

流水线是由 BOX 和 CYLINDER 构成，上面的工件和咱们焊接一样，流水线相当于工作台，如图 6-92 所示。

工件作为流水线的子类，类型为 BOX，如图 6-93 所示。

吸盘类夹具由 BOX、CYLINDER 及 CONE2 构成，如图 6-94 所示。

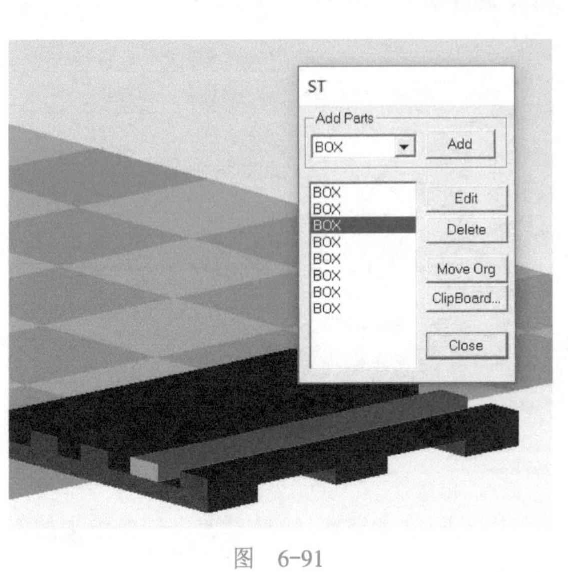

图 6-91

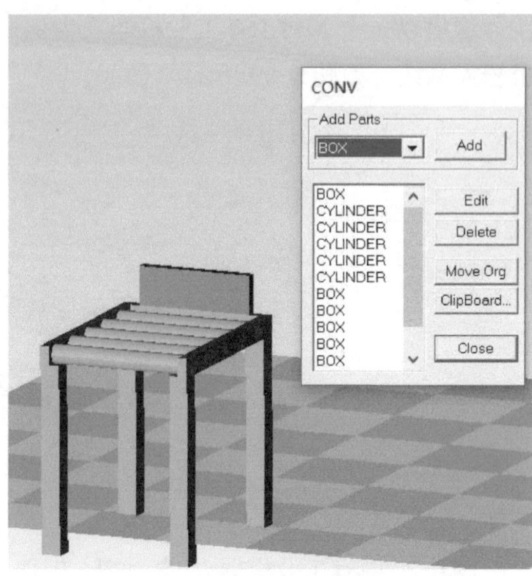

图 6-92

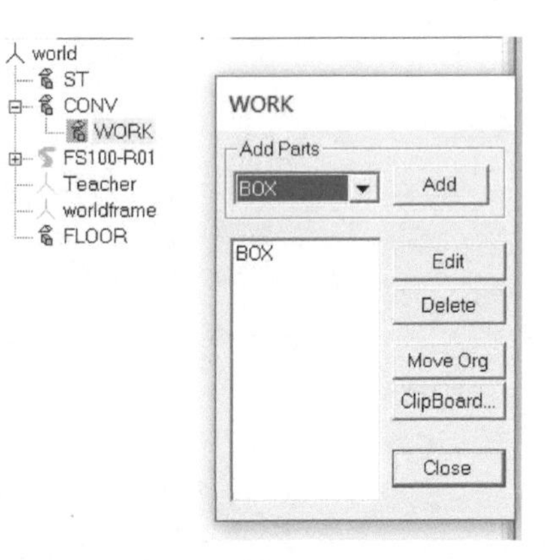

图 6-93

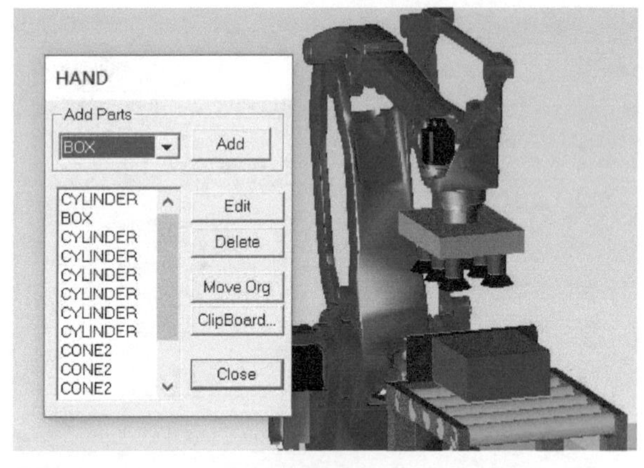

图 6-94

夹具里还有个子类，类型为BOX，是吸盘吸起工件的状态，这个模型在Cad Tree中是隐藏状态，如图6-95所示。

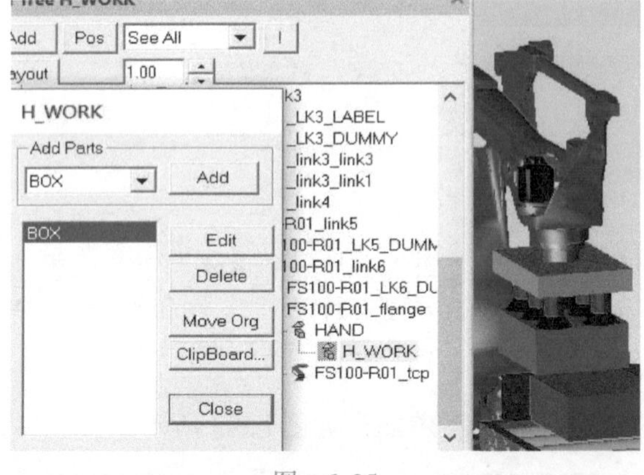

图 6-95

如何让模型移动到对应的位置？这就是脚本语言和脚本语言管理器的应用。下面通过这个工作站，向大家介绍脚本语言，还有不太清楚的地方请参照说明书，如图 6-96 所示。

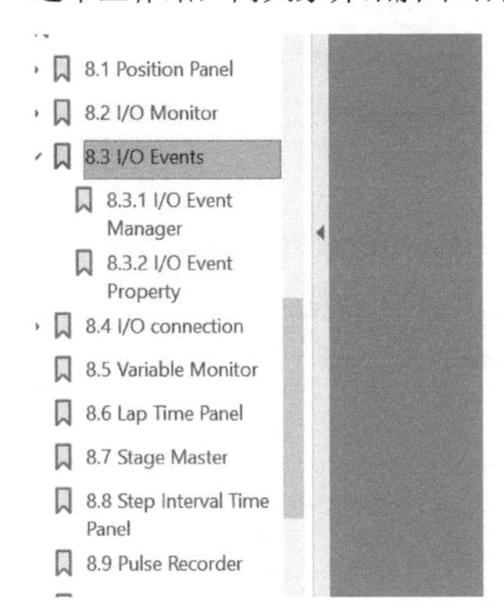

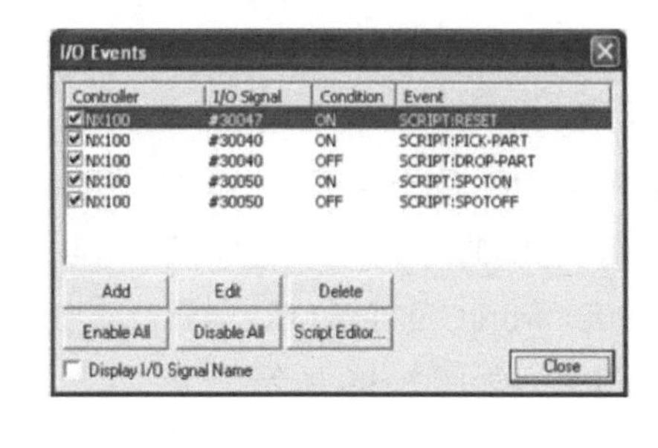

图　6-96

首先在第一个 HAND_CLOSE 程序中，当 OUT#0001 信号为 ON 时，将 H_WORK 从隐藏改为显示，如图 6-97 所示。

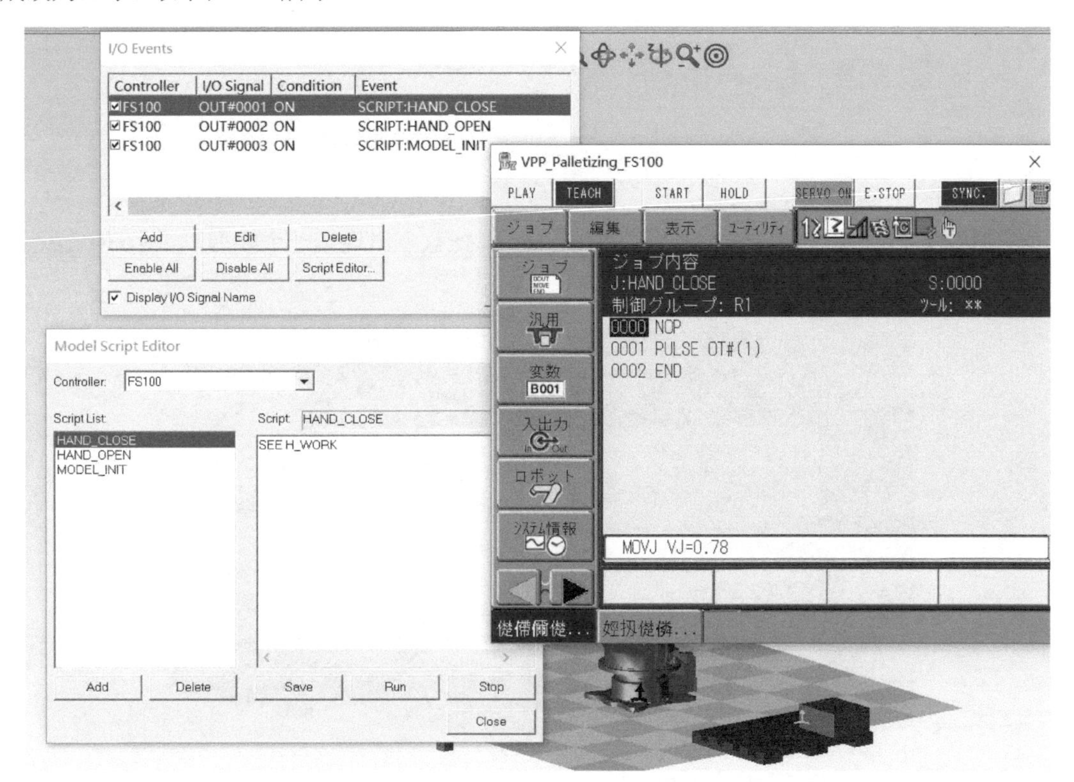

图　6-97

我们看下效果，将 OUT#0001 打开，动作完成后，如图 6-98 所示。

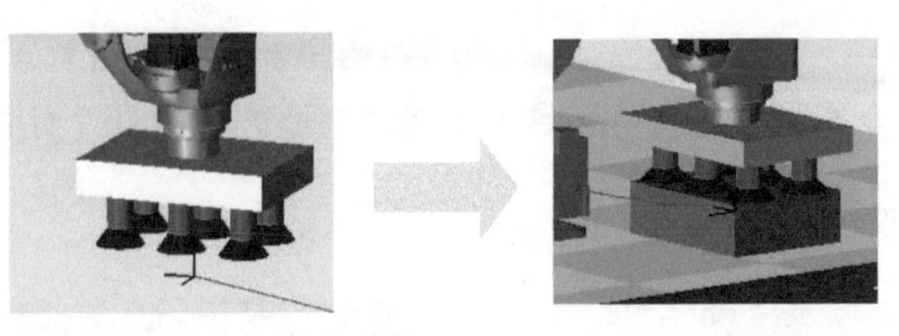

图 6-98

在程序 HAND_OPEN 中，当 OUT#0002 信号为 ON 时，这里逐句解释：REF H_WORK WORK_[B001]_[B002] 为将 H_WORK 模型置为 WORK_[B001]_[B002]，MOV WORK_[B001]_[B002] world 为将 WORK_[B001]_[B002] 移动到 world 的模型下，HID H_WORK 为隐藏 H_WORK，如图 6-99 所示。

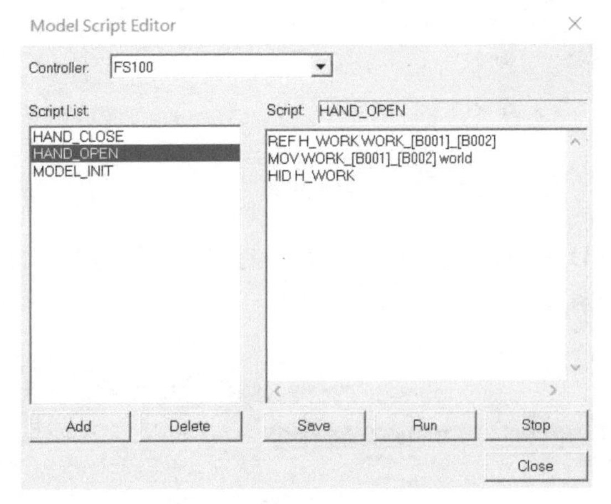

图 6-99

我们看下效果，将 OUT#0002 打开，动作完成后，托盘上出现第一个模型，如图 6-100 所示。

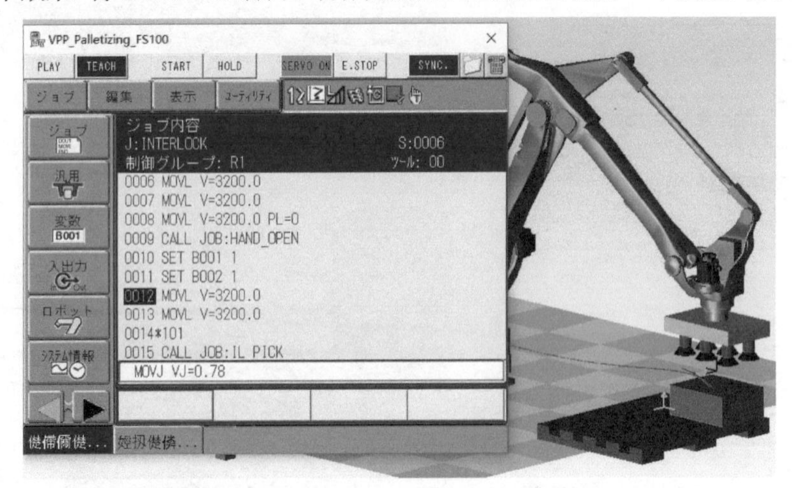

图 6-100

在程序 MODEL_INIT 中，当 OUT#0003 信号为 ON 时，DEL WORK_001_001 的解释为删除 WORK_001_001，下面是一致的，如图 6-101 所示。

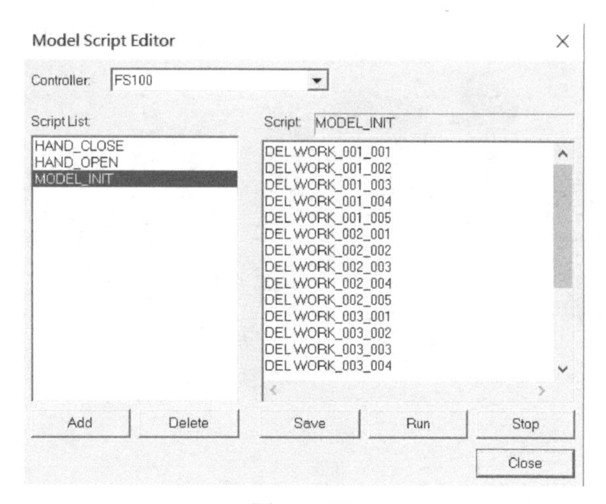

图 6-101

我们看下效果，将OUT#0002打开，动作完成后，托盘上已经没有工件了，如图6-102所示。

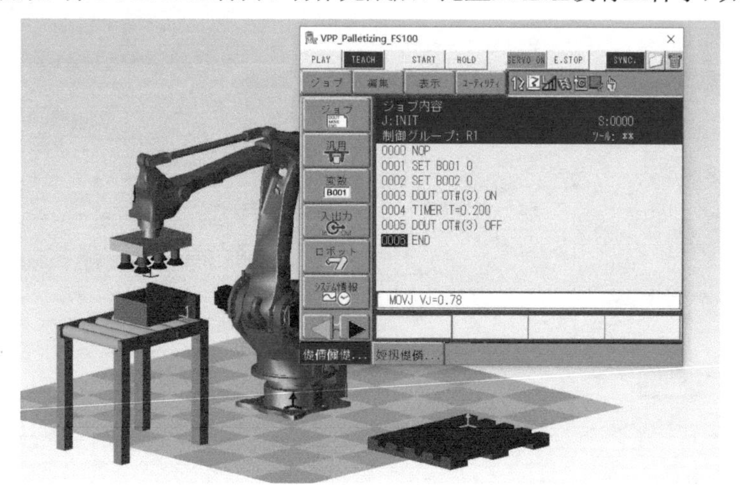

图 6-102

6.7 创建打磨机器人系统

打磨车间的环境恶劣，噪声、灰尘严重影响着工人的身体健康，大部分工人的都会患有尘肺病、听力下降等职业病。

如今，随着社会劳动力结构在不断转变，越来越多的年轻人已经走上了自己喜欢的工作岗位，具有自我保护意识的80后、90后还有00后等，他们都会拒绝参加有害工作，这样使得工厂对于打磨作业的操作员的需求越来越大，支付的工资也是水涨船高。

工业机器人打磨可以解决目前工厂在打磨行业招工困难的问题，同时也有利于提高工厂在打磨工序的生产效率，降低工作强度，提升工厂的竞争力和提高产品的质量，促进产业转型升级，更有助于提高整个社会生产的自动化水平。但是由于打磨工件的不规则性和工艺要求的复杂性，使得对工业机器人打磨应用的要求也十分严格。工业机器人打磨工作站如图 6-103 所示。

图 6-103

在安川仿真软件中，创建工业机器人打磨系统，可按以下步骤操作：

1）新建工作站，添加工业机器人，选择“FS100”控制器，单击“OK”，如图 6-104 所示。

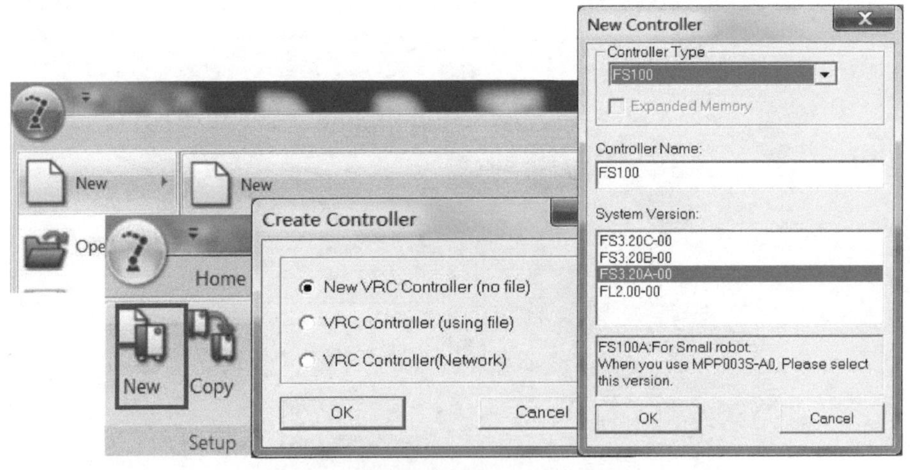

图 6-104

2）选择“MH0005F-A0*”工业机器人，单击“Standard Setting Execute”，弹出对话框，单击“是”，如图 6-105 所示。

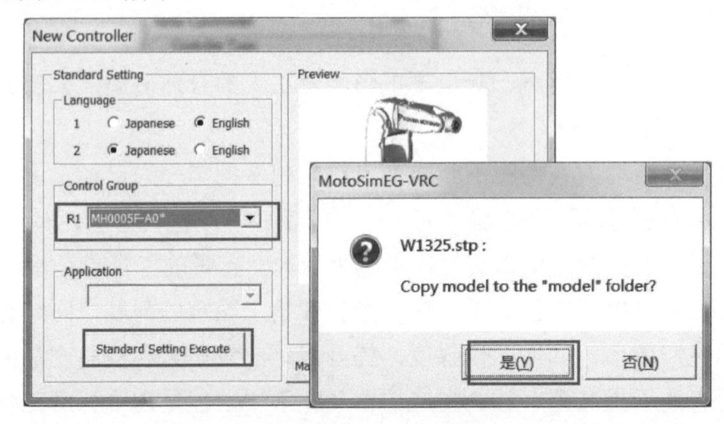

图 6-105

3）添加数模，单击要打磨的数模，拖入 MotoSimEG-VRC 软件中，如图 6-106 所示。

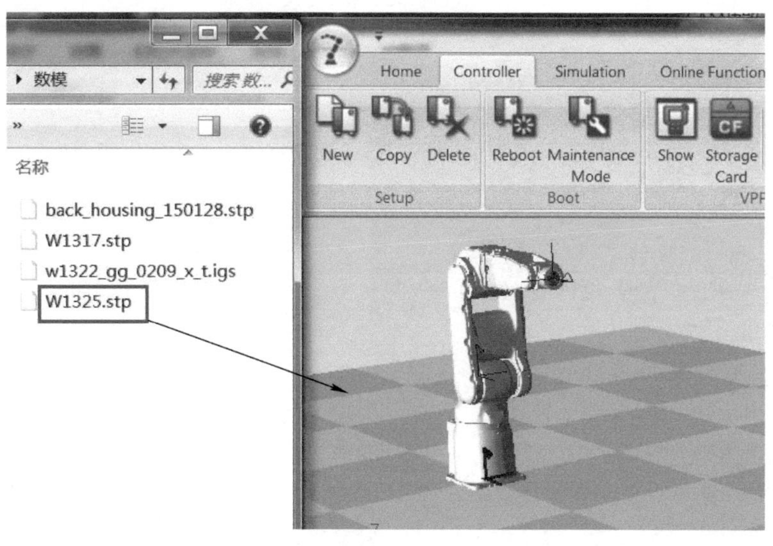

图 6-106

4）选择“world”，单击“OK”，如图 6-107 所示。

5）勾选“Imports the work file for CAM teaching”，单击“OK”，如图 6-108 所示。

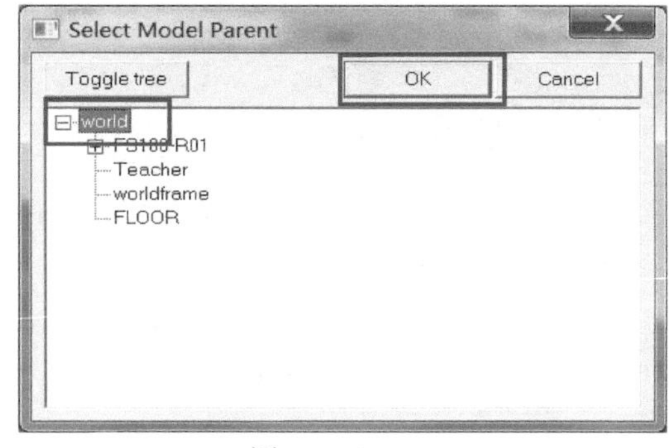

图 6-107

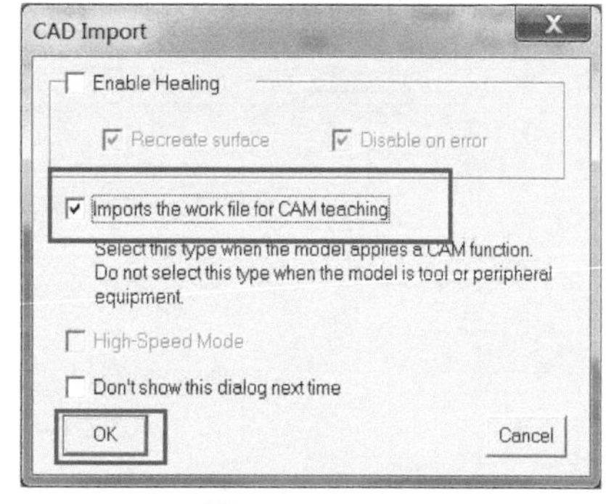

图 6-108

6）数据添加进来后，原点位置正好和工业机器人重合，在 Cad Tree 中选中工业机器人，选“Hide All”，如图 6-109 所示。

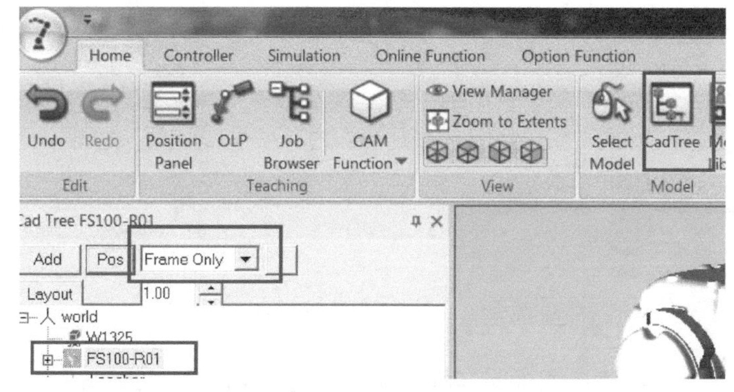

图 6-109

7）隐藏工业机器人之后，就能看见刚添加的工件了，如图 6-110 所示。

8）选中工件，单击“Pos”，调整工件和工业机器人的相对位置，如图 6-111 所示。

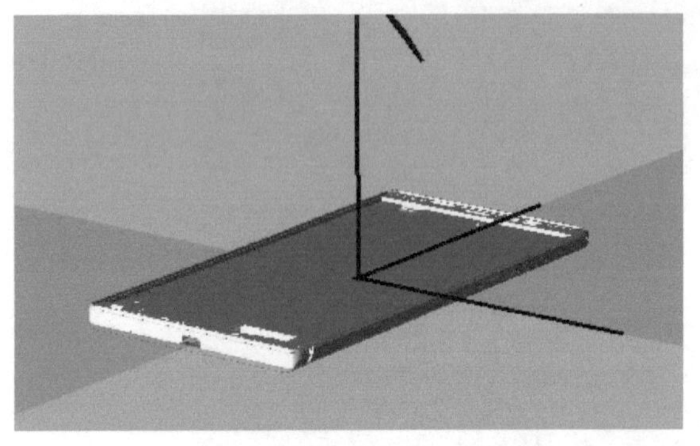

图 6-110

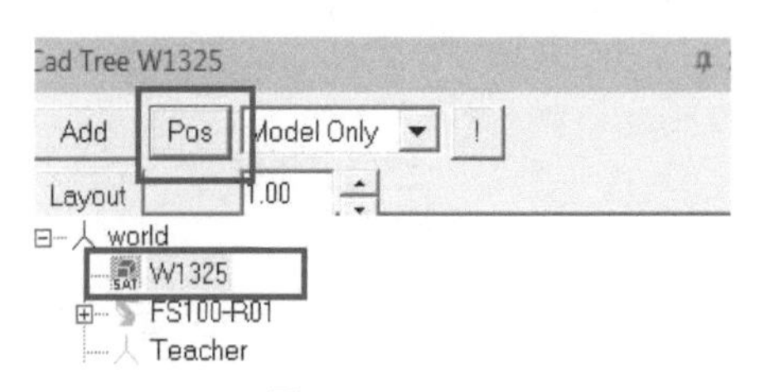

图 6-111

9）调整好的工业机器人和工件位置如图 6-112 所示，自行按工业机器人可达性调整。

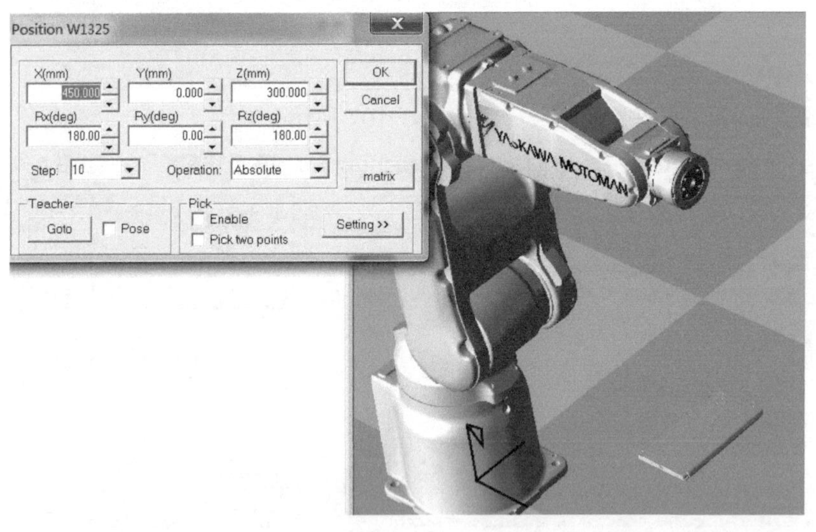

图 6-112

10）把工业机器人数模在 Cad Tree 里展开，在 flange 下面添加打磨头的简易数模，如图 6-113 所示。

11）单击“Add”，在弹出的对话框里写上工具的名称，单击“OK”，如图 6-114 所示。

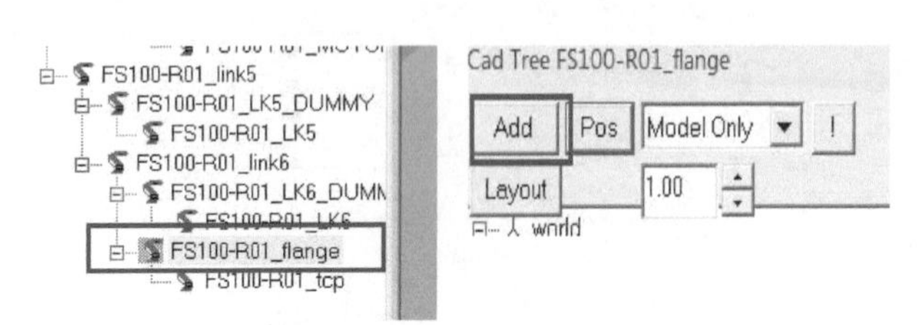

图 6-113

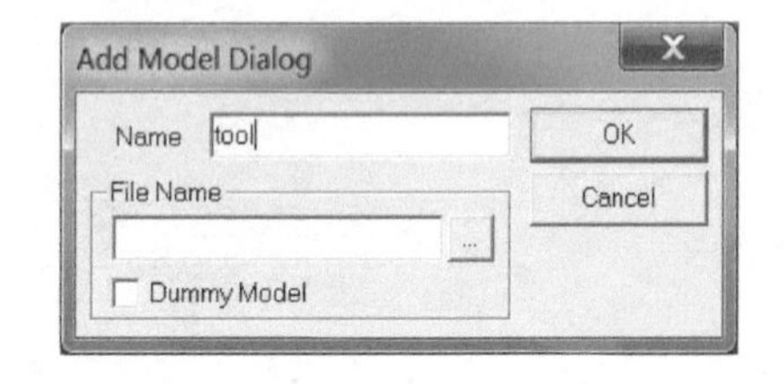

图 6-114

12）双击“tool”数模，在弹出的对话框中选“CYLINDER”，单击“Add”，如图 6-115 所示。

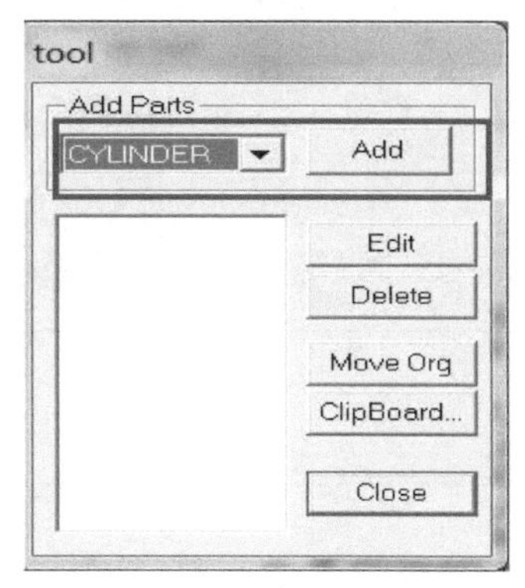

图 6-115

13）设置打磨头尺寸和颜色，单击“OK”，如图 6-116 所示。

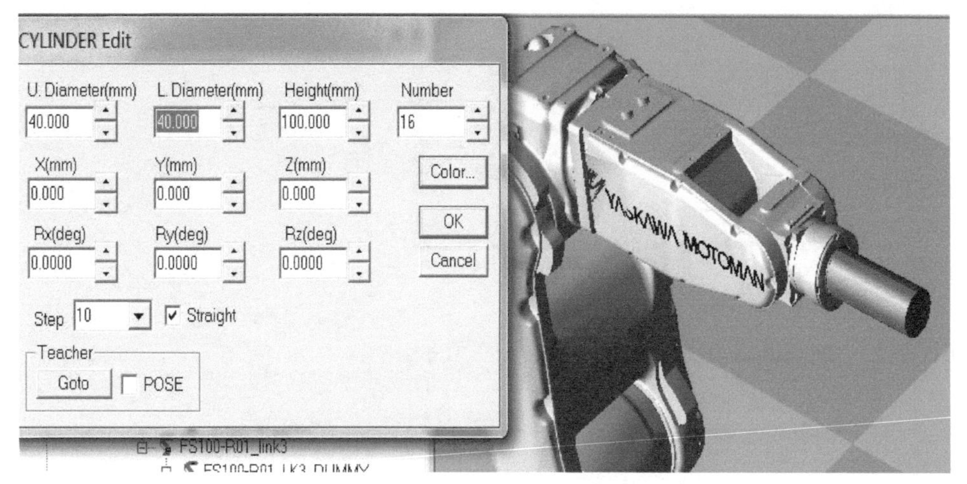

图 6-116

14）在“Tool Data”里设置工业机器人工具坐标数值，如图 6-117 所示。

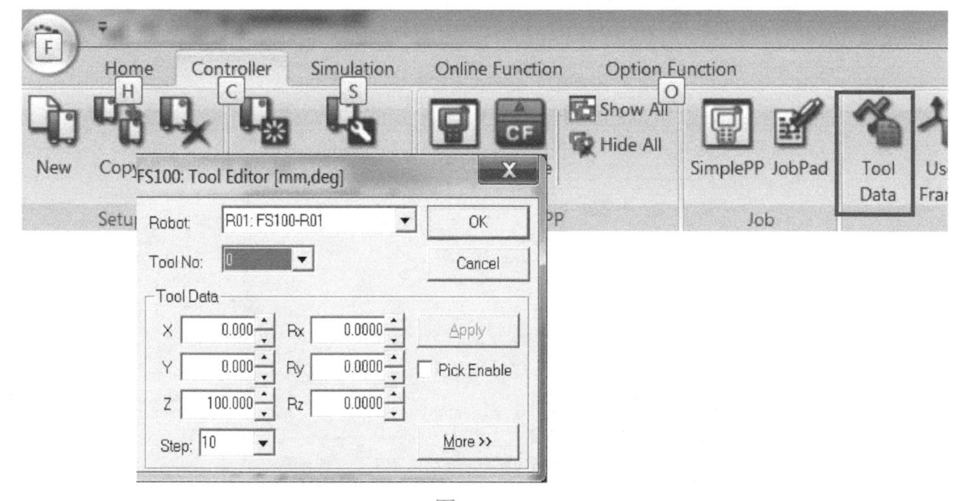

图 6-117

15）准备工作结束，选择“CAM Function”，在弹出的对话框中“Application”选“Paint”，输入程序的名字，如图 6-118 所示。

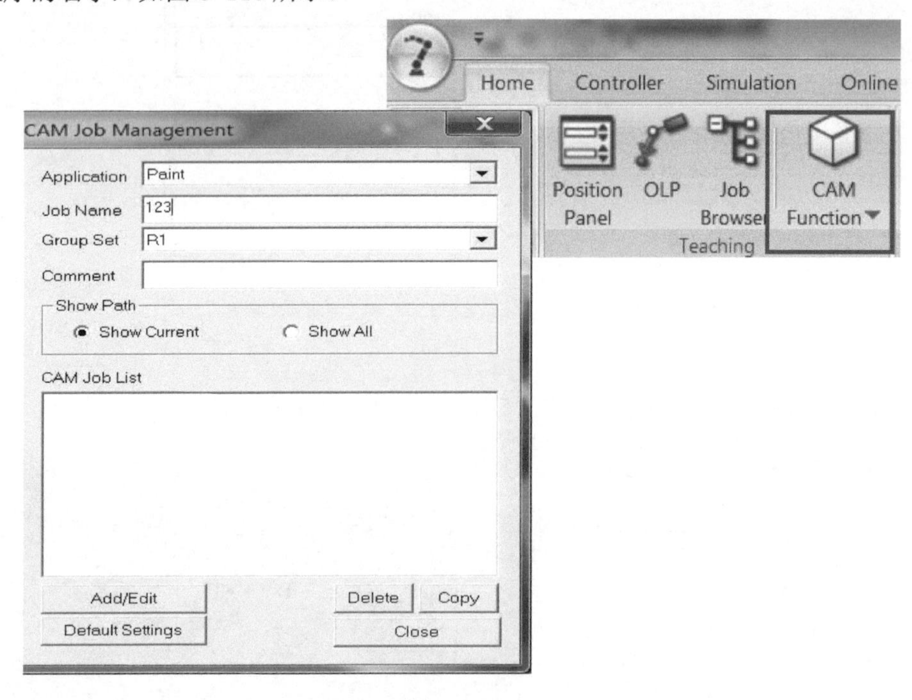

图 6-118

16）单击“Default Settings”，如图 6-119 所示。

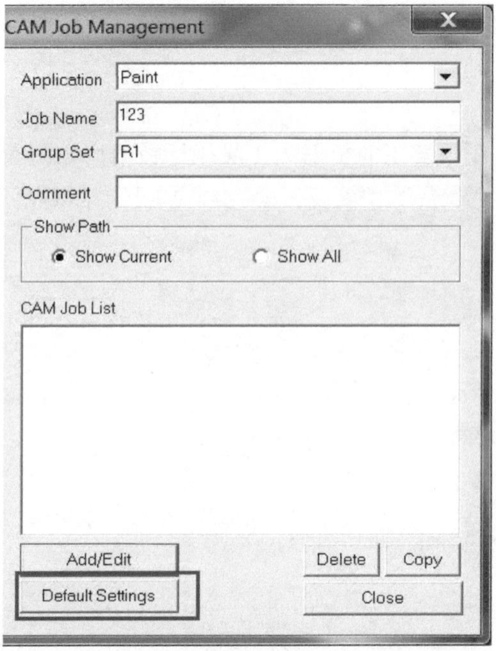

图 6-119

17）将速度设为需要的值，此处设 200.00，单击“OK”，如图 6-120 所示。

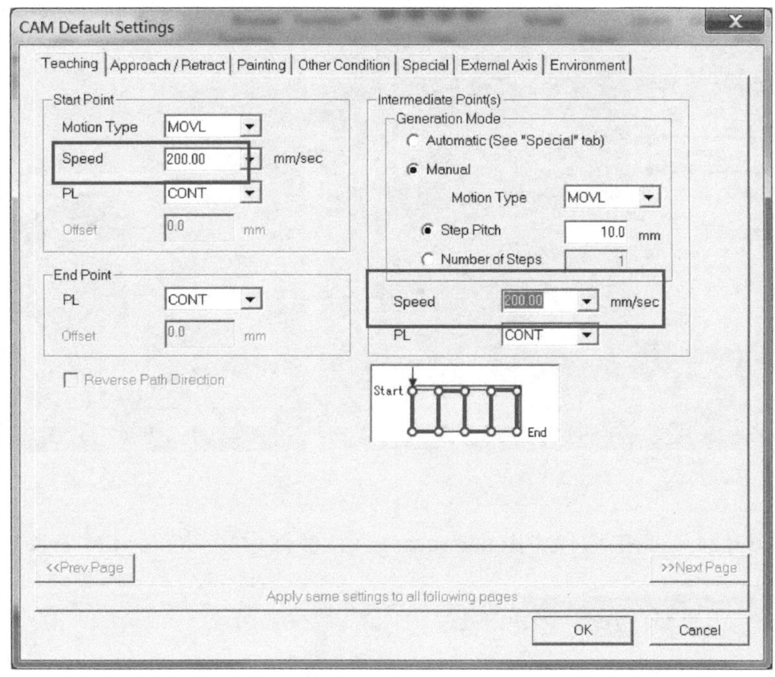

图 6-120

18）单击“Add/Edit”，进入 CAM 功能界面，单击“Add path”如图 6-121 所示。

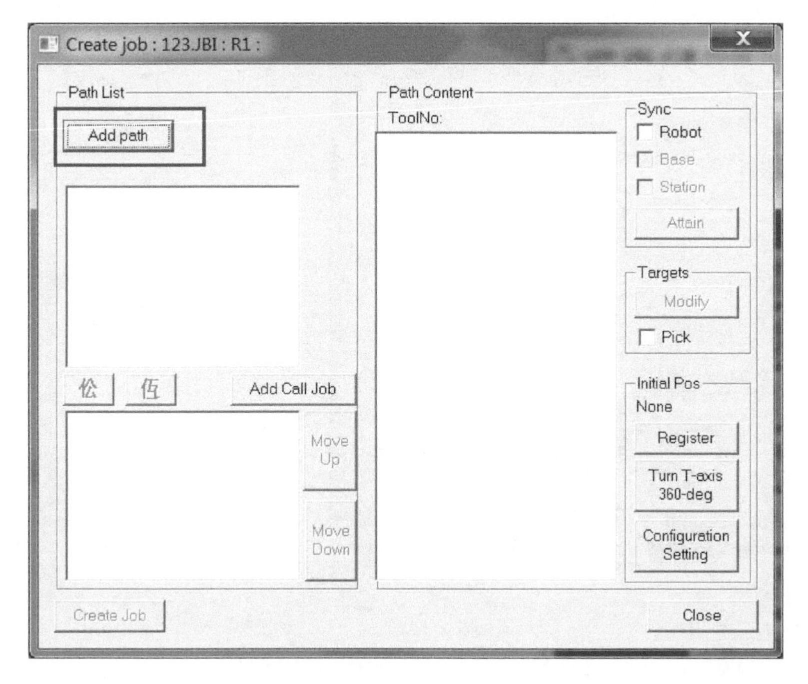

图 6-121

19）选择要打磨的平面（选中会变成黄色），单击“Combine”，如图 6-122 所示。

20）单击“OK”，如图 6-123 所示。

图 6-122

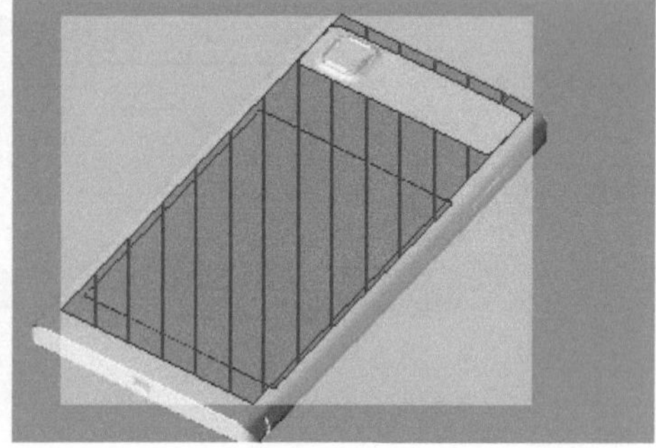

图 6-123

21）在图 6-124 左图中选择“Rotate setting”，参数设置如图 6-124 右图所示。

Create work lines
Target work W1325
Projection direction
Direction
Height
Width
Start position
Left up
Right up
Left down
Right down
Paint setting
Pitch 10.0 mm
Divide count 2
Option setting
Start offset 0.0 mm
End offset 0.0 mm
Make path on the projection plane mm
Rotate setting
Show projection plane
OK
Cancel

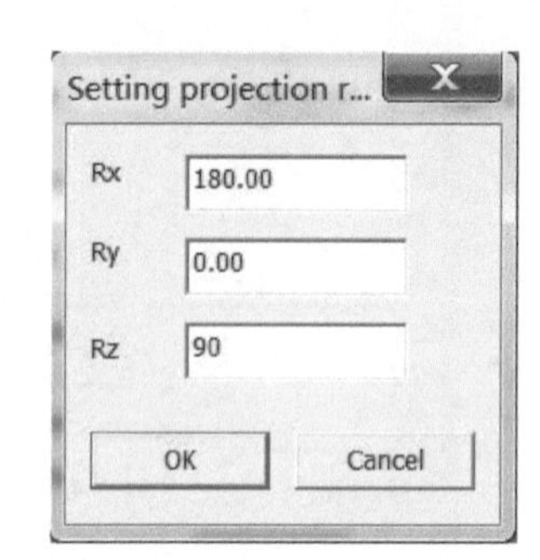

图 6-124

22）单击“OK”，打磨轨迹和工件平行，如图 6-125 所示。

23）在“Create work lines”对话框中单击“OK”，弹出图 6-126 所示对话框。图中标志位置处为 2 个动作点的距离，根据工件尺寸设定，把速度换成 mm/s。

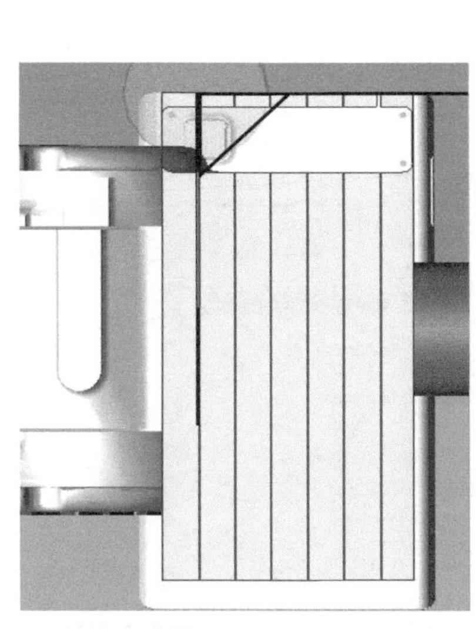

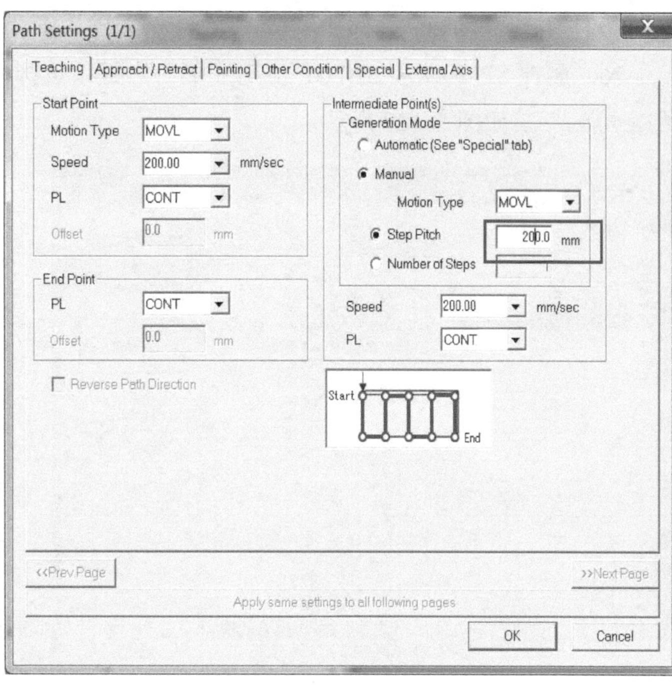

图 6-125　　　　图 6-126

24）单击“OK”，出现轨迹，如图 6-127 所示。

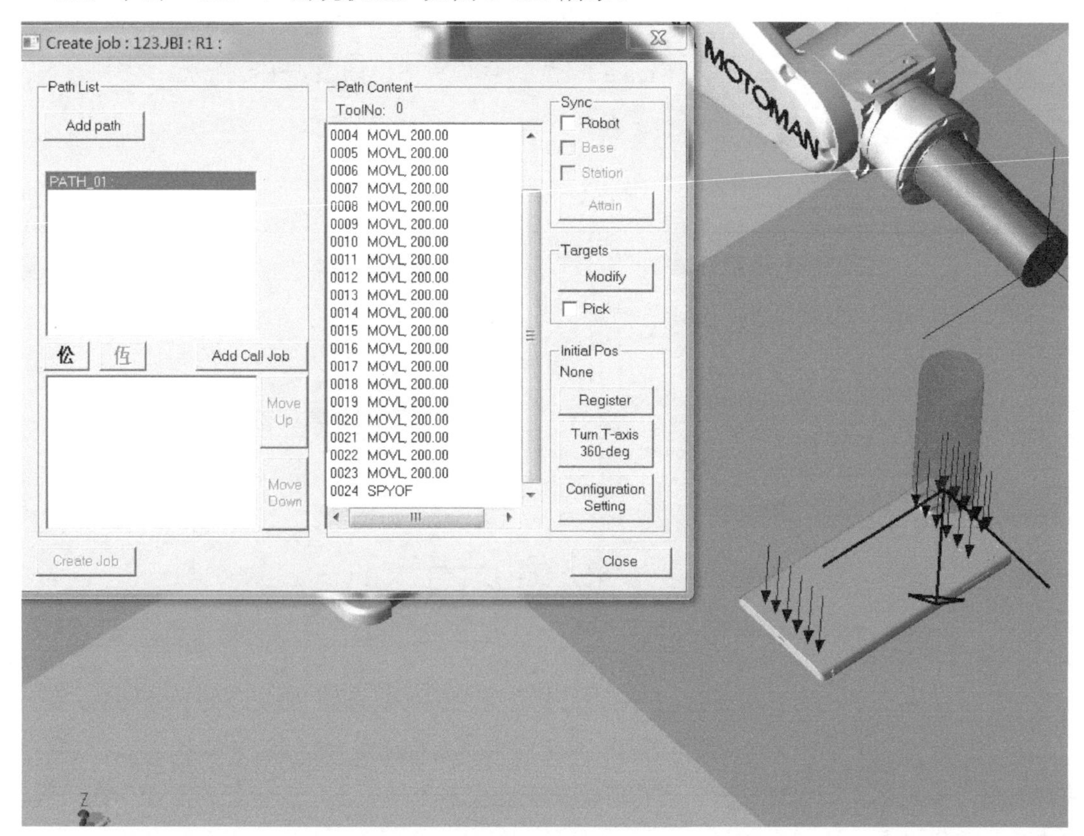

图 6-127

25）勾选“Robot”，然后单击“Attain”，确认工业机器人动作，如图 6-128 所示。

26）删掉 SPYON 和 SPYOF 语句（单击右键，选择“删除”），在第一个姿态处单击“Register”，如图 6-129 所示。

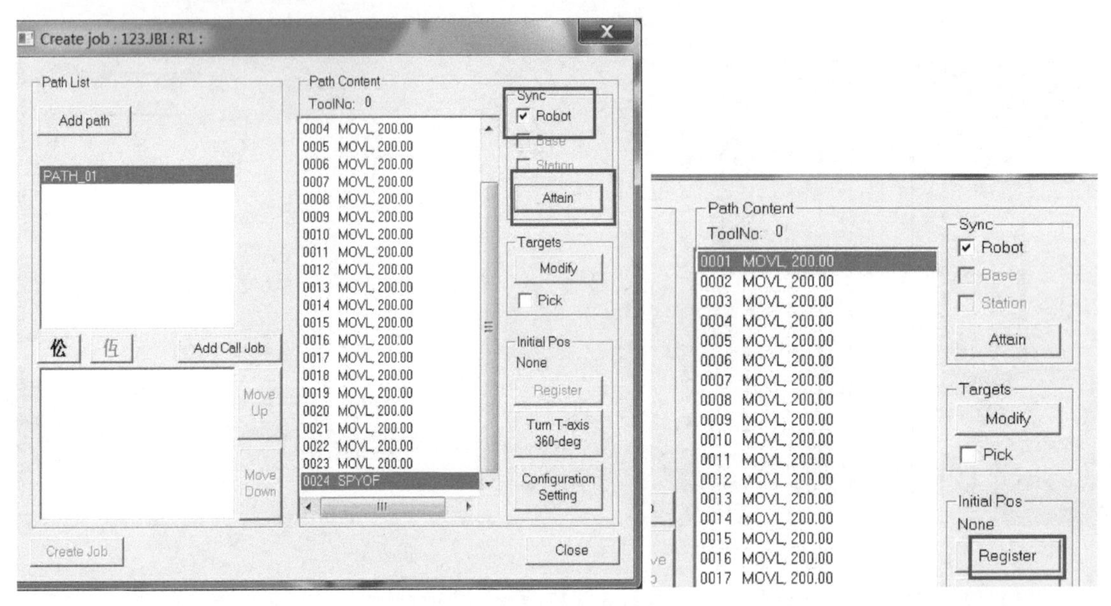

图 6-128　　　　图 6-129

27）单击按钮，然后单击“Create Job”，生成程序，如图 6-130 所示。

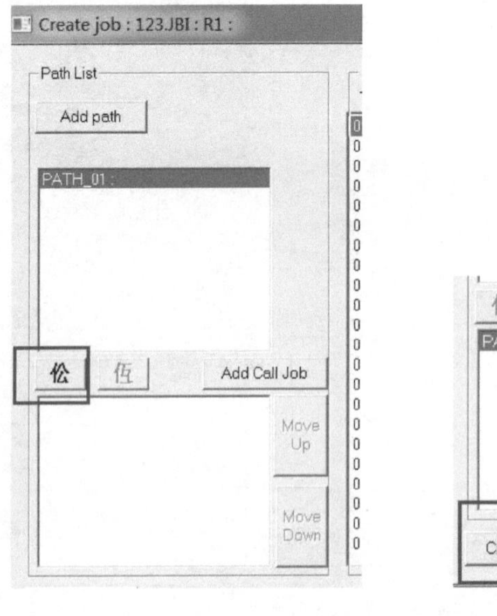

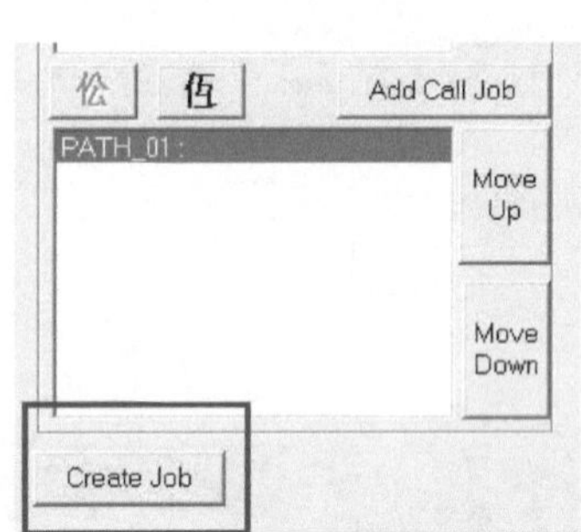

图 6-130

28）生成了打磨平面工业机器人程序，对工业机器人程序进行检查，并添加原点、过渡点，完成打磨工业机器人工作站创建，可自行添加工业机器人控制器、安全护栏及操作人员等模型布局，如图 6-131 所示。

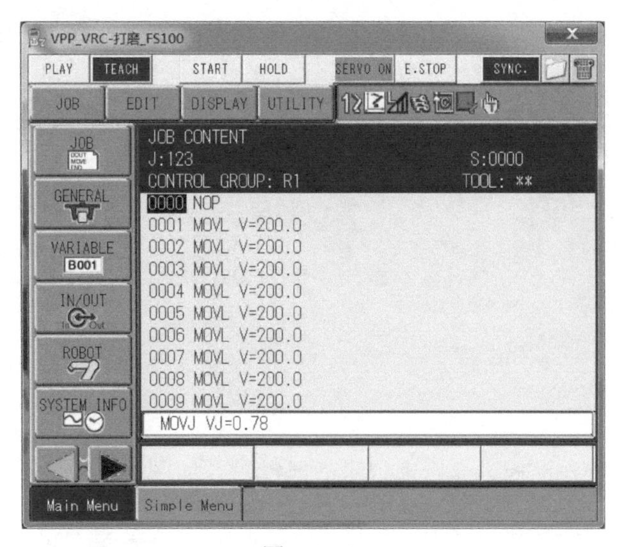

图 6-131

学习检测

1．在系统布局中，使用测量工具进行测量（用于查看是否与设计一致）。

2．在仿真中，创建工业机器人作业程序。

学习检测参考答案

1．以测量工件的对角线为例，选择“Home”菜单，选中“Distance”（测量直线距离）或“Angle”（测量角度），在数模上捕捉点得到测量数据，如图 6-132 所示。

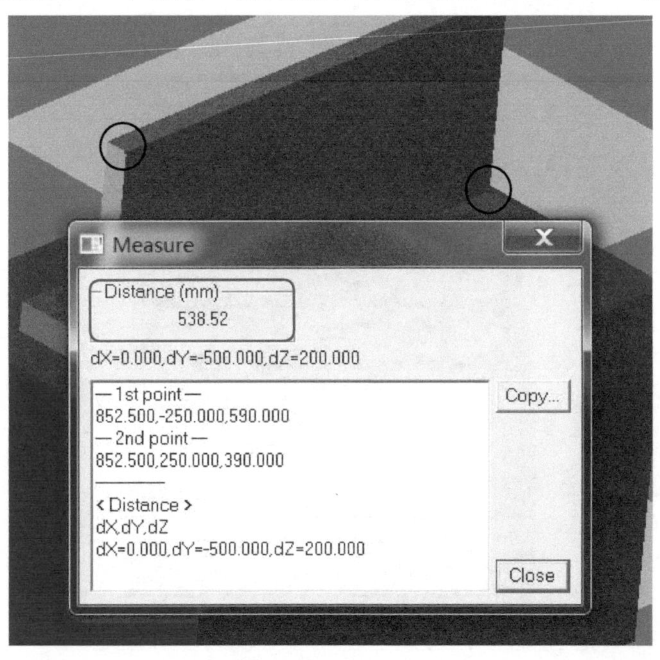

图 6-132

2．选择“Controller”菜单，单击“Show”，显示虚拟示教器，如图 6-133 所示。

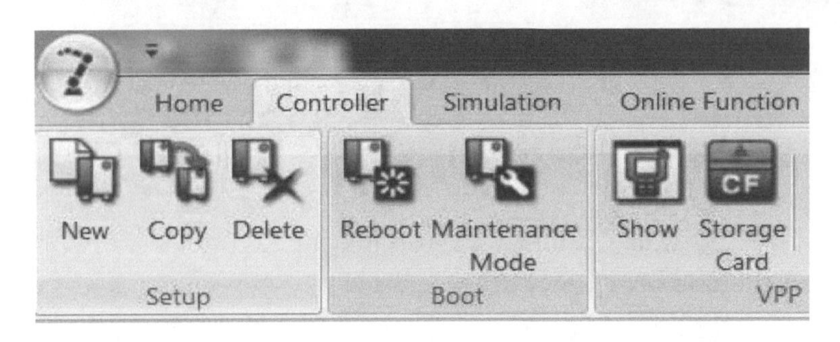

图 6-133

单击按钮显示操作面板，显示虚拟示教器键盘，如图 6-134 所示。

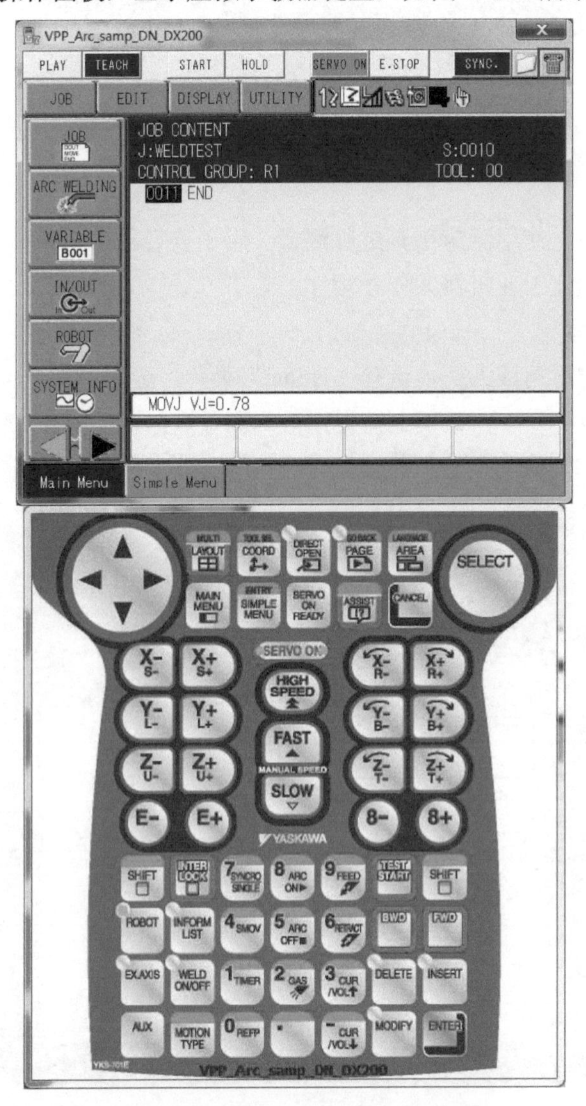

图 6-134

依次单击“JOB”→“CREATE NEW JOB”，输入用户名，单击“EXECUTE”，如图6-135所示。

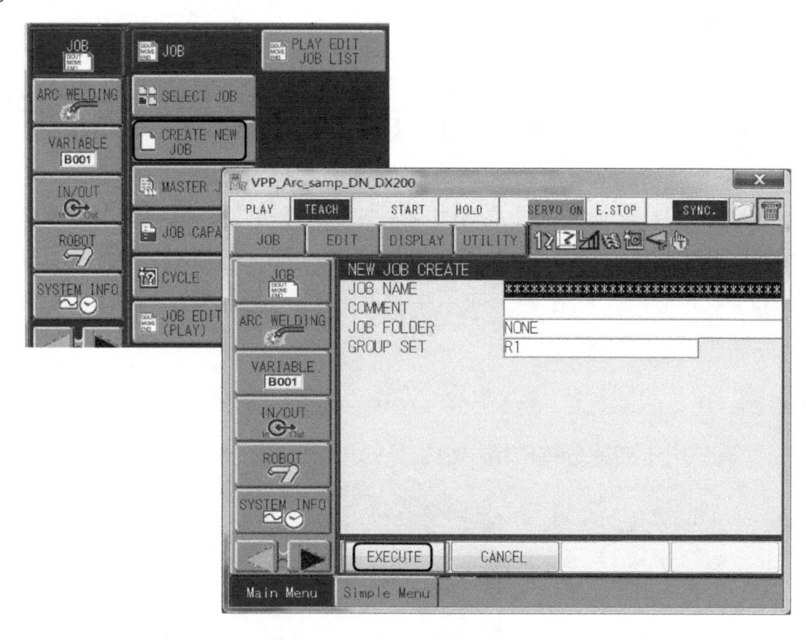

图 6-135

然后利用捕捉和手动操作工业机器人完成编程，虚拟示教器与真实工业机器人示教器操作相同。

第7章 MotoSimEG-VRC 的特殊应用

工业机器人是面向工业领域的多关节机械手或多自由度的机器装置，它能自动执行工作，是靠自身动力和控制能力来实现各种功能的一种机器，可以按照预先编排的程序运行。在各个领域中有广阔的应用，而在各个应用中又有各种不同的使用方法，这一章中介绍两种特殊的操作。

7.1 MotoSimEG-VRC 高速传送带搬运操作

高速传送带搬运是用于高速分拣应用中很常见的用法，下面将介绍其使用方式，如图7-1所示。

图 7-1

使用高速传送带搬运必须使用 MotoSimEG-VRC 中的模板（Template），在模板中有高速搬运的 4 个模板，选择一个合适的（这里以使用模板 MPP3H_PICKING 为例），输入工作站的名字，单击“Ceate Cell”，如图 7-2 所示。

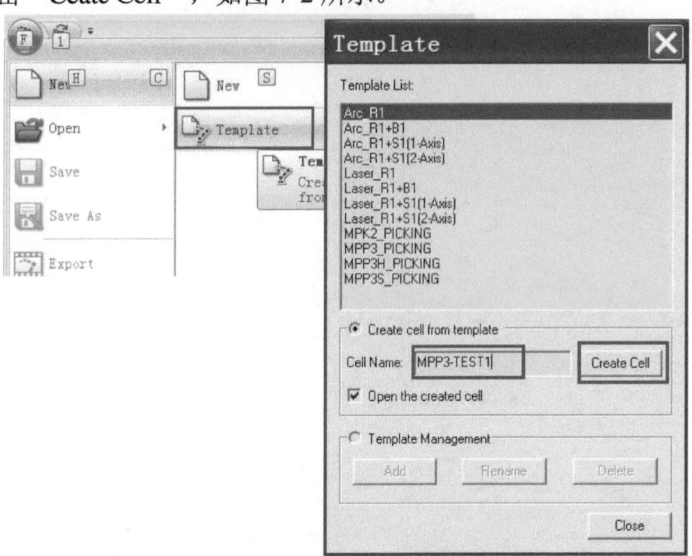

图 7-2

弹出的模板已经配置好工业机器人和传送带的参数，直接运行就可以，如图 7-3 所示。

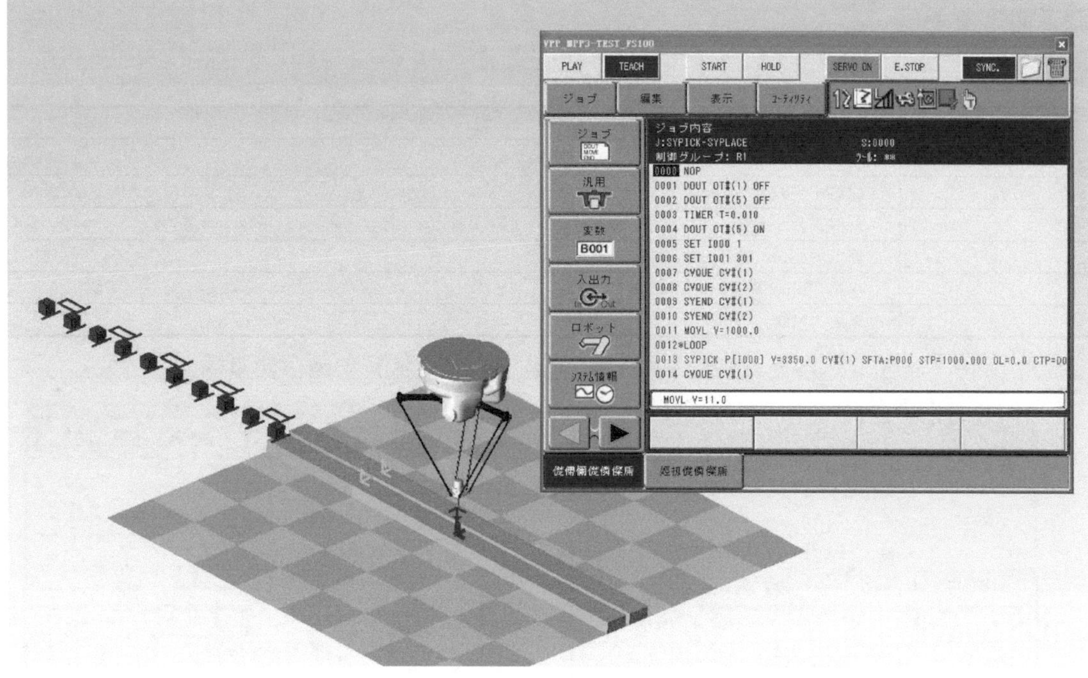

图 7-3

如果要修改传送带的参数，可在“Controller”下面的“Conveyor Settings”里面操作。目前两个传送带的速度都是 400.0mm/s，可以改慢，若改快工业机器人的动作会跟不上，如图 7-4 所示。

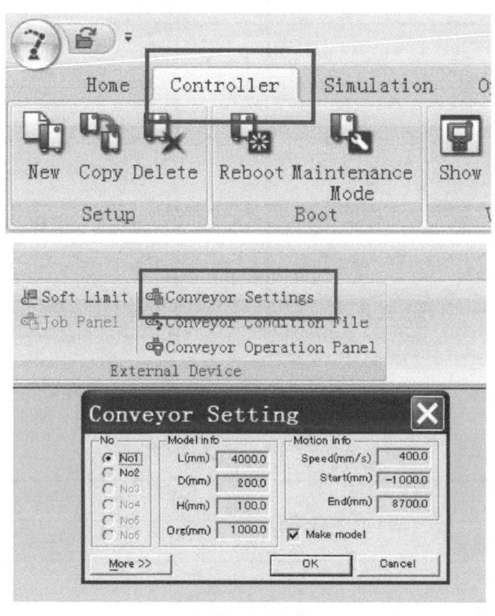

图 7-4

如果需要更改传送带 1 上工件的个数、间距等参数，在传送带 1 上的工件个数修改之后，传送带 2 也需要进行相应修改。如果传送带 1 上的工件间距变小，工业机器人的动作会跟不上，出现问题，任何参数修改都需要传送带 1、2 同时进行，如图 7-5 所示。修改参数及步骤说明见表 7-1。

表 7-1

序　号	说　明
①	单击此处展开
②	修改工件尺寸
③	修改工件个数
④	修改间距
⑤	单击“Input Work Position”
⑥	单击“Make”

更改传送带 2 上托盘的参数，如图 7-6 所示。修改参数及步骤说明见表 7-2。

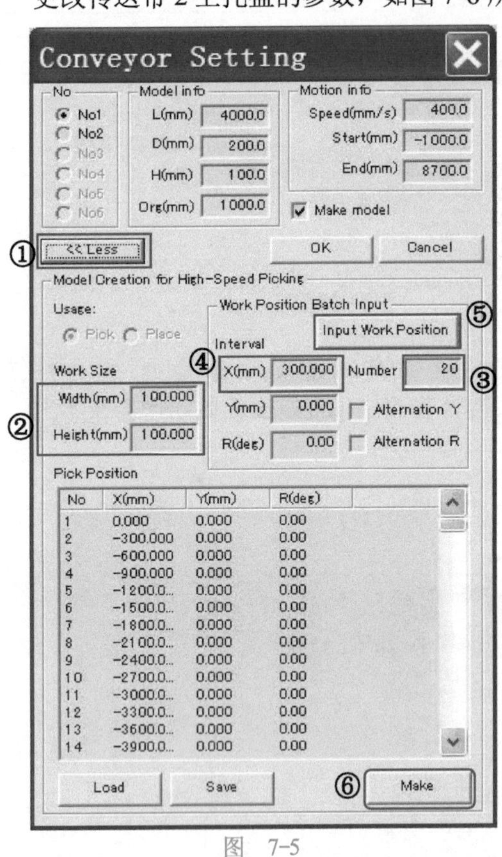

图 7-5

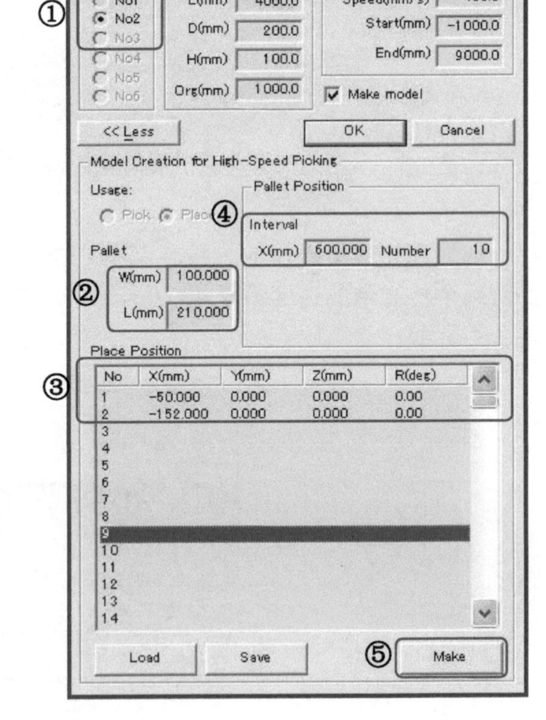

图 7-6

表 7-2

序　号	说　明
①	选中传送带 2
②	修改托盘尺寸
③	此处数值是工业机器人在传送带 2 上放件的位置，一个托盘上放 2 个
④	修改托盘间距和个数
⑤	单击“Make”

经过试验，托盘上放 3 个工件、传送带速度为 400.0mm/s 时，工业机器人速度会跟不上。建议一个托盘最多放 2 个工件，如图 7-7 所示。

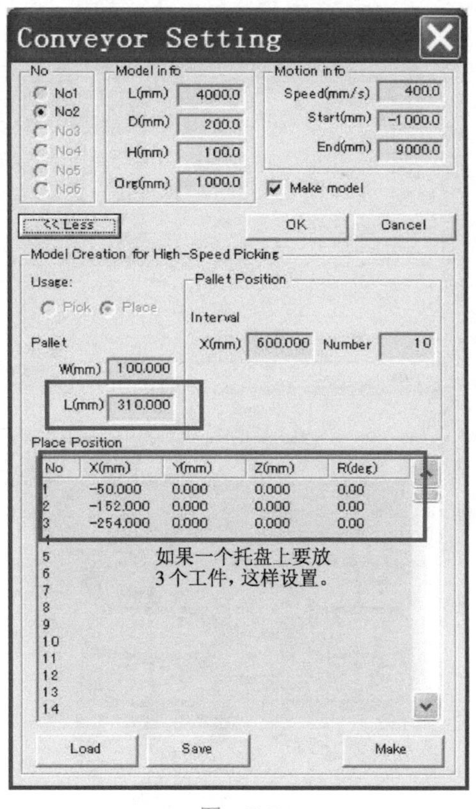

图 7-7

如果要将传送带 2 托盘里的工件数量改回 2 个，则必须用文本修改了，把“3，0.000，0.000，0.000，0.00”改成“，，，，”，然后单击“Load”，如图 7-8 所示。

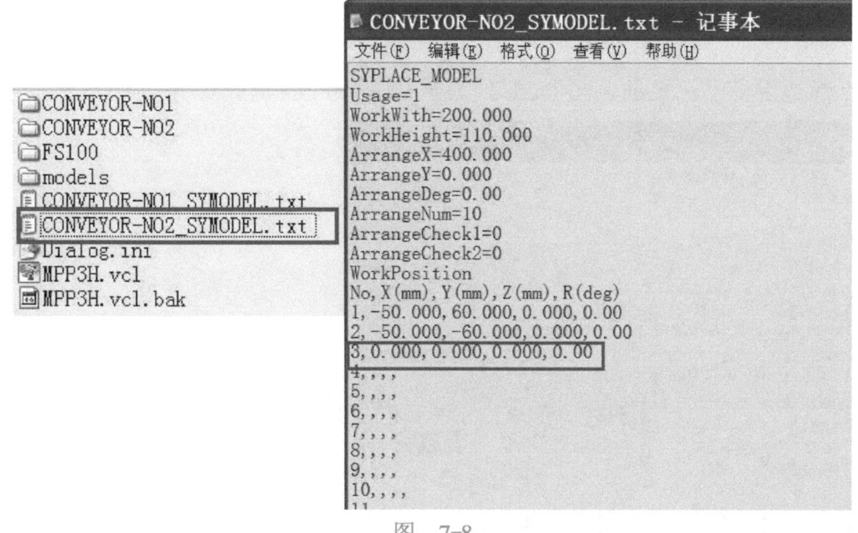

图 7-8

高速搬运专用的 SYPICK 和 SYPLACE 命令，如图 7-9 所示。

图 7-9

位置点都是用变量记录的，当 DOUT OT#（1） 为 ON 时，如图 7-10 所示。

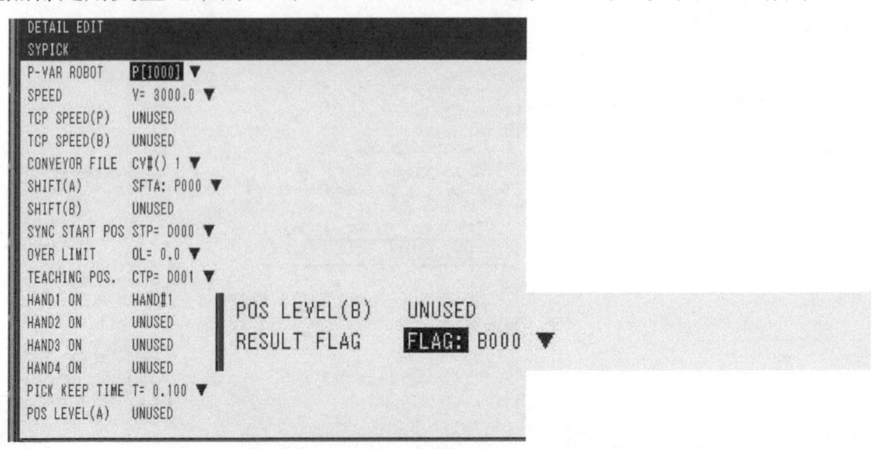

图 7-10

当 DOUT OT#（1）为 OFF 时，如图 7-11 所示。

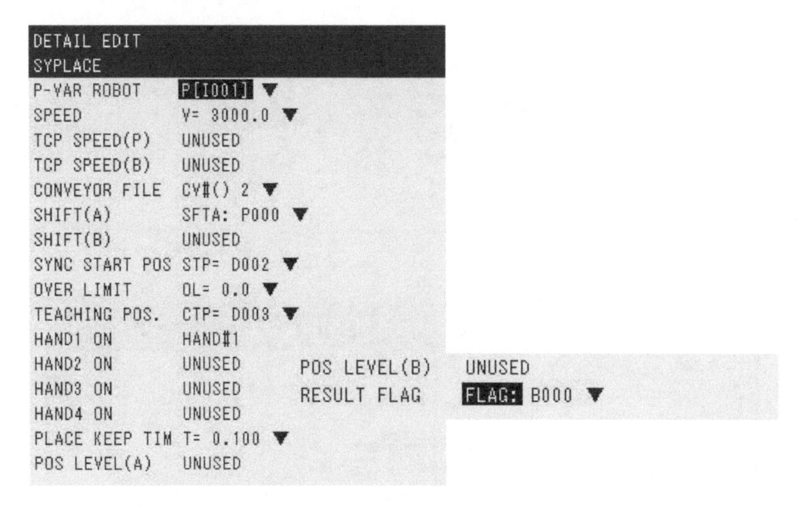

图 7-11

高速搬运专用的 SYPICK 和 SYPLACE 命令隐藏显示的模型，如图 7-12 所示。

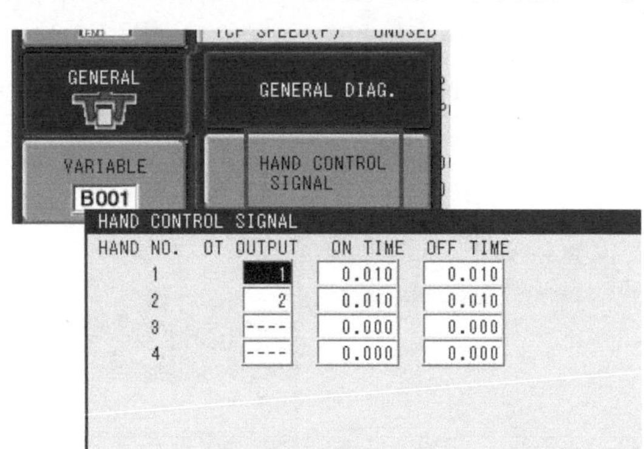

图 7-12

通过脚本语言配合信号来实现工件的父目录更改、隐藏显示的模型，与码垛机器人系统使用方法一致，如图 7-13 所示。

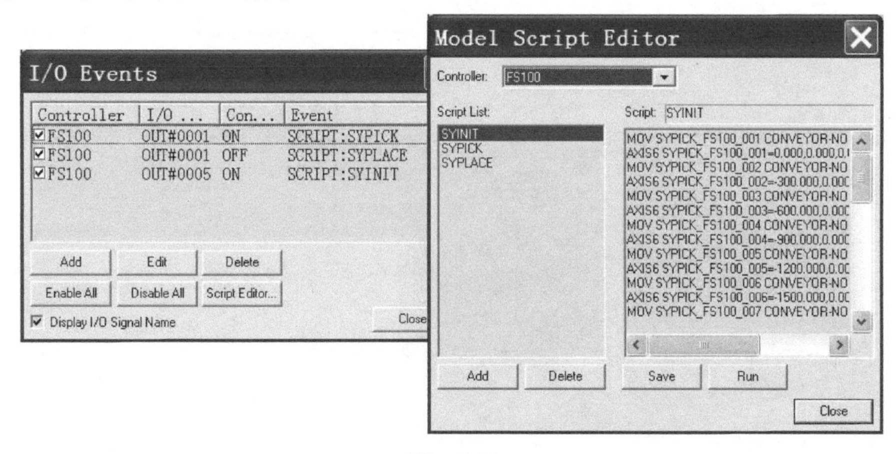

图 7-13

如果要再添加一个工业机器人，用 COPY 操作。添加相同的工业机器人（FS100-2，简称工业机器人 2），如图 7-14 所示。

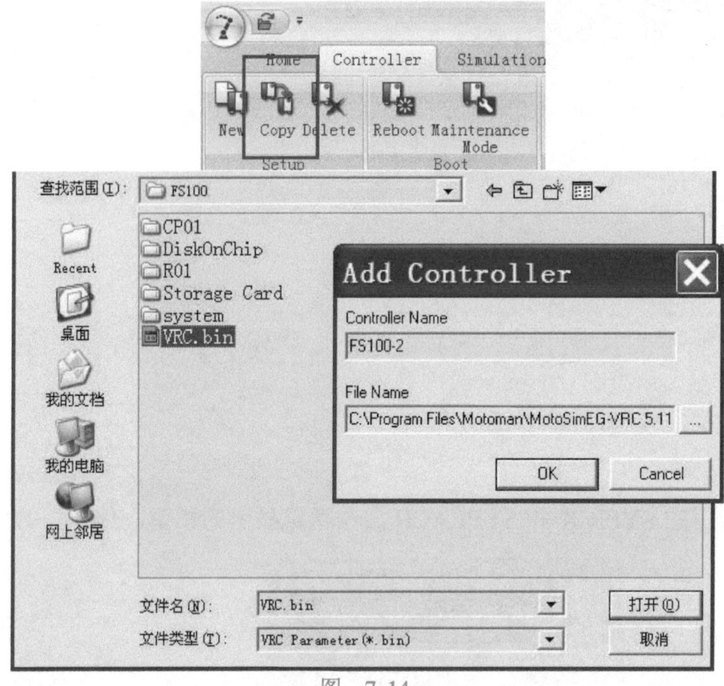

图 7-14

调整工业机器人 2 的位置，如图 7-15 所示。

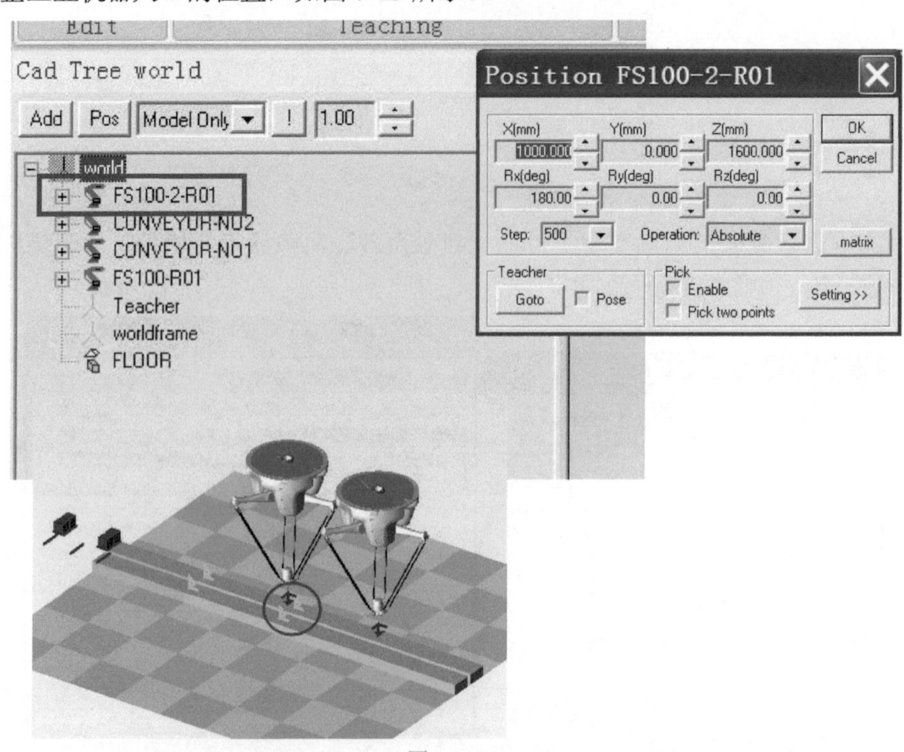

图 7-15

给工业机器人 2 添加同步条件，设置工件和托盘，如图 7-16 所示。

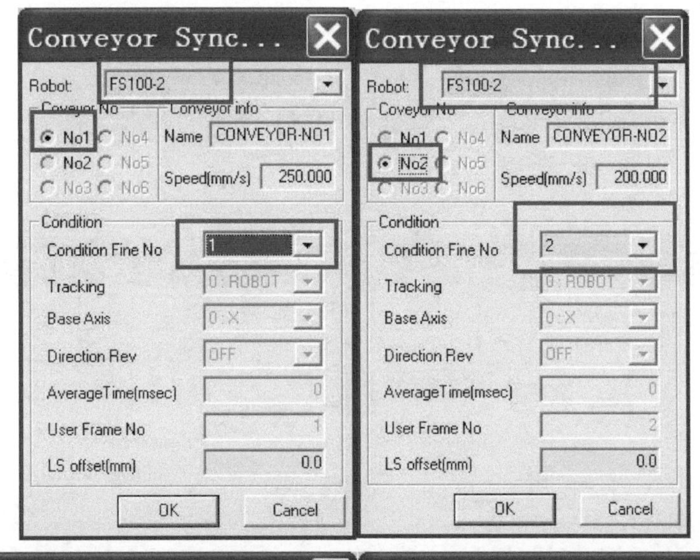

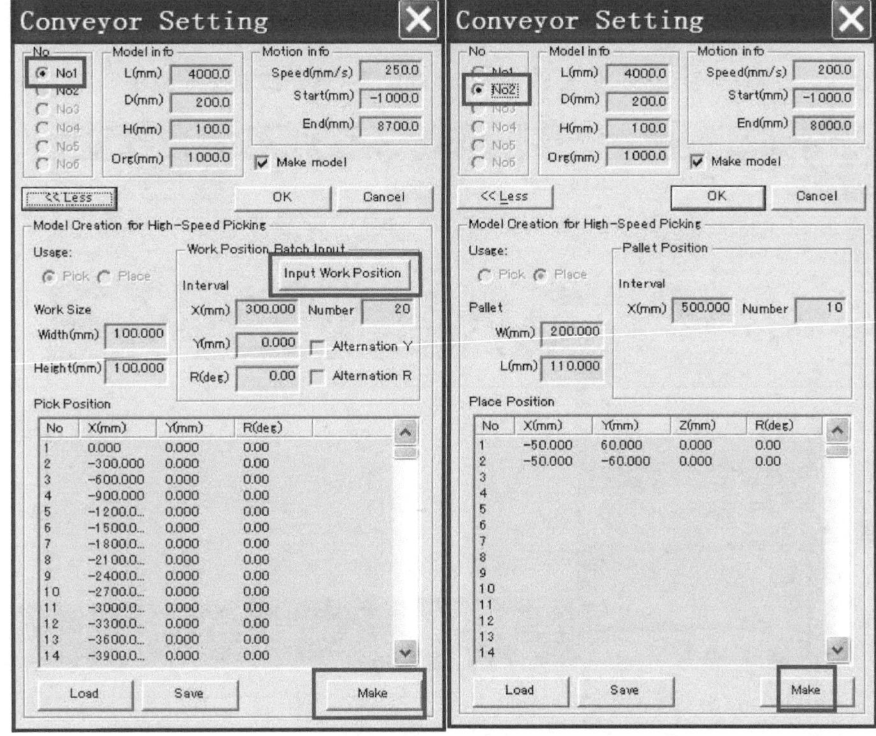

图 7-16

选择工业机器人 2，如图 7-17 所示。

图 7-17

用户坐标系X方向改成-2000.000，使用户坐标系位置和工业机器人1的相同，如图7-18所示。

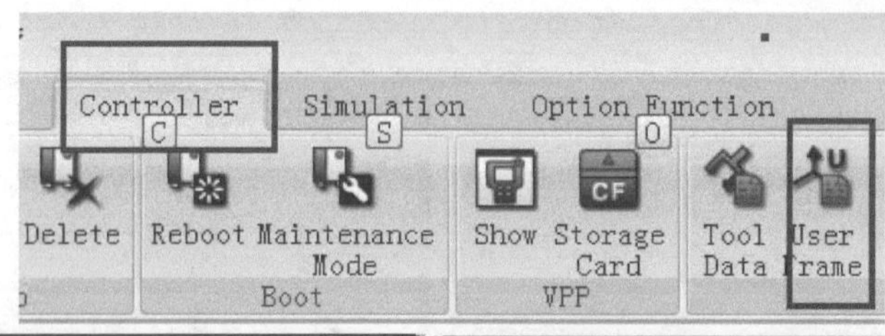

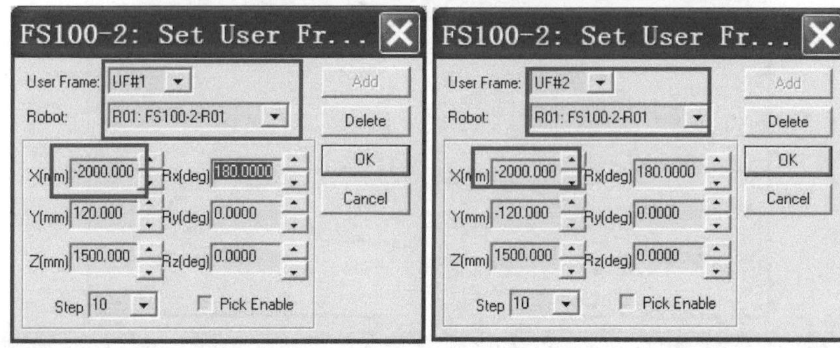

图 7-18

设置变量，D000～D003的值都改成1800000，如图7-19所示。

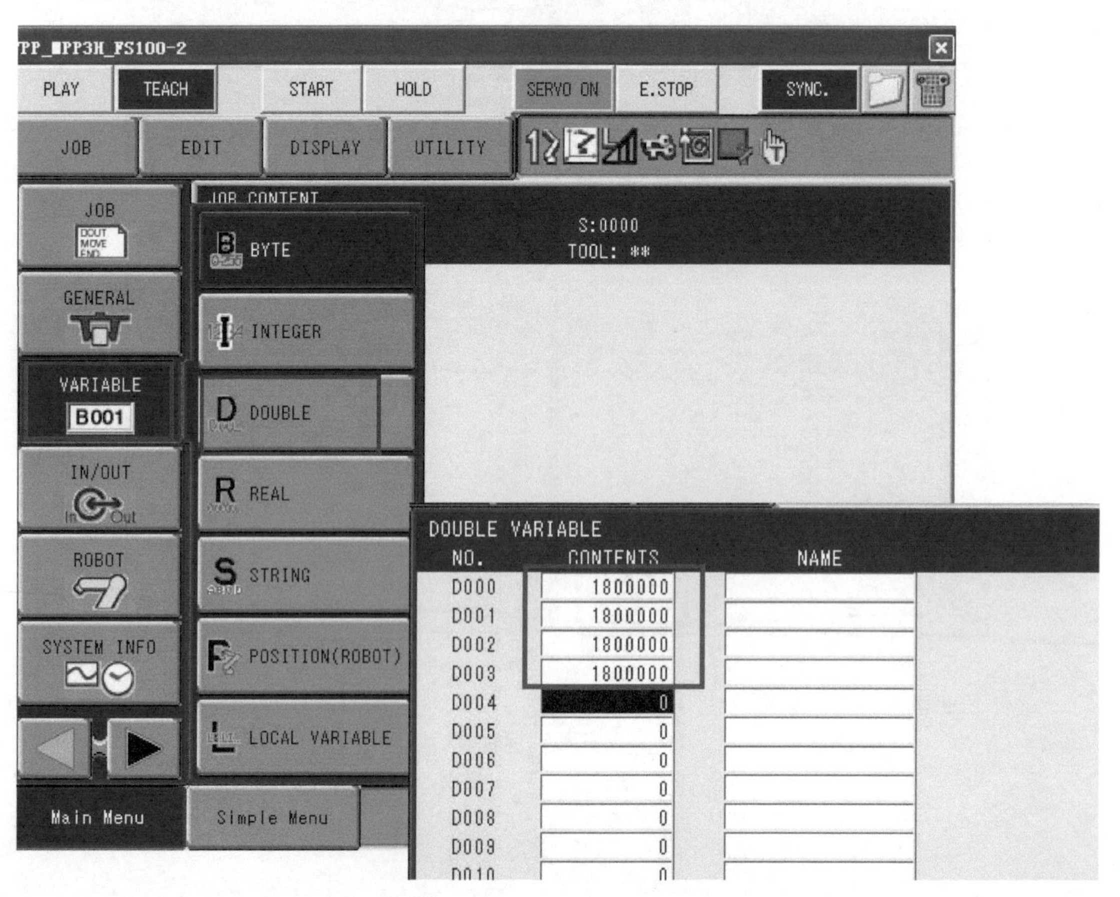

图 7-19

为工业机器人 2 再设置工件和托盘的参数，如图 7-20 所示。

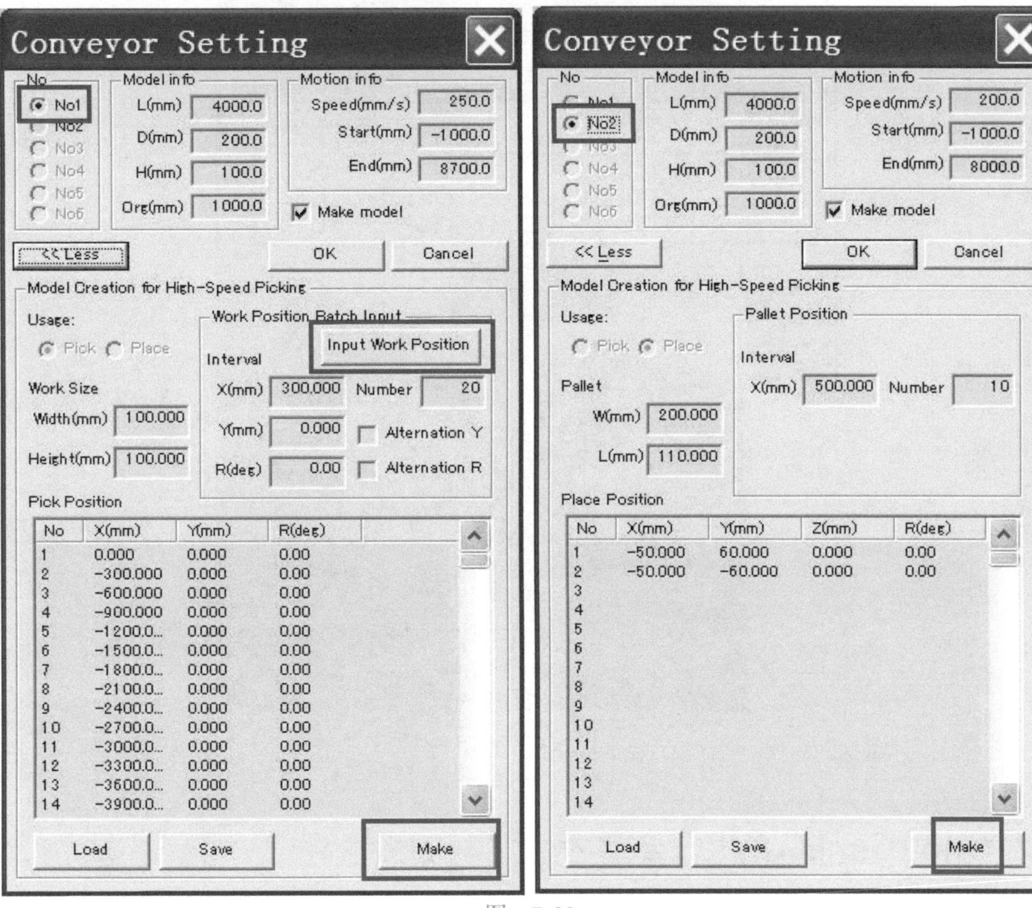

图 7-20

设置完成后如图 7-21 所示。

图 7-21

最后为工业机器人 2 再设置 I/O 事件，完成创建，如图 7-22 所示。

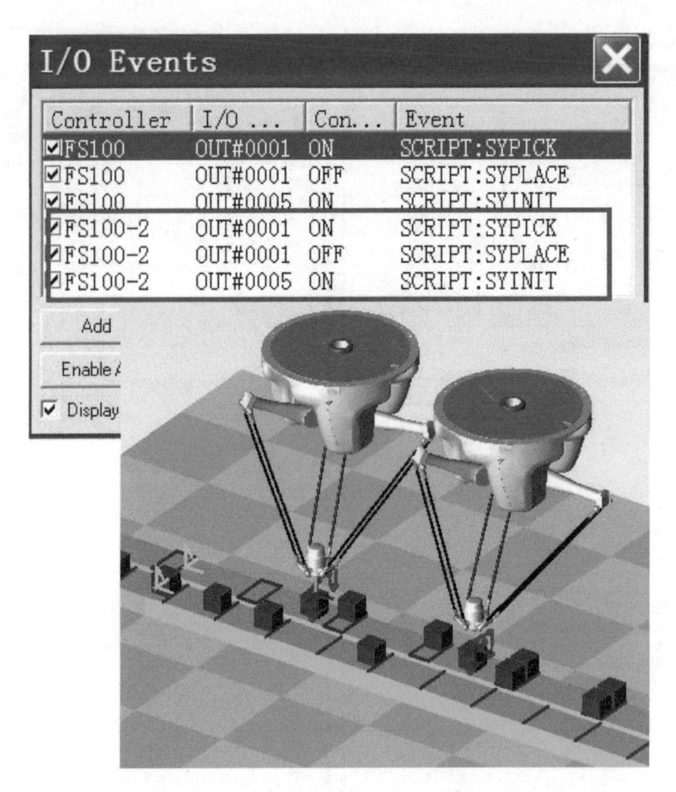

图 7-22

7.2 MotoSimEG-VRC 宏程序

工业机器人里面是有宏这个概念的，其实所谓的宏不是任何一种编程程序，它只是一个思想而已，具体的形式可能是不一样的，但功能相同，就是为了简化重复编程的过程而建立宏的概念，和 EXCEL 里面的宏概念类似，它就是指的一组算法。

以 PLC 为例，比如三菱 PLC 的 Q 系列里面有个 Macro 功能，也就是宏功能，用法就是编写完成一段程序，可以把这段程序注册为宏，然后设置一些宏的参数，以后就可以通过调用该宏，并设置一些当时在建立该宏时所设置的一些参数，就可以自动生成相应的程序，简化书写步骤。

在安川工业机器人中，宏命令是指可以把作业程序的内容作为一个命令登录。

宏命令功能的特点如下：

1）使用宏命令功能制作的命令作为宏命令登录。

2）宏命令既可与普通命令一样使用，也可在宏命令后面带附加项。

3）可以设定宏命令中断后的后续处理。

4）如果宏命令执行过程中中断，再启动时要从宏命令开头执行。

5）宏命令功能只在管理模式下有效。

在 MotoSimEG-VRC 软件中使用宏程序，步骤如下：

进入维护模式，单击选项功能，如图 7-23 所示。

选择使用宏命令，单击“End”，虚拟示教器重启，如图 7-24 所示。

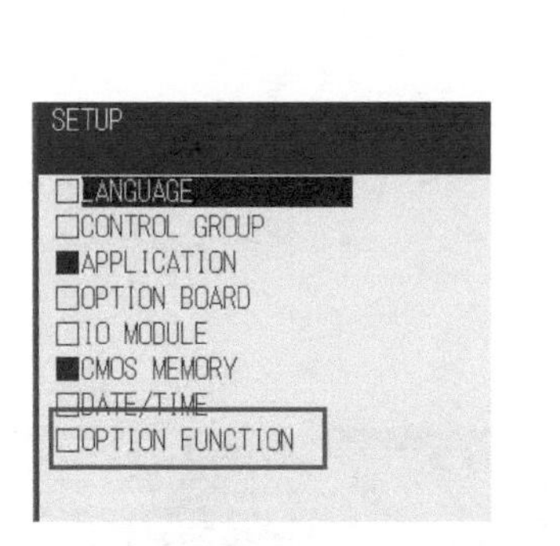

图 7-23

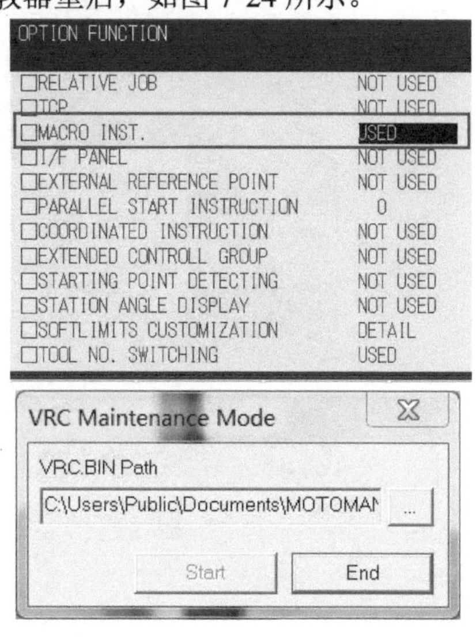

图 7-24

创建宏程序，如图 7-25 所示。

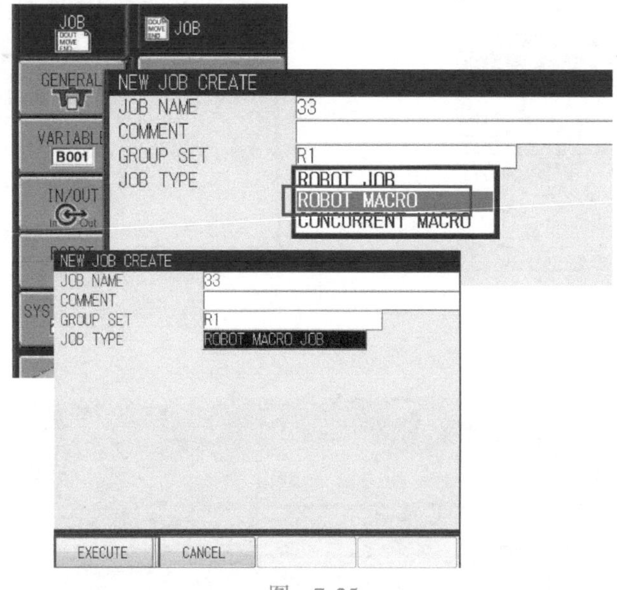

图 7-25

修改示教条件等级，如图 7-26 所示。

扩展设置好后选择之前创建的宏程序，如图 7-27 所示。

进入宏程序后，选择“DISPLAY”里的“JOB HEADER”，设置局部变量的个数。局部变量以 L 开头，建议都设 10 个，如图 7-28 所示。

接下来就是宏程序中的赋值，选择命令一览中的“ARITH”，GETARG 是将外部变量复制给局部变量，如图 7-29 所示。

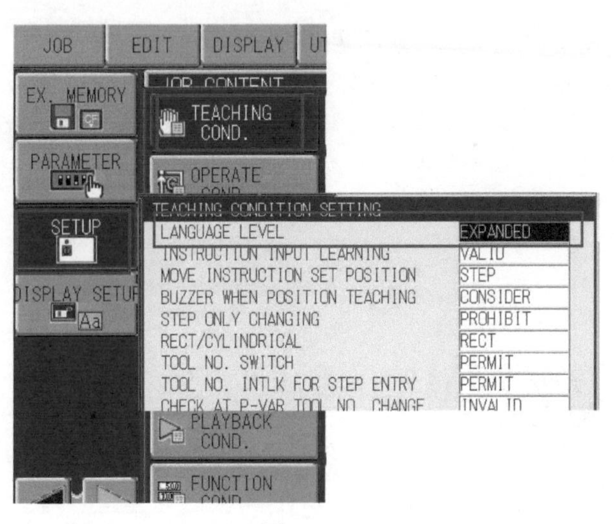

图 7-26

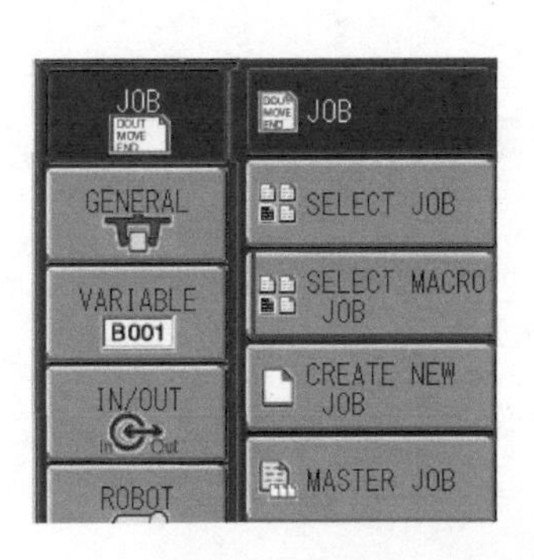

图 7-27

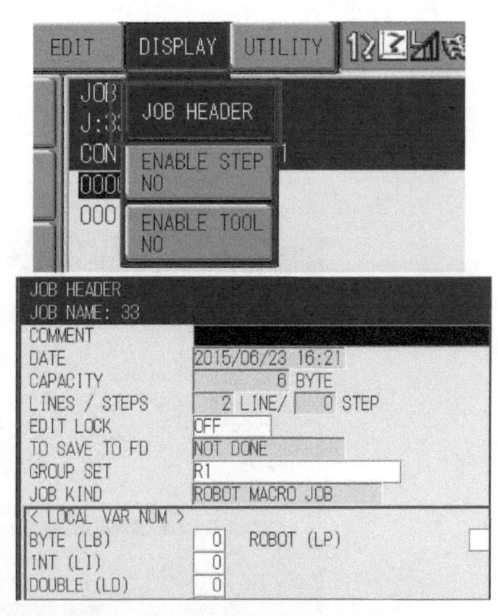

图 7-28

JOB CONTENT

CLEAR	DIV	GETE	GETPOS	STRSTR	SETREG	IN/OUT
CLEAREX	CNVRT	GETS	VAL	GETARG	GETREG	CONTROL
INC	AND	SQRT	VAL2STR	GETNAME		DEVICE
DEC	OR	SIN	ASC	SETFILE		MOTION
SET	NOT	COS	CHR$	GETFILE		ARITH
ADD	XOR	ATAN	MID$	SETPRM		SHIFT
SUB	MFRAME	MULMAT	LEN	GETPRM		OTHER
MUL	SETE	INVMAT	CAT$	GETTOOLW		SAME
						PRIOR

图 7-29

程序选择“GETARG”，选择局部变量类型，再选择输入数据的类型，如图 7-30 所示。

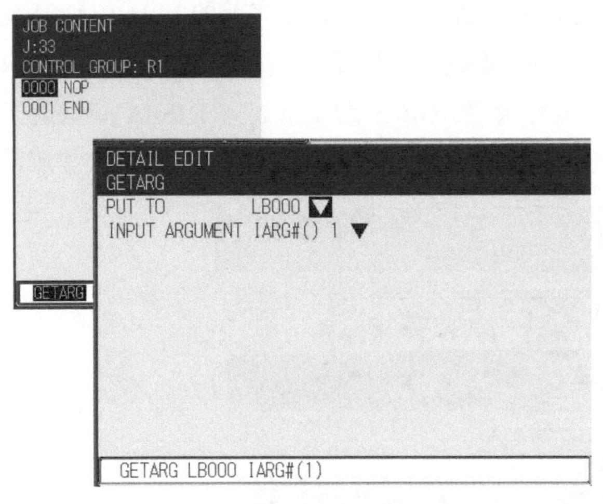

图 7-30

赋值后就是运算了，下面介绍宏程序中的运算。首先给两个局部变量赋值，选择“ARITH”中的“SET”，将 LB000 的值赋给 LB003，通过 ARITH 中的加法运算将 LB001 的值加上 LB003 的值，放到 LB003 中，最后将局部变量 LB003 的值赋给变量 B003，因为局部变量的值只能在宏程序中获取。到这一步，完成新建宏程序，如图 7-31 所示。

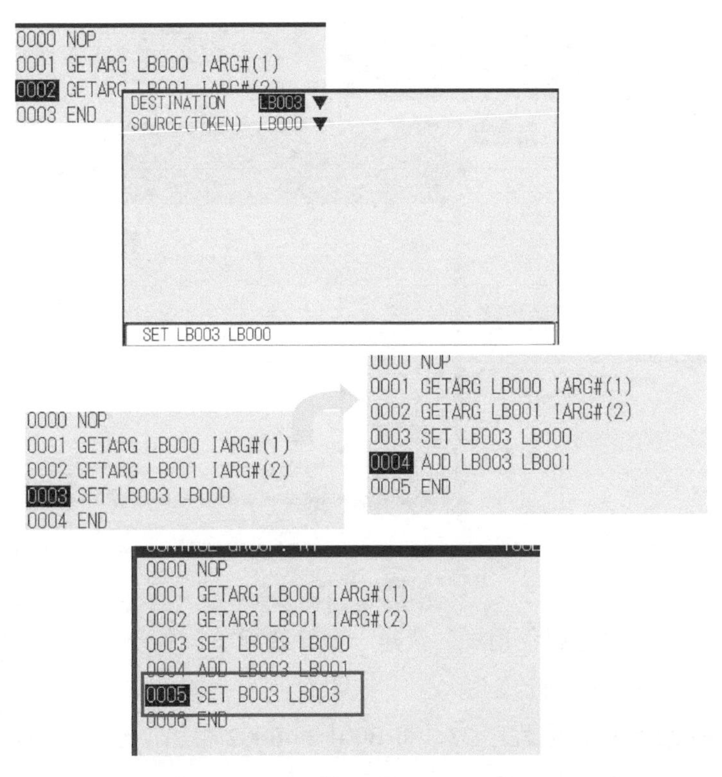

图 7-31

然后进行程序的关联，选择“SETUP”中的“MARCO INST”，用空格键选择新建的宏程序（MACRO1 是之前已有的），在宏程序前的 MACRO2 高亮时按空格键，空格之后，再按空格键，空格选择“USE”，然后定义变量类型，此处的 ARG.1 和 GETARG 中的 IARG 对应，变量定义完成后选“PAGE”→“define 2”，“DISPAY”里选择“ON”，“EXPRES’N”里可以设置变量的名称，完成后单击“COMPLETE”，如图 7-32 所示。

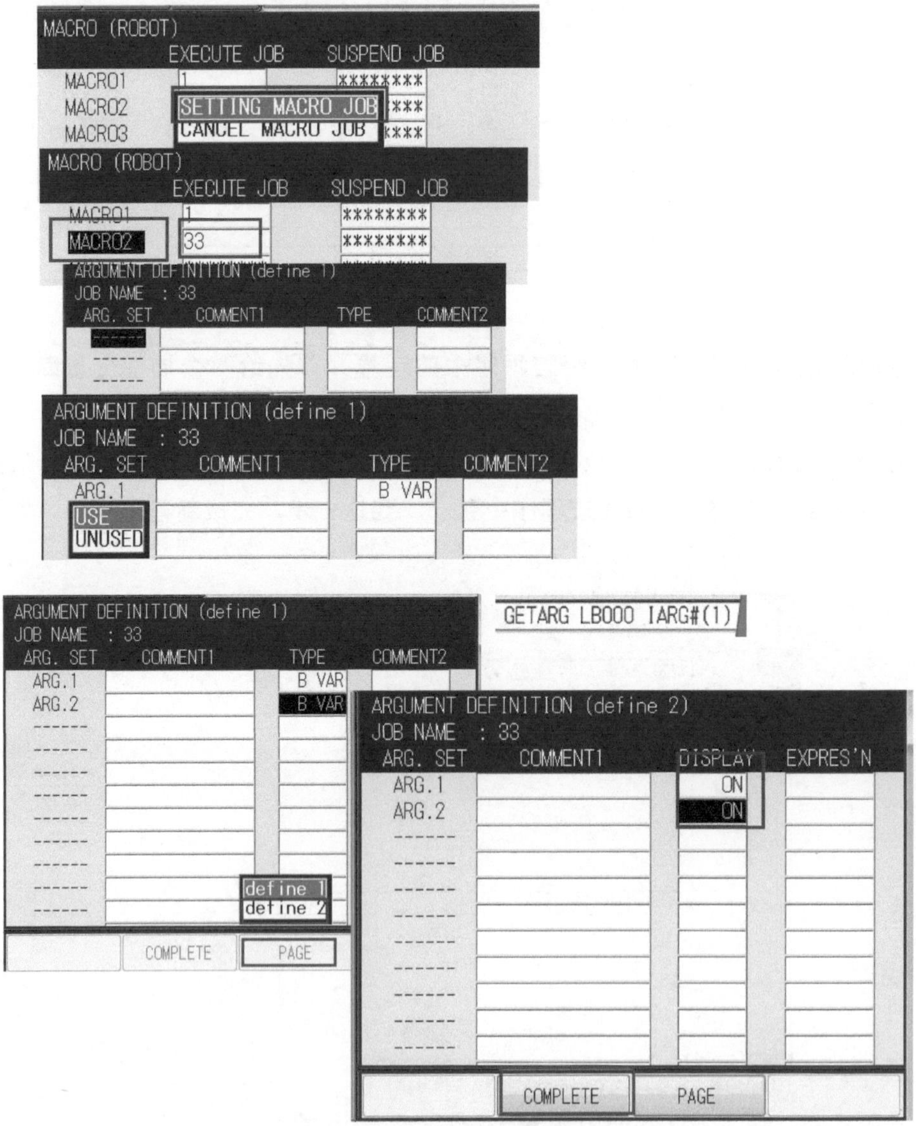

MACRO (ROBOT)
EXECUTE JOB SUSPEND JOB
MACRO1 1 ********
MACRO2 SETTING MACRO JOB ****
MACRO3 CANCEL MACRO JOB ****

MACRO (ROBOT)
EXECUTE JOB SUSPEND JOB
MACRO1 1 ********
MACRO2 33 ********

ARGUMENT DEFINITION (define 1)
JOB NAME : 33
ARG. SET COMMENT1 TYPE COMMENT2

ARGUMENT DEFINITION (define 1)
JOB NAME : 33
ARG. SET COMMENT1 TYPE COMMENT2
ARG.1 B VAR
USE
UNUSED

ARGUMENT DEFINITION (define 1)
JOB NAME : 33
ARG. SET COMMENT1 TYPE COMMENT2
ARG.1 B VAR
ARG.2 B VAR

------
define 1
define 2
COMPLETE PAGE

GETARG LB000 IARG#(1)

ARGUMENT DEFINITION (define 2)
JOB NAME : 33
ARG. SET COMMENT1 DISPLAY EXPRES'N
ARG.1 ON
ARG.2 ON

COMPLETE PAGE

图 7-32

下面就可以对宏程序进行使用了，新建一个普通程序，命令一览里的 MACRO 中就有创建的宏程序了，如图 7-33 所示。

给 B001 和 B002 赋值，宏程序 33，将 B001 和 B002 相加，运行该程序之后，B001 和 B002 的相加保存在 B003 之中，如图 7-34 所示。

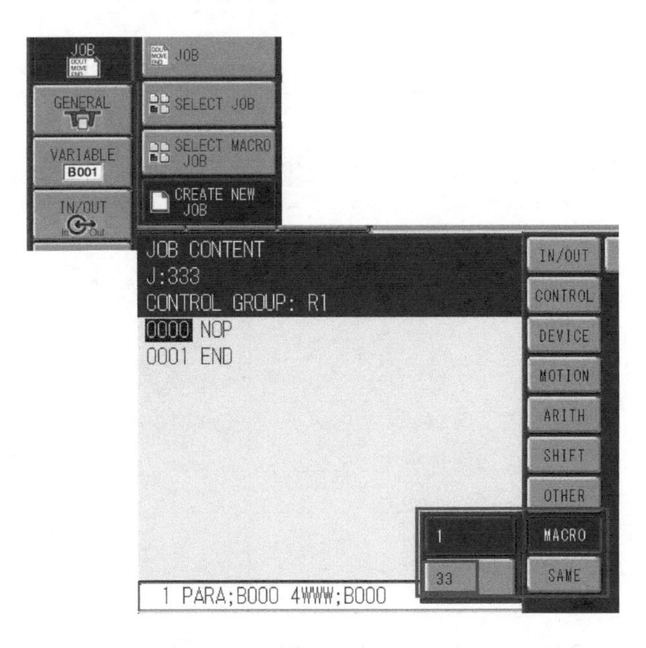

图 7-33

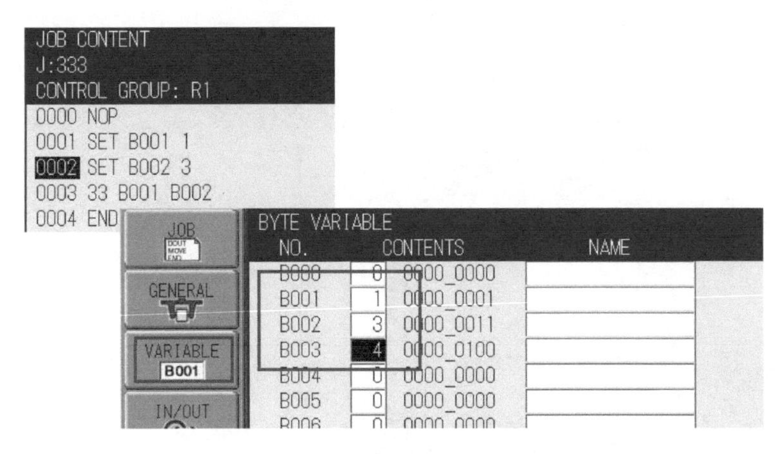

图 7-34

以上是一个简单宏命令的使用方法，现场用宏命令有各种用处，如获得工业机器人的位置、进行各种运算、作为位置变量、对工业机器人进行操作等。

学习检测

在实际使用中经常需要建立用户坐标系，在软件中也是一样，参照说明书完成用户坐标系的添加。

学习检测参考答案

添加用户坐标系步骤如下：

选择“Controller”菜单，单击“User Frame”，选择用户坐标编号，单击“Add”按钮，如图 7-35 所示。

通过设计尺寸或捕捉确定用户坐标，单击“OK”按钮，如图 7-36 所示。

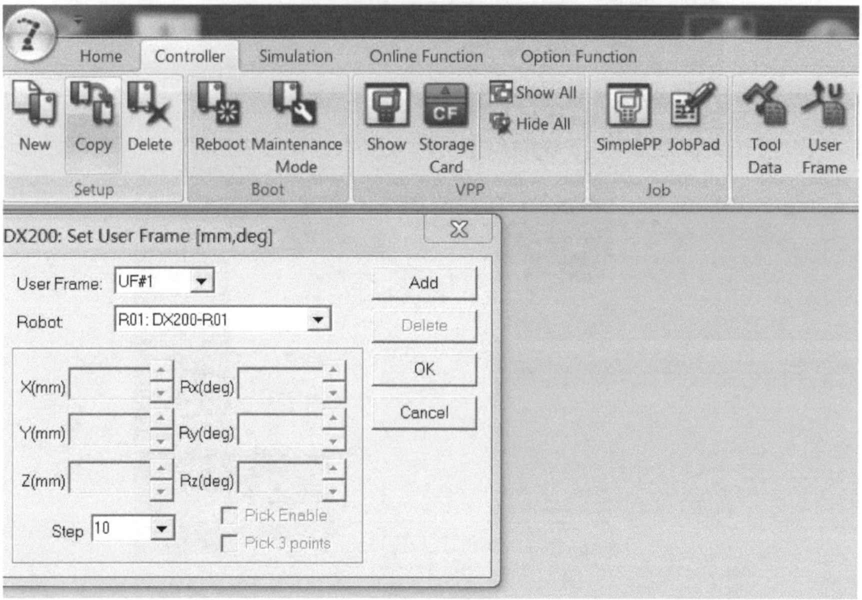

Home
Controller
Simulation
Online Function
Option Function
New
Copy
Delete
Reboot
Maintenance Mode
Show
Storage Card
Show All
Hide All
SimplePP
JobPad
Tool Data
User Frame
Setup
Boot
VPP
Job
DX200: Set User Frame [mm,deg]
User Frame: UF#1
Robot: R01: DX200-R01
Add
Delete
OK
Cancel
X(mm)
Y(mm)
Z(mm)
Rx(deg)
Ry(deg)
Rz(deg)
Step 10
Pick Enable
Pick 3 points

图 7-35

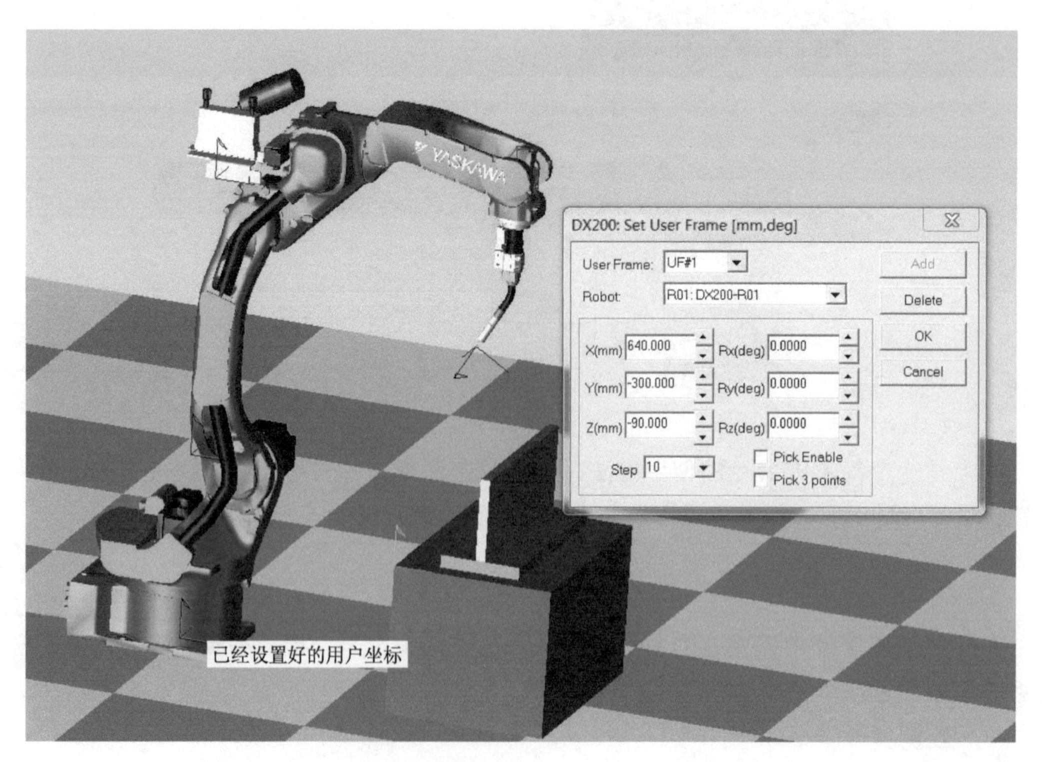
DX200: Set User Frame [mm,deg]
User Frame: UF#1
Robot: R01: DX200-R01
Add
Delete
OK
Cancel
X(mm) 640.000
Y(mm) -300.000
Z(mm) -90.000
Rx(deg) 0.0000
Ry(deg) 0.0000
Rz(deg) 0.0000
Step 10
Pick Enable
Pick 3 points
已经设置好的用户坐标

图 7-36